网络地理信息系统的方法与实践

陈能成 著

WUHAN UNIVERSITY PRESS
武汉大学出版社

图书在版编目(CIP)数据

网络地理信息系统的方法与实践/陈能成著. —武汉：武汉大学出版社,2009.8

ISBN 978-7-307-07262-6

Ⅰ.网… Ⅱ.陈… Ⅲ.计算机网络—应用—地理信息系统 Ⅳ.P208-39

中国版本图书馆 CIP 数据核字(2009)第 141599 号

责任编辑:王金龙　　责任校对:王　建　　版式设计:马　佳

出版发行：**武汉大学出版社**　(430072　武昌　珞珈山)

(电子邮件：cbs22@ whu. edu. cn　网址：www. wdp. com. cn)

印刷:武汉中远印务有限公司

开本:720×980　1/16　印张:21.75　字数:386 千字　插页:1　插表:1

版次:2009 年 8 月第 1 版　2009 年 8 月第 1 次印刷

ISBN 978-7-307-07262-6/P·160　定价:45.00 元

内容简介

本书是作者结合十年（1998—2008）网络 GIS 的理论方法探讨、平台软件开发、工程实践和研究生授课内容所撰写的。全文共分 11 章，五大部分。第一部分为概念篇（第 1 ~ 2 章），阐述网络 GIS 的基本概念、发展历程和相关技术；第二部分为技术篇（第 3 ~ 6 章），阐述网络 GIS 的体系结构、构造模式、数据组织和信息表达；第三部分为产品篇（第 7 ~ 8 章），阐述国内外流行的 Web GIS 软件和无线 GIS 软件；第四部分为开发应用篇（第 9 ~ 10 章），从自主研发的软件平台 GeoSurf 出发，阐述网络 GIS 的二次开发方法及在数字图书馆、测绘数据管理和城市信息系统的典型应用；第五部分为结束篇（第 11 章），阐述网络 GIS 的发展方向。

本书可供计算机科学、地球空间信息科学、地理信息科学、城市科学、土地科学、环境科学、管理科学与工程等领域的研究人员和开发人员使用，亦可作为高等院校相关专业的本科生、研究生教学用书和参考用书。

序

随着计算机网络、移动通信技术和3S技术的飞速发展，地理信息系统从原来的桌面GIS系统逐渐发展为目前的组件GIS、三维GIS和网络GIS。网络地理信息系统是计算机网络、超媒体技术与全球定位系统、地理信息系统及遥感技术相结合的产物。

武汉大学测绘遥感信息工程国家重点实验室从1996年起开始研究网络地理信息系统，并建立了相关研究小组，其中多名成员由于国际上对这方面的人才需求强烈，纷纷出国工作和深造。值得庆幸的是，1997年陈能成考取了我的硕士研究生后，就一直从事网络地理信息系统的研究与平台开发工作，主持与参与设计和实现了国产网络地理信息平台——GeoSurf，并于2000年、2003年先后完成了硕士学位论文《组件式网络地理信息系统的设计与实现》和博士学位论文《基于J2EE的分布式地理信息服务研究》，其中还获得了湖北省优秀博士论文。1999年，武汉吉奥信息技术有限公司成立后，实验室联合公司力量，推出了GeoSurf 3.0（1999）、GeoSurf 4.0（2002）、GeoSurf 5.0（2006）、GeoSurf 5.1（2007）和目前的GeoSurf 5.2（2008），在陈能成博士的带领下，公司GeoSurf研发力量由最初1人发展到目前20人左右的规模，GeoSurf成为公司三大基础软件之一，获得了2006年国家重点新产品计划，同时也获得了2003年测绘科技进步一等奖、2004年湖北省科技进步一等奖和2005年国家科技进步二等奖。

在这本著作中，作者系统研究了网络地理信息系统的国内外进展、概念与特征、体系架构的变迁、构造模式的演化、分布式空间数据的组织与访问、空间数据的网络表现、移动服务、软件平台、二次开发和典型应用，主要提出了通用网络GIS服务框架、服务器端与客户端并重的网络GIS构造模式、分布式超地图数据模型、空间数据网络表现方法、基于J2EE的移动服务等理论与方法，分析了目前国内外典型网络GIS平台软件和移动位置服务软件，以GeoSurf软件为例介绍了网络GIS二次开发的流程与方法，结合具体工程应用，阐述了典型应用。

本书是作者多年来长期从事网络地理信息系统的理论方法、体系结构、平台研发和工程应用的结晶，具有较强的理论价值和实用价值。阅读本书，计算机科学的读者可以了解网络地理信息系统的需求及其进展，地球空间信息科学的读者可以了解计算机科学的知识，地理信息系统平台开发人员可以了解网络地理信息系统的软件体系结构，网络地理信息系统的工程人员可以获得二次开发的指导。

随着 Web3.0、下一代互联网、IPV6、数据库、云计算和传感器网络技术的发展，Google Earth、Virtual Earth 和智慧地球的问世，网络地理信息系统技术呈现出实时化、智能化、虚拟化和行业化的发展趋势。目前，网络地理信息系统为基础的地球空间数据与模型互操作已经成为国际研究的热门问题。祝愿作者的研究更上一层楼，取得更大的成就！

2009 年 7 月

前　言

网络地理信息系统包含万维网地理信息系统和移动地理信息系统，旨在通过因特网和无线网环境，实现分布式地理信息的采集、管理和共享。1993 年第一个分布式地理信息应用系统原型 Xerox Map Server 的问世，激发了将地图以 Web 浏览器方式发布的发展。目前，无论是“数字地球”、“数字省区”、“数字城市”的建设，还是个人的出行服务，都离不开网络地理信息系统技术的支持。

为了实现网络地理信息系统软件的国产化和广泛应用，本书作者在李德仁院士、龚健雅教授、朱欣焰教授指导下，从 1997 年开始，系统开展了网络地理信息系统的理论方法、体系框架、平台开发和工程应用研究。提出了分布式超地图异构数据模型，完成了自主知识产权国产网络地理信息系统平台——GeoSurf 的设计、开发和产品化工作，在参与的 5 次测评中（1998、1999、2000、2002、2005），均获得国家科技部遥感中心的表彰和推荐，已在武汉武大吉奥信息工程技术有限公司产业化，应用于测绘、土地、环保、旅游、商业、电力、交通、军事等十多个领域。相关研究成果获得了 2003 年测绘科技进步一等奖，2004 年湖北省科技进步一等奖和 2005 年国家科技进步二等奖。

本书从网络地理信息系统的国内外研究进展出发，阐述了万维网地理信息系统和移动地理信息系统的概念及其相互关系，概括了网络地理信息系统的十大基本特性、五大基本部件、四种类型功能和七种应用类型；在网络地理信息系统的体系结构上，从服务器/客户机体系结构和 GIS 软件体系的迁移研究了网络地理信息系统的体系架构，指出从浏览器/服务器的封闭式网络地理信息系统向面向服务的开放式网络地理信息服务的发展趋势。开放式网络地理信息服务包含面向服务的体系架构（SOA）、开放式网格服务体系架构（OGSA）、面向资源的体系架构（ROA）三种形态；在网络地理信息系统的构造模式上，重点阐述了基于 J2EE 的网络地理信息服务系统基本组成及其关键实现技术，并且对 CGI、ASP、GIS 桌面扩展、GIS Java Applet、GIS ActiveX、Plug－in、J2EE 服务 7 种模式的特征、工作原理、优缺点和实例等作了详细分析和比较；

在分布式空间数据组织与访问上，分析了分布式数据源、分布式中间件和地理信息自主服务的分布式地理信息的访问方法，提出了基于超地图的分布式空间数据组织方法；在分布式空间数据可视化方面，分析了互联网空间信息可视化发展的四个阶段，阐述了基于Java2D和基于SVG的二维地图模式及基于Java3D和X3D的网络三维地图模式；在网络地理信息系统软件平台上，从体系结构、部件组成、功能特征和通信协议等方面阐述了ESRI的ArcIMS、MapInfo的MapXtreme、AutoDesk的MapGuide、GeoStar的GeoSurf和SuperMap的IS；在移动位置服务上，从移动地理信息服务的概念与特征、构建环境、开放式位置服务体系和移动地理信息服务解决方案四个方面对移动地理信息服务进行了探讨；在二次开发上，以网络GIS平台软件GeoSurf为例阐述网络地理信息的二次开发方法，为用户开发网络地理信息应用系统提供参考；在实践上，以亚历山大数字图书馆、中国极地科学考察管理信息系统和城市公众信息查询系统为例阐述了网络地理信息系统的典型应用；最后阐述了网络地理信息系统实时化、开放式、虚拟化和智能化等发展趋势。

本书的研究成果，先后获得了国家863项目“基于虚拟Sensor Web的自适应观测服务体系框架及原型研制”（2007AA12Z230）、深圳市科技创新平台计划重点实验室项目“基于虚拟传感器网络的自适应观测数据服务体系研究”、国家自然科学基金创新群体项目“多传感器对地观测网络数据精确处理与空间信息智能服务”（40721001）、深圳市科技计划产学研和公共科技专项资助计划（公共科技）“基于多尺度传感器网络和决策支持模型的灾害监测与预测服务平台”、湖北省创新群体项目“智能地理信息服务的理论与方法及其在交通领域的应用”（2006ABC010）、国家自然科学基金青年基金项目“高精度多节点极地空间信息服务效率研究”（40501059）、测绘遥感信息工程国家重点实验室专项研究经费项目“多尺度传感器网络与决策支持模型耦合机理研究”、国家海洋局项目“基于GIS的极地科学考察管理信息系统”和极地测绘科学测绘局重点实验室基金项目“多点协作的极地空间信息服务门户及应用关键技术研究”等10余个科研项目的资助，作者对以上各方面的支持表示热忱的感谢！

特别是在国家自然科学基金委、国家测绘局和国家海洋局的支持下，在李德仁院士、龚健雅教授和鄂栋臣教授的指导下，于1999年在国际上最先建立了互联网南极地理信息系统，获得澳大利亚南极局局长John Manning博士、美国地质调查局USGS Jerry Mullins博士、现任SCAR SSGG主席意大利Alessandro Capra教授和国际制图协会ICA前主席加拿大Taylor教授等国际同行肯定，开发的极地科学考察管理信息系统已经成为中国极地科学考察管理的业务支撑平台，日均访问人数达400人次。

作者所在的研究团队，由年轻而富于朝气的青年教师、博士生和硕士生组成，先后培养了近20名硕士研究生。在国内外公开发表了相关学术论文60余篇，其中，被SCI、EI、ISTP等三大检索收录30篇。可以这样说，《网络地理信息系统的方法与实践》一书是整个研究团队集体智慧的结晶和辛勤劳动的成果。

作者衷心感谢龚健雅教授多年来对学生的关爱和扶持，并亲自为本书作序。时光如梭，记得十二年前的夏天，有幸成为我国第一批特聘教授、跨世纪学科带头人龚健雅教授的学生，从此我的学习与生活揭开了崭新的一幕。导师认真刻苦的工作态度、严谨的学风和团队合作的理念，是我学习的楷模。

中国工程院院士、中国科学院院士、国际摄影测量与遥感专家和地理信息科学权威李德仁教授长期以来无论是在生活、学习还是工作中都给予了莫大的关怀和照顾，在此表示衷心的感谢。

还要感谢武汉大学出版社，特别是王金龙编辑的大力支持。他们的艰辛劳动，促成了本书的顺利出版。

本书的完成，鄂栋臣教授、李清泉教授、朱欣焰教授、王伟教授、朱庆教授、陈春明教授、吴华意教授、王艳东教授、袁相儒博士、韩海洋博士、宾洪超博士、汪志明博士、陈丽莉硕士、刘琳博士、张霞博士、陈静博士、艾松涛博士、李霞飞硕士、冯艳杰硕士等也起到了重要的作用；国家自然科学基金委、国家科技部、中国南极测绘研究中心、武汉武大吉奥信息技术有限公司、测绘遥感信息工程国家重点实验室深圳研发中心等提供了支持与帮助。在此，一并表示衷心的感谢！

感谢家人，正是他们多年的支持、理解与宽容才使我完成了本书！

感谢所有支持作者从事网络地理信息系统研究与开发的个人与单位！

由于作者水平有限，书中难免存在不足和疏漏之处，敬请广大读者批评指正。

陈能成

2009年7月于武汉

目 录

第1章 绪 论

从20世纪90年代中期开始发展起来的网络地理信息系统技术，随着计算机网络、移动通信技术和3S技术的飞速发展而进入了一个崭新的时代。信息技术的迅猛发展，特别是下一代计算机网络NGN发展热潮的到来，使得网络地理信息系统技术面临新的机遇和挑战，同时也将促进网络地理信息系统技术的进一步发展。

作者于1996年开始从事网络地理信息系统的研究开发工作，推出了国内最早的网络地理信息系统软件平台之一——GeoSurf。本书主要关注网络地理信息系统的体系架构、构造模式、数据组织、可视化表达、典型软件和二次开发等方法，同时阐述网络地理信息系统在地理关联数字图书馆、极地科学考察管理和城市空间信息系统的典型应用。网络环境下分布式地理信息服务的研究有其深刻的学科背景和社会应用需求，对促进地理信息走进千家万户，提高人们的生活质量，有着十分重要的理论价值、经济效益和社会效益。

网络地理信息系统是计算机网络、超媒体技术与全球定位系统、地理信息系统及遥感技术相结合的产物。因特网分为有线因特网和无线因特网，是网络地理信息系统的通信基础；超媒体技术通过超链接概念扩展了地图的外延，使地图成为因特网上的媒介，丰富了因特网的服务内容；3S技术使网络地理信息系统采集、更新和管理空间数据成为现实，使得网络地理信息系统成为有源之水（陈能成，2003）。网络地理信息系统是开放地理信息系统内涵的自然延伸。开放地理信息系统基本要求是互操作应用环境（用户工作台是可配置的，以充分利用特定的工具和数据来解决应用问题）、共享数据空间（支持多种分析和制图应用的通用数据模型）和异质资源浏览器（用户从网络获取信息和分析资源的方法）（龚健雅和李斌，1999）。网络环境下地理信息和地理信息处理共享是互操作研究的一个重要方面和目标之一。

空间数据生产与应用矛盾的激化呼唤更加有效开放的分布式地理信息服务。一方面存在着数据或信息爆炸现象，如NASA的行星地球计划每天产生10^{11}字节的信息，加上其他来源，每天产生10^{15}字节的信息，即每天产生了海量信息；另一方面，社会迫切需求信息，而这些信息却没有得到充分利用（承继成等，1999）。海量信息的存储和管理需要花费大量的人力、物力和财力，由于没有有效的下载、查询和浏览工具，信息不能得到有效利用和产生经济价值。这种生产和应用的矛盾不断激化，只有借助互联网和地理信息系统的技术，才能有效地解决数据生产与应用之间的数据预览和分发问题。

1.1 分布式地理信息

一般说来，我们可以把计算机网络看成是由各自具有自主功能而又通过通信手段相互连接起来的计算机组成的复合系统（高传善，1994）。信息高速公路的基础是计算机网络，信息是这条高速公路上的车，而地理信息是信息当中的重要组成部分。

地理信息是指与研究对象空间地理分布有关的信息，它表示地表物体及环境固有的数量、质量、分布特征、联系和规律（龚健雅，2001）。

分布式地理信息（DGI，distributed geographic information）指使用网络技术，在诸如互联网的分布式计算环境下以多种形式发布的地理信息，如地图、图像、数据集合、分析操作和报告等（Plewe，1997）。

分布式地理信息应用从已绘制好的简单地图在Web浏览器上显示，到基于网络的GIS功能综合，远程GIS用户可以共享普通的GIS数据并与其他GIS用户实现实时通信。发展分布式地理信息应用技术，集中体现在服务器、客户机和网络通信三个方面。服务器存储数据和应用程序，客户机使用数据和应用程序，网络通信控制服务器与客户机之间的信息流。

分布式地理信息具有以下独特的特征：

①分布式：空间数据存储在不同部门、不同地点和由不同网站进行发布。

②多比例尺：无论是影像、矢量和数字高程模型DEM，它们都有不同比例尺级别的数据。

③异构性：表现在空间数据库管理系统的异构性、数据形式和格式的不同。

④海量：虽然文本数据也具有海量的特征，但是用户在浏览、查询和使用时是基于单条记录的；而空间数据浏览、查询和使用时往往是从整体到局部，一次操作要涉及数据库中的所有内容，往往达到GB级甚至TB级的空间数据，这在远程网络环境中对分布式地理信息服务质量是一个考验。

1.2 分布式地理信息服务

ISO 19119 的定义是：操作为达到某一种行为的能够被一个对象请求的某一交互作用的规范；服务为操作的一系列集合，通过一个接口访问，允许用户调用值的行为；接口为操作的一种实现，包含为某一特定的分布式计算技术交互的语法规则（Allan 和 Carl，2001）。部件是系统中物理上可以替换的部分，包装了一系列接口的实现、遵循并且提供接口集合的实现。部件与服务含义一致。总之，操作与服务是一个模型的基本规范，而接口和部件定义了操作与服务的实现细节。

地理信息服务为地理信息操作的一系列集合，通过一系列接口访问，允许地理信息用户调用地理信息操作值的行为，这种地理信息服务根据任务的不同，往往封装成功能集合不等的地理信息处理部件，通过部署在某一或某些特定的基础服务平台来为地理信息用户提供功能不等的地理信息服务，这些基础服务平台通常表现为通用的服务和专用的服务平台。通用的服务平台为 IT 行业常用的中间件应用服务器，例如 SUN 的 iPlanet 应用服务器，BEA 的 Weblogic 应用服务器，IBM 的 Websphere 应用服务，等等；专用的服务平台例如 ESRI 的 ArcIMS 应用服务器，MapInfo 的 J-Server 应用服务器，等等。

分布式地理信息服务为地理信息服务的特例，在这种服务中，操纵的地理信息为分布式地理信息。分布式、部件化和互操作是三个重要特征。分布式反映数据或操作的物理分布；部件化是整体结构构成方式；互操作提供了数据与操作的共享或信息共享。三者中，分布式占主导地位，部件化为分布式的表现方式，基于分布式才为互操作提供了更为现实的实现途径。

分布式地理信息服务至少要包含服务消费者和服务提供者两种角色。通常而言，一个服务提供者可以提供以下的几个相互独立又相互联系的地理信息服务：人机交互服务、模型/信息管理服务、工作流/任务服务、处理服务、通信服务和系统管理服务。

1.3 分布式地理信息服务的必要性

提供分布式地理信息共享服务，具有许多好处。提供分布式地理信息共享是非常必要的。这种必要性主要体现在如下几个方面（陈能成等，2000）：

1）政府投资需求。许多典型数据是在政府的资助下由政府的代理部门生产的，信息的拥有权和版权归政府所有，这些数据也应该为公众所拥有。

2）实现价值要求。空间信息是投入大量的资金和时间生产的，对生产部门和用户而言，它们具有很高的使用价值，许多用户愿意支付一笔可观的费用去购买这些空间信息。因而，为了更加广泛地实现空间信息的价值，就需要在互联网上实现分布式的有偿或免费共享。

3）免费服务要求。互联网上许多信息是由政府、大学和非赢利机构生产的。他们生产信息的目的不是为了挣钱，免费的分布式地理信息，能有效地推动互联网的发展。

4）相关信息服务需求。免费的分布式地理信息服务，往往作为具有很高价值的信息和产品的附属品，为公众提供，它是用户查找可用产品和服务某个特定位置的导航工具。把地图作为查询工具或查询结果的显示方法，可得到更多的有关主要产品的详细信息。

5）企业内部网需求。企业内部网为企业内的人员提供信息通信服务。空间信息是企业内部网的特殊信息之一。对企业而言，空间信息是重要的有用的信息。分布式地理信息服务的应用系统为企业内部空间信息的使用提供了有用的工具。

1.4 网络地理信息系统演化

1.4.1 标准规范演化

地理信息标准就是通过某种约定或统一规定，在一定范围内协调人们对地理信息有关事务和概念的认识与利用的抽象表述系统。地理信息标准定义的内涵是：对事物和概念的抽象表示；通过约定或统一规定来表述世界；有一定的适用范围；统一对事物和概念的认识或调整人们行为的准则。

在地理信息标准的制定过程中，先后出现了由 ISO/TC211（国际标准化组织/地理信息工作组）、FGDC（美国联邦地理数据委员会）、CEN/TC 287（欧洲标准化组织第 287 技术委员会）和 OGC（开放式 GIS 协会）组织/工作组制定和推出的包含数据模型、元数据标准、互操作标准和地理信息 Web 共享服务等方面的标准，呈现出模型、元数据、互操作和 Web 服务的发展趋势。

国际标准化组织 ISO（The International Organization for Standardization）/地球信息科学委员会（TC211）负责制定与地理空间信息有关的标准，主要在数字地理信息和地球信息科学方面。目的是对地球上直接或间接与地理位置有关的物体和现象建立结构化和可实现共享的标准，为不同用户、不同系统之间的地理信息表现、查询、处理、分析、共享、管理和传输提供实现标准（Ostensen and Smits，2002）。它由5个小组构成：WG1负责框架与参照模型，WG2负责空间信息模型和操作，WG3负责空间信息管理，WG4负责空间信息服务，WG5负责文档和功能规范。TC211的工作与OGC类似，它也对服务模型和元数据提出了规范。但是与OGC相比，OGC侧重于民间的合作和实现规范，而它则注重政府之间的合作和抽象规范，以便达成国际规范。

美国联邦地理数据委员会（FGDC）是由美国内务部负责的一个协调性组织，负责联邦地理数据的协调发展、使用、共享和传播。它建立了两个数据标准：空间数据转换标准SDTS和元数据标准（Liping，2003）。

欧洲标准化组织第287技术委员会（CEN/TC 287）分四个工作组，分别负责地理信息标准化框架、地理信息模型和应用、地理信息传输和地理信息定位参考系统的标准化工作。目的是通过建立一系列标准，以确定一种定义、描述、处理、传输和表示现实世界的标准方法，促进与地理位置有关的地理空间信息的使用和共享（高小力，1999）。

开放式GIS协会OGC（Open GIS Consortium）是一个非赢利组织，其目的是促进采用新技术和商业方式来提高地理空间信息及其处理的互操作性。OGC成员的共同目标是建立一个全国或全球范围内的地理空间信息基础设施，实现地理空间信息资源的全球共享，以便于人们自由使用和处理地理空间信息资源，即实现地理空间信息共享和提供地理空间信息服务处理，以此推动地理信息产业化发展，为整个社会带来新的商业模式和利益。其先后在抽象定义中提出了简单要素对象模型，总结了人们对空间信息的共识。2001年3月，OGC提出了关于空间信息Web服务的技术倡议（request for technology，RFT），其中描述了服务模型，标识了模型中的角色与操作，提出从概念层、技术层和系统层三个层次定义并逐步实现空间信息的Web服务。在Web服务的接口，OGC也有专门论述，提出了WFS（web feature server），WMS（web mapping server）等Web服务的接口实现规范。

这些标准化组织的各种研究成果为地理信息领域的各项研究、各种系统的开发与应用提供了很好的规范和理论基础，极大地促进了地理信息领域的发展。在地理信息服务方面比较相关的规范及研究项目主要包括：开放地理信息系统协会（OGC）制订的服务体系结构，OGC Web服务启动项目以及ISO/TC 211提出的地理信息服务标准草案（ISO/DIS 19119）。

1.4.2 服务模式演化

第一个分布式地理信息应用系统原型 Xerox Map Server，激发了将地图以 Web 浏览器方式发布的发展。1993 年 11 月，挪威 Tromso 大学在本国建立了地图 Web 服务器（http：//www. uit. no/norge/）。

由于 Web 站点的迅速增加，将地图与 Web 浏览器结合的思想，很快在许多国家和地区得到广泛应用。数月后，许多国家和地区建立了 Web 站点，为地图数据在 Web 浏览器上提供在线服务。1994 年 1 月，用地图为许多国家和地区的站点提供索引的虚拟旅行者（http：//www. vtourist. com/）在 Web 上出现。目前，虚拟旅行者仍然是为许多国家和地区的站点提供地理信息索引服务的重要站点之一。几年来，Xerox Map Server 和虚拟旅行者变得相当普遍。使用这两个站点的地理信息索引服务，用户可以进入其他的站点中。例如，国际的或全球的商业活动范围，可以利用虚拟旅行者上陆地地图显示；环境活动家可以利用虚拟旅行者上陆地地图，标示他们感兴趣的地区，显示他们旅行的位置、路线等。这种将地图与 Web 浏览器结合的思想，以各种形式广泛地应用在 Web 站点的建立之中。这充分显示了空间信息是众多 Web 应用中最有意义的部分。

1994 年，许多在互联网发布分布式空间数据的项目开始启动。这些项目，有的来自政府部门，有的来自大学，有的来自于私人企业。在地理信息服务提供方面，大部分使用预先生成的栅格图像或由 GIS 生成的图像。分布式地理信息作为一种研究项目和工业应用，得以迅速发展，其中两个有影响的网络地理信息系统应用是 NSDI 和 UCSB。

NSDI 即美国国家空间数据基础设施（national spatial data infrastructure, NSDI；http：//www. fgdc. gov/），是由联邦地理信息委员会（FGDC，federal geographic data committee）负责的。这一任务迫使美国所有的地理信息代理机构着手将地理信息放在互联网上，为公众提供在线服务。FGDC 为许多国家、地区，教育机构、私人公司以及国际 GIS 生产商，提供在线网络地理信息系统。

UCSB 是美国加利福尼亚大学（University of California at Santa Barbara）主持的国家自然科学基金支持的关于数字图书馆的 Alexandria 项目（http：//alexandria. sdc. ucsb. edu/），此计划的目的是建立具有空间参考信息的在线数字图书馆，让不同背景的人能定位、浏览、分析数字空间信息。它注重于基础的网络地理信息系统研究。

1995 年，出现了活动制图引擎。在此以前，网络地理信息系统是使用静态地图图像。有了活动制图引擎，网络地理信息系统就以动态地图图像浏览的形式提供。例如，由美国人口普查局开发的 TIGER 制图服务（TMS；http://tiger.census.gov/）使用了一般的地图生成程序，而非商用的 GIS 软件，快速生成并传输地图图像。相关的站点有：Geosystems Global 的 MapQuest，Vicinity 的 MapBlast，Etak 的 EtakGuide 和 Autodesk 的 GridNorth 等。

1996 年以后，互联网迅速在全球发展，没有互联网发展计划的任何从事 IT 产业的公司，注定要被淘汰。主要的地理信息系统软件商都将互联网列为长期发展计划，相继推出 Web 服务器站和服务点，介绍他们的互联网发展计划。如 ESRI，Intergraph，MapInfo，Bentley，Genasys 等。

1997 年，分布式地理信息（DGI）和基于 Web 的地理信息系统（Web GIS）一词出现。一些基于 Web 浏览器的 GIS 软件如 GeoMedia、MapGuide、IMS 等商业 Web GIS 软件相继问世并不断发展。

1998 年，互联网地理信息系统（Internet GIS）一词出现，使用 Java 语言，基于分布式部件和对象技术的互联网地理信息系统相继出现并逐步发展完善。

1999 年，组件式互联网地理信息系统开始研究。用 EJB 方法开发可重用的 Internet GIS 服务器，用 JavaBeans 技术开发 Internet GIS 客户机的应用界面和 GIS 的图形操作功能相结合的方法开发 Internet GIS 组件。

2000 年，随着 J2EE 体系架构的出现和 DNA 分布式计算技术的成熟，基于多层体系架构的 Web GIS 系统建设变得越来越容易，Web GIS 软件逐渐发展成为多层体系结构的浏览器/服务器架构的系统。

2001 年，随着 XML 标志语言的不断完善，Web GIS 产商在自己的 Web GIS 软件中加入了基于 XML 语言的通信机制，例如 ArcIMS4.0 中采用 ArcXML 进行通信，MapXtreme 采用地图定义 DTD 规范来发布地图。

2002 年，随着 2.5G 无线通信的普及，各 GIS 产商在 Web GIS 软件的基础上推出了自己的移动 GIS 产品，例如 MapInfo 的 miAware，ESRI 的 ArcPad。

2003 年，随着 Web Service 技术和 OWS 服务架构的成熟，各 GIS 产商在 Web GIS 软件的基础上，推出了基于 OGC 的 Web 地图服务（WMS），例如 ESRI 的 WMSConnector，MapInfo 的 WMS 扩展。

2004 年，随着微软 .net 架构的成熟，各 GIS 产商在 Web GIS 软件的基础上，推出了基于 .net 的 Web GIS，例如 MapInfo 的 MapXtreme 2004，SuperMap 的 SuperMap IS 等。

2005 年，Google 推出了基于 WWW 服务器的网络三维系统 Google Earth，把地球和个性化信息放到了每个人的桌面上，它将卫星照片、航空照相、地理标志、三维模型等信息集成在三维地球场景上。

概括地说，网络地理信息系统服务方式的发展如表1-1所示，表现出服务方式标准化，客户端表现形式多样化，体系结构部署多层弹性、数据格式多样化及数据存储海量网络化的特点。

表1-1　　网络地理信息系统服务方式发展表

年　份	网络地理信息系统服务方式	实　例
1993	静态地图图像索引、浏览	Xeror Map Server，Virtual Tourist
1994	在互联网发布分布式空间数据信息的项目开始启动	NSDI，UCSB等
1995	动态地图图像浏览活动制图引擎机	TIGER，MapQuest，MapBlast，EtakGuide，GridNorth等
1996	主要的地理信息系统软件商相继推出Web服务器站点	ESRI，Intergraph，MapInfo，Bently，Genasys等
1997	DGI、Web GIS出现	GeoMedia，MapGuide，MapObjects/Arciew IMS等
1998	Internet GIS出现	PGS，GeoSurf2.0等
1999	组件式互联网地理信息系统	MapXtreme for Java，GeoSurf 4.0，GeoBeans等
2000	基于多层结构的互联网地理信息系统	ArcIMS3.0，GeoSurf4.0数据库版本。
2001	基于XML的开放式地理信息服务	ArcIMS4.0，MapXtreme4.5
2002	移动地理信息服务	MapInfo miAware，ESRI ArcPad等
2003	GIS Web Services	OGC Web Service（OWS），GeoSurf5.0
2004	.net的Web GIS	MapXtreme 2004，SuperMap IS
2005	网络三维系统	Google Earth，Virtual Earth，GeoGlobe

1.4.3 软件平台演化

随着 Web 服务、智能 Web 服务在 IT 行业的成功应用 ESRI、MapInfo、AutoDesk、Intergraph 等公司纷纷推出自己的 Web GIS 软件，并且在分布式计算的浪潮中斥巨资开发和不断升级基于分布式对象技术的地理信息系统软件。

ESRI 公司最开始的 Web GIS 产品为 MO IMS 和 ArcView IMS，现在逐渐升级为 ArcIMS9.3。ArcIMS 是运行在 JavaTM2/.net 环境中的产品，包含应用服务器连接器、ArcIMS 应用服务器、ArcIMS 空间服务器和 ArcIMS 客户四个主要的部件，把 Java/.net 作为产品开发的核心部分并且提供了给终端用户开发和集成的一系列选择，使用 Java/.net 来构造独立应用程序、基于浏览器的 ArcIMS 客户机和用于创建 ArcIMS 的应用服务器。应用服务器提供了访问 ArcIMS 数据库服务器和其他 ArcIMS 服务的接口。开发人员使用 JAVA/.net 在客户层或服务层定制和扩展 ArcIMS 功能。在服务层，ArcIMS AppServerLink 为 .net web 应用程序、Java 应用程序、小应用程序、JavaBeans 和 JSP 提供了访问 ArcIMS 服务的网关能力（ESRI，2005）。

MapInfo 公司最开始的 Web GIS 产品为 ProServer 和 MapXtreme。2000 年推出基于 JavaBean 的 GIS 中间件产品 MapXtreme for Java3.0，2004 年升级为 MapXtreme for Java 4.5.7。Java 版本是为公司企业网和公共因特网提供开发高可靠性、高安全性、优越的性能价格比的 GIS 应用程序的制图应用开发工具，包含 MapXtremeServlet 制图引擎、MapJ 函数对象、MapXtreme JavaBeans 组件、地图定义管理器、连接管理器等部件。使用这些部件，MapXtreme 应用程序可以部署为弹性多层体系结构。在 MapXtreme 的基础上，又发展了基于 Java Servlet 的路径服务器 JRouteServer 和移动定位服务软件 miAware，允许手机、PDA 和其他信息设备通过无线网络，无论何时、何地，提供基于个人注册信息和当前或者预定位置增强的无线空间服务——MapInfo，2004。随着 .net 的出现，在 2005 年推出了基于 .net 的 Web GIS 产品——MapXtreme 2005。

AutoDesk 公司最开始的 Web GIS 产品为 MapGuide，包括客户端（Client，Viewer 作为插入件）、Author 和服务器（Server）三部分。Author 用于生成可在 Web 上发布的 GIS 地图；Server 部件是一个 Web 服务器应用程序，负责 MWF 文件的发送和返回的 MWF 以数据库的形式保存操作，也可以是以表格或文本的形式将数据库中的数据发送给浏览器；Viewer 插入件负责客户机的地图浏览操作，如放大、缩小和漫游等。

Intergraph 公司的 Web GIS 产品为 GeoMedia Web Map，包含客户机

ActiveCGM 插入件和服务器 GIS 软件，通过计算机图形元文件（CGM, computer graphics metafile）数据格式获取 ArcInfo、ArcView、MGE、FRAMME、MapInfo、Oracle Spatial Carridge、Microsoft Access、DGN 和 DWG 等多种格式数据源。

1.4.4 市场份额演化

IDC 的调查数据表明，全球空间信息的市场在未来几年内将发生变化，将由传统的地理信息系统（GIS）市场向业务支持的系统（BSS）和移动定位服务（LBS）市场发展，GIS 的市场将平稳增长，而 BSS 和 LBS 的市场将快速增长，在 2004 年左右超过 GIS，分别达到 10 亿美元的产值（David 等，2001）。

1.5 网络地理信息系统相关技术

人们常用 Web GIS 来描述网络地理信息系统，但从系统的观点看，这还很不够。万维网固然是目前网络地理信息系统最重要的基础设施，但网络地理信息系统并不是 Web 和 GIS 的简单结合，也不是 Web 的简单扩展或延伸，而是融合了网络环境下空间信息采集及海量存储、高效传输及处理和行业应用等一切先进信息技术，是具有新功能的服务系统。因此，对于网络地理信息系统的研究和分析，应该特别强调“网络地理信息系统是服务”的观点，站在更高的高度来重新认识网络地理信息系统结构、性能及工程技术和实际应用中的重要问题，以便于把握网络地理信息系统的发展趋势。

1.5.1 计算机网络技术

计算机网络是现代计算机技术和通信技术密切结合的产物，是随社会对信息的共享和信息传递的要求而发展起来的。所谓计算机网络就是利用通信设备和线路将地理位置不同的、功能独立的多个计算机系统互连起来，以功能完善的网络软件（如网络通信协议、信息交换方式以及网络操作系统等）来实现网络中信息传递和资源共享的系统。这里所谓功能独立的计算机系统，一般指有 CPU 的计算机。

计算机网络从 20 世纪 60 年代末、70 年代初实验性网络研究，经过 70 年代中后期集中式网络应用，到 80 年代中后期局部开放应用，一直发展到 90 年代开放式大规模推广，其速度发展之快、影响之大，是任何学科不能与之匹敌的。计算机网络的应用从科研、教育到工业，如今已渗透到社会的各个领域，它对于其他学科的发展具有十分重要的支撑作用。目前，关于下一代计算机网络（NGN）的研究已全面展开，计算机网络正面临着新一轮的理论研究和技术开发的热潮。我们相信，21世纪计算机网络将向着开放、集成、高性能和智能化发展，必将成为人们生活中不可缺少的一部分。

1.5.2 WWW 技术

在Web应用系统中，URL、HTTP、HTML（以及XML）、Web服务器和Web浏览器构成了Web的五大要素。Web的本质内涵是一个建立在Internet基础上的网络化超文本信息传递系统，而Web的外延是不断扩展的信息空间。Web基本技术在于对Web资源的标识机制（如URL）、应用协议（如HTTP和HTTPS）、数据格式（如HTML和XML）。HTML是编制网页基本语言，但它只能用于静态网页。当今Web已经不再是早期的静态信息发布平台，它已被赋以更丰富的内涵。现在，我们不仅需要Web提供所需信息，还需要提供可个性化搜索功能，可以收发E-mail，可以进行网上销售，可以从事电子商务，等等。为实现以上功能，必须使用更新的网络编程技术制作动态网页。目前实现动态网页主要有CGI、ASP、PHP和JSP四种流行的技术。随着在线订购和电子商务的发展，因特网作为计算媒体已经从被动的角色转变为主动角色来支持业务逻辑处理执行，即Web应用系统已经从静态Web页面、动态Web页面向Web服务、智能Web服务方向发展。

1.5.3 网络通信技术

网络和通信技术在近几十年取得了令人鼓舞的飞速发展，特别是宽带网络技术、IP技术、WAP技术以及数字微波技术、卫星数据中继技术和调频副载波技术的发展为地球空间信息技术与之结合创造了必要的基础，具体表现在：公用骨干电信网向分组化、大容量发展；接入技术向宽带化、无线化发展；移动通信向高码率发展；通信终端向多媒体和移动化发展（李德仁等，2001）。无线通信技术的发展进一步推动地理信息技术的网络应用。基于2G的CDMA、TDMA、GSM、PCS以及基于2.5G的EDGE、GPRS等无线上网设备已经接近能普及的合理价位，第三代（3G）无线通信标准已经在2000年5月被国际无线通信联盟采纳，它能提供达到2Mbps传输速率的服务，预计3G网络和设备将在未来的一两年内全面商业化。第四代（4G）无线网络将提供更多的带宽，虽然它还在概念阶段。当无线网络技术的发展达到一定的程度时，地球空间信息的无线服务就成为现实，而且业务量和业务范围将随着带宽的增加而扩大。

现在无线网络的服务水平基本上停留在能支撑简单的局部空间数据的阶段，数据量为几个 K，还没有广泛的实用价值。有人预测，将来有 50% 的应用是通过无线通信网络实现的，在不远的未来，任何人随时随地都可以通过有线或无线网络获得地球空间信息服务。

1.5.4 分布式对象计算技术

20 世纪 90 年代出现的分布式对象技术为网络计算平台上软件的开发提供了强有力的解决方案。目前，分布式对象技术已经成为建立服务应用框架和软件构件的核心技术，在开发大型分布式应用系统中表现出强大的生命力，逐渐形成了 3 种具有代表性的主流技术，即 Microsoft 的 COM/DCOM 技术、Sun 公司的 Java 技术和 OMG 的 COBRA 技术。

分布式对象技术是伴随网络而发展起来的一种面向对象的技术。以前的计算机系统多是单机系统，多个用户是通过联机终端来访问的，没有网络的概念。网络出现后，产生了 Client/Server 的计算服务模式，多个客户端可以共享数据库服务器和打印服务器，等等。随着网络的进一步发展，许多软件需要在不同厂家的网络产品、硬件平台、网络协议异构环境下运行，应用的规模也从局域网发展到广域网。在这种情况下，Client/Server 模式的局限性也就暴露出来了，于是中间件应运而生。中间件是位于操作系统和应用软件之间的通用服务，它的主要作用是用来屏蔽网络硬件平台的差异性和操作系统与网络协议的异构性，使应用软件能够比较平滑地运行于不同平台。同时中间件在负载平衡、连接管理和调度方面起了很大的作用，使企业级应用的性能得到大幅提升，满足了关键业务的需求。但是在这个阶段，客户端是请求服务的，服务器端是提供服务的，它们的关系是不对称的。随着面向对象技术的进一步发展，出现了分布式对象技术。可以这么说，分布式对象技术是随着网络和面向对象技术的发展而不断地完善起来的。20 世纪 90 年代初 CORBA 1.0 标准的颁布，揭开了分布式对象计算的序幕。

分布式对象计算中，通常参与计算的计算体（分布对象）是对称的。分布式对象往往又被称为组件（component）。组件是一些独立代码的封装体，在分布计算环境下可以是一个简单的对象，但大多数情况下是一组相关的对象复合体，提供一定的服务。分布环境下，组件是一些灵敏的软件模块，它们可以位置透明、语言独立和平台独立地互相发送消息，实现请求服务。

目前，国际上分布式对象技术有三大流派——COBRA、COM/DCOM 和 Java。CORBA 技术是最早出现的，1991 年 OMG 颁布了 COBRA 1.0 标准，在当时来说做得非常漂亮；再就是 Microsoft 的 COM 系列，从最初的 COM 发展成现在的 DCOM，形成了 Microsoft 一套分布式对象的计算平台；而 Sun 公司的 Java 平台，在其最早推出的时候，只提供了远程的方法调用，在当时并不能被称为分布式对象计算，只是属于网络计算里的一种，接着推出的 JavaBean，也还不足以和上述两大流派抗衡，而其目前的版本是 J2EE，推出了 EJB，除了语言外还有组件的标准以及组件之间协同工作通信的框架。于是，也就形成了目前的三大流派。

应该说，这三者之中，COBRA 标准是做得最漂亮的。COBRA 标准主要分为 3 个层次：对象请求代理、公共对象服务和公共设施。最底层是对象请求代理 ORB，规定了分布式对象的定义（接口）和语言映射，实现对象间的通信和互操作，是分布式对象系统中的“软总线”；在 ORB 之上定义了很多公共服务，可以提供诸如并发服务、名字服务、事务（交易）服务、安全服务等各种各样的服务；最上层的公共设施则定义了组件框架，提供可直接为业务对象使用的服务，规定业务对象有效协作所需的协定规则。总之，CORBA 的特点是大而全，互操作性和开放性非常好。目前 CORBA 的最新版本是 2.3。CORBA 3.0 也已基本完成，增加了有关 Internet 集成和 QoS 控制等内容。CORBA 的缺点是庞大而复杂，并且技术和标准的更新相对较慢，COBRA 规范从 1.0 升级到 2.0 所花的时间非常短，而再往上的版本的发布就相对十分缓慢了。

相比之下，Java 标准的制订就快得多，Java 是 Sun 公司自己制定的，演变得很快。Java 的优势是纯语言的，跨平台性非常好。Java 分布对象技术通常指远程方法调用（RMI）和企业级 JavaBean（EJB）。RMI 提供了一个 Java 对象远程调用另一 Java 对象的方法和能力，与传统 RPC 类似，只能支持初级的分布对象互操作。Sun 公司于是基于 RMI，提出了 EJB。基于 Java 服务器端组件模型，EJB 框架提供了像远程访问、安全、交易、持久和生命期管理等多种支持分布对象计算的服务。目前，Java 技术和 CORBA 技术有融合的趋势。COM 技术是 Microsoft 独家做的，是在 Windows 3.1 中最初为支持复合文档而使用 OLE 技术上发展而来，经历了 OLE 2/COM、ActiveX、DCOM 和 COM + 等几个阶段。目前，COM + 把消息通信模块 MSMQ 和解决关键业务的交易模块 MTS 都加进去了，是分布对象计算的一个比较完整的平台。Microsoft 的 COM 平台效率比较高，同时它有一系列相应的开发工具支持，应用开发相对简单。但它一个致命的弱点是 COM 的跨平台性较差，如何实现与第三方厂商的互操作性始终是它的一大问题。

在地理信息系统领域，分布式对象技术有着广泛的应用。地理信息系统网络分布式应用的第一代模式叫 Client/Server 模式（如基于 COM 的 GIS 系统），第二代叫 3 层 Client/Server 模式（例如基于浏览器/服务器架构的 Web GIS），第三代叫分布式对象模式的 GIS 系统（例如基于 J2EE/. net 的企业级 GIS），目前基本上已经从第二代向第三代过渡。目前国外的一种进展就是将分布对象计算与 Web 以及嵌入式移动计算结合在一起，另外就是和中间件（如通信中间件等）的结合。例如 CORBA 新的标准里加入了 Internet 服务和消息服务，消息服务可以支持异步方法调用，可以提高程序吞吐量，并行能力加强，提高了系统整体性能，并增加了系统灵活性。

1.5.5 应用服务器技术

Web 应用开发经历了 3 个阶段。在第一阶段，大家都使用 Web 服务器提供的服务器扩展接口，使用 C 或者 Perl 等语言进行开发，例如 CGI、API 等。这种方式可以让开发者自由地处理各种不同的 Web 请求，动态地产生响应页面，实现各种复杂的 Web 系统要求。但是，这种开发方式的主要问题是对开发者的素质要求很高，往往需要懂得底层的编程方法，了解 HTTP 协议。此外，这种系统的调试也相当困难。

在第二阶段，大家开始使用一些服务器端的脚本语言进行开发，主要包括 ASP、PHP、Livewire 等。其实现方法实质上是在 Web 服务器端放入一个通用的脚本语言解释器，负责解释各种不同的脚本语言文件。这种方法的首要优点是简化了开发流程，使 Web 系统的开发不再是计算机专业人员的工作。此外，由于这些语言普遍采用在 HTML 中嵌入脚本的方式，方便实际开发中的美工和编程人员的分段配合。对于某些语言，由于提供了多种平台下的解释器，所以应用系统具有一定意义上的跨平台性。但是，这种开发方式的主要问题是系统的可扩展性不够好，系统一旦比较繁忙，就缺乏有效的手段进行扩充。此外，从一个挑剔者的眼光来看，这种方式不利于各种提高性能的算法的实施，不能提供高可用性的效果，集成效果也会比较差。

为了解决这些问题，近年来，出现了 Web 应用开发新方法，也就是应用服务器方式。应用服务器主要解决分布式应用中的产品体系结构、负载均衡、高可靠性、数据库连接池、分布会话管理和高速缓存等技术难题。

应用服务器是一个不断发展的概念，越来越多的功能被加入到应用服务器中，没有人能够准确预计其发展轨迹。从当前的趋势来看，应用服务器的未来发展主要在三个方面，功能日渐完整：各个应用服务器厂商都在扩充自己的应用服务器产品，例如使自己的产品更加完整，能够包含上述所有的解决问题的方法，让最终使用的客户来决定系统的真正运行模式；方便开发的工具日益增多，开发工具将不再局限在编辑器、项目管理工具等上面。未来的开发工具将大大增强 Web 系统的调试能力，同时也将提供更多的代码自动生成工具；基于 XML 的开放性通信体系，应用服务器将利用 XML 建立可互操作的平台，这里的互操作既包括应用服务器之间的互操作，也包括应用服务器和后台系统之间的互操作。目前几种主流的 Web 应用服务器产品有 BEA WebLogic、IBM WebSphere、SUN iPlanet、Oracle Internet Application Server 、SilverStream Application Server 和 Sybase Enterprise Application Server（EAServer）等。

1.5.6 数据库技术

数据库技术研究的是如何科学地组织和存储数据，它是当代信息系统的基础。从 20 世纪 50 年代开始，数据库技术由理论升为计算机应用；60 年代出现和发展了层次与网状数据库；70 年代关系数据模型研究日臻成熟；80 年代关系数据库成为发展的主流；90 年代出现了面向对象数据库。

由于要支持诸如空间图形、图像、声音等非规范化、大容量数据，数据库厂商纷纷引进对象-关系数据库技术，开发出对象-关系数据库管理系统。对象关系数据库系统（ORDBMS）是面向对象技术与数据库技术的结合走向成熟的产物。它提供对于复杂数据进行复杂查询的支持，从而能够更好地满足迅速发展的多媒体应用、Web 应用以及新的商业应用的需求。对象-关系 DBMS 是这样的 DBMS：它支持 SQL-3 的一个方言，包括非传统的工具，并为复杂的 SQL-3查询而进行了优化。它是关系的，因为它支持 SQL；它又是面向对象的，因为它支持复杂数据。在本质上，它是关系世界的 SQL 与对象世界的模型基元的结合。Oracle 公司在自己的系统中加入了 Spatial Ware 组件以支持空间数据；Informix 公司的产品 Universe Server 只需用户将自己定义的数据类型做成 Data Blade 插件，便可将空间数据无缝集成在 DBMS 中；传统的 GIS 厂商，如 ESRI 的 SDE、MAPINFO 的 Spatial Ware 等，都推出了将空间数据集成在关系数据库的产品（王密，2001）。ORDBMS 中具有可扩充的数据类型，消除了笨拙的类型模拟带来的效率问题；数据类型既是信息又是操作，而 RDBMS 中的域只包含存储表示而没有与域相关的行为；允许类型定义者加入新的存储方法，例如 R 树、栅格文件、四象限树或 K-D-B 等，而 RDBMS 则不能；支持不受长度限制的用户自定义数据类型，而 RDBMS 虽然也支持 BLOB，但 BLOB 只能被取出来或存进去，并没有什么其他操作，因此不能算作数据类型；支持丰富的复杂类型，对所有的复杂类型都能定义函数；支持数据和函数的继承；支持的规则系统比 RDBMS 要强大而且灵活得多：允许事件和动作都可以是查询或者更新；允许和其他的对象-关系能力集成为一体；支持立即触发和延迟触发，支持动作和事件属于同一事务或不同事务的执行语义。

1.5.7 网络环境下的3S 技术

RS、GIS 和 GPS 简称 3S 技术，是对地观测的三种高新技术系统，三个系统各有其特点，同时又都是与空间信息紧密相关的技术系统。RS 即遥感技术，是利用某种装置，在不与被研究物体、地区或现象直接接触的情况下，收集它们的数据，并通过处理、分析，最后提取和应用有关物体、地区或现象信息的一种技术。它是应用物理手段、数学方法和地学规律的综合性技术系统。遥感空间技术正面临巨大变化的前夜，具体体现在：遥感传感器的空间和光学传感器的空间光谱分辨率急剧地扩大、小卫星数量大量地增加、海洋测色能力快速地增强、遥感卫星的拥有者数量正快速地增长。GIS 即地理信息系统，通俗地讲是整个地球或部分区域的资源、环境在计算机中的缩影。严格地讲，地理信息系统是反映人们赖以生存的现实世界（资源与环境）的现势和变迁的各类空间数据及描述这些空间数据特征的属性，在计算机的软件和硬件支持下，以一定的格式输入、存贮、检索、显示、输出和综合分析应用的技术系统。GIS 的发展与计算机技术的发展密切相关，具体表现在：采用分布式对象技术设计和开发 GIS 软件、矢量栅格数据一体化集成技术、多源多比例尺空间数据库技术、组件式 GIS 技术、Internet GIS 技术、多维 GIS 和虚拟地理环境技术的发展。GPS 即全球定位系统，是在航空航天技术、无线电技术、通信技术、计算机技术等高新技术的基础上，通过在地球的周围布设 24 颗通信卫星，使得地球上任意一点都可以同时接收到多于 4 颗卫星信号，通过距离交会，测定出该点的三维坐标和时间的技术系统。3S 技术与网络技术的结合，形成了许多新兴的研究方向，例如网络 GPS、网络地理信息系统和在线传感器网络地理感知等，正在人们日常生活中发挥着愈来愈重要的作用。

1.6 本书的内容和组织结构

第 1 章为绪论，主要介绍分布式地理信息和分布式地理信息服务的概念及其必要性、网络地理信息系统的演化及其相关技术，在此基础上提出了本书的主要内容组织。

第 2 章为网络地理信息系统基础。在阐述网络地理信息系统概念的基础上，概括了网络地理信息系统的功能、部件组成、典型应用类型和用户权限。

第 3 章为网络地理信息系统的体系结构。从服务器/客户机体系结构和 GIS 软件体系的迁移研究了网络地理信息系统的体系架构。在此基础上，指出目前分布式地理信息服务主要包含面向服务的体系架构（SOA）、开放式网格服务体系架构（OGSA）和面向资源的体系架构（ROA）三种形态。重点阐述了通用的 GIS Web 服务框架，地理信息服务注册、查找和发现的过程及三种主要解决方案。

第 4 章为网络地理信息系统的构造模式分析。指出网络地理信息系统构造模式有 CGI 模式、ASP 模式、Plug-in 模式、Java Applet、ActiveX 控件、J2EE 和 . Net 等。服务器端构造模式有 CGI 和 ASP，基于客户机端构造模式有 Plug-in、GIS Java Applet 和 ActiveX 控件等，而基于客户机和服务器整合构造模式有 J2EE 和 . Net。在此基础上，对上述几种模式进行了分析比较。

第 5 章为分布式地理信息组织与访问。首先从分布式地理信息服务中的角色出发，揭示了从数据流、信息流到知识流的分布式地理信息服务空间数据流程；其次从分布式地理信息服务访问分布式地理信息的角度出发，提出了分布式数据源、分布式中间件和地理信息自主服务的三种访问方法；最后从分布式地理信息服务处理中地理空间数据组织的角度出发，阐述了超地图的关系和操作，提出了超地图模型在空间数据组织与处理的应用与实践。

第 6 章为分布式空间数据可视化。首先分析了互联网空间信息可视化的四个阶段，即栅格地图、矢量地图、三维地图和虚拟地理环境；其次阐述了基于 Java2D 和基于 SVG 技术的二维表达；最后分析了基于 Java3D 和 X3D 的网络三维地图表达。

第 7 章为 Web GIS 软件面面观。本章从体系结构、部件组成、功能特征和通信协议等方面阐述 ESRI 的 ArcIMS、MapInfo 的 MapXtreme、AutoDesk 的 MapGuide、GeoStar 的 GeoSurf 和 SuperMap 的 IS。

第 8 章为移动地理信息服务。本章主要从移动地理信息服务的概念与特征、构建环境、开放式位置服务体系和移动地理信息服务解决方案四个方面对移动地理信息服务进行了探讨。

第 9 章为网络地理信息系统的二次开发方法。本章以网络 GIS 平台软件 GeoSurf 为例阐述网络地理信息的二次开发方法，包括二次开发方法综述，二次开发步骤，基于 API 类的二次开发方法和基于组件的二次开发方法。

第 10 章为网络地理信息系统的典型应用示例。阐述了网络地理信息系统技术在亚历山大数字图书馆、中国极地科学考察管理信息系统和城市公众信息查询系统中的应用。

第 11 章为全书总结与展望。阐述了本书的主要贡献和网络地理信息系统的八大发展方向。

第2章 网络GIS基础

本章主要介绍网络地理信息系统的基本概念及其特性，为全书奠定研究的基础。

2.1 基本概念

2.1.1 概念

随着计算机网络、移动通信和Web服务技术的发展，Geographic Information System（GIS）——地理信息系统又分为狭义的地理信息系统和广义的地理信息系统。狭义的地理信息系统指桌面地理信息系统，亦即传统的单机地理信息系统；广义的地理信息系统包含桌面地理信息系统、网络地理信息系统和嵌入式地理信息系统。对于狭义的地理信息系统，具有以下的技术特征：

①基于文件协议。通常而言，访问的数据是在同一台机器上的数据文件或数据库表，采用的协议为文件协议。

②单机系统。运行在一台计算机上。

③特定平台运行。只能在特定的平台上运行，要迁移到另外平台需要改造。

④功能最为丰富。不仅具有一般的操作空间数据功能，而且具有空间数据分析能力。

⑤单个用户数有限。一台机器只能服务于一个用户，增加用户必须重新安装程序和应用，增加了部署费用，提高了系统成本。

Network GIS——网络地理信息系统，指在网络环境下能够进行分布式地理信息的采集、管理和在线共享的客户/服务器应用系统，包含万维网地理信息系统（袁相儒和龚健雅，1997）和移动地理信息系统（陈能成等，2004）。网络环境既可以是因特网和无线网，又可以是局域网、城域网和广域网。一般具有以下的技术特征：

①广泛的网络协议。系统基于 TCP/IP 协议，可以采用有线因特网协议 HTTP/HTTPS，也可以采用文件协议、FTP 协议、Scokets 连接、通信端口连接、数据报协议和网络文件系统。

②服务器和客户机计算体系结合。采用服务器和客户机体系来负担计算。

③灵活的客户端。客户端可以是浏览器、独立应用程序和广泛的信息设备。

Internet GIS（袁相儒等，1997），英文名称又称为 Web GIS，中文名称为万维网地理信息系统。是指使用互联网环境，为各种地理信息系统应用提供空间数据和 GIS 功能（如空间查询、空间分析，地图制图功能等）的分布式地理信息应用服务系统。因此，从本质上说，Web GIS 属于网络地理信息系统的范畴，是网络地理信息系统在 Web 环境下的具体体现。一般具有如下特征：

①基于 HTTP/HTTPS 协议。在数据传输层上采用超文本传输协议，在数据交换上一般采用文件流、对象数据流、HTML 或 XML 文本流。在网络构架上都必须有 WWW 服务器，且多数采用防火墙机制来保证网络的安全。

②服务器和浏览器计算体系的结合。在完成 GIS 分析任务时，采用客户机/服务器的计算体系。与其他的客户机/服务器应用程序一样，将 GIS 任务分解，由客户机、服务器分开完成。客户机和服务器通过通信协议连接。客户机向服务器请求数据、分析工具、应用程序模块等，并显示结果；服务器既可以自己完成 GIS 处理工作，并通过网络将结果送给客户机，也可以将数据和 GIS 分析工具传给客户机，并在客户机上执行。

③分布式系统。基于 Internet 的地理信息服务，继承因特网获取分布式数据源和完成分布式操作的优点，为分布式系统。GIS 数据和工具可以位于 Internet 上的不同服务器上，其数据和分析工具可为单个部件或模块。用户在需要时可从 Internet 任何位置获取这些数据和应用程序。

④跨平台。基于 Internet 的地理信息服务，一般是跨平台的。它的使用与客户机的硬件平台无关，与客户机使用的操作系统环境无关。无论是 Windows 95、Windows NT、Windows 2000 或 Windows XP 环境，还是 UNIX 或 Macintosh 环境，都可以运行。只要用户能获得并使用 Internet，就能从 Internet 上的任何位置获得并使用服务及资源。它应提供跨平台或平台中立的 GIS 工具。

⑤超媒体信息系统。Web 浏览器为用户提供超媒体信息，基于 Internet 的地理信息服务可以提供超媒体热连接与不同层次的空间信息和多媒体信息相连接。例如，用户可以通过超媒体热连接从国家地图浏览到省级地图，从省级地

图浏览到城市地图。Web 浏览器为它提供与多媒体结合的信息有视频、音频、地图、文本、图片、广播等。

⑥互操作性能力。通过互联网，在异构环境中，具备获取多种 GIS 数据和功能的能力。能够在 Internet 上获取多种 GIS 数据，拥有处理异构环境的功能，是 Intenret GIS 面临的挑战。为了使系统获取并共享远程 GIS 数据、功能和应用程序，Internet GIS 必须具有很高的互操作性。

Mobile GIS，中文名称为移动 GIS。移动 GIS 的定义有狭义与广义之分。狭义的移动 GIS 可定义为运行于移动终端且具有桌面 GIS 功能的 GIS 系统，它不存在与服务器的交互，是一种离线运行模式。广义的移动 GIS 是一种集成系统，是 GIS、GPS、移动通信、Web 服务和多媒体技术等的集成。

总之，从网络的角度看，GIS、网络 GIS、WEB GIS 和 Mobile GIS 的联系和区别如图 2-1 所示。

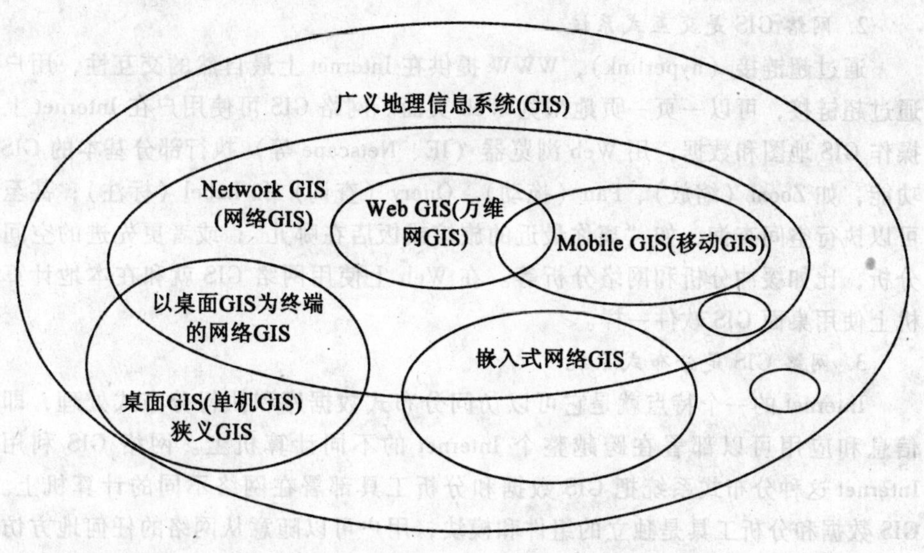

图 2-1　从网络的角度看地理信息系统

2.1.2　特性

网络 GIS 是 Internet 和分布式计算技术应用于 GIS 开发的产物，因此网络 GIS 不但具有大部分乃至全部传统 GIS 软件具有的功能，而且还具有利用 Internet 优势的特有功能，即用户不必在自己的本地计算机上安装 GIS 软件就可以在 Internet 上访问远程的 GIS 数据和应用程序，进行 GIS 分析，在 Internet 上提供交互的地图和数据。相比桌面 GIS，它具有以下特征：

1. 网络 GIS 是集成化客户/服务器系统

客户/服务器的概念就是把应用分析为服务器和客户两者间的任务，一个客户/服务器应用有 3 个部分：客户、服务器和网络，每个部分都由特定的软硬件平台支持。客户发送请求给服务器，然后服务器处理该请求，并把结果返回给客户，客户再把结果或数据提供给用户。

网络 GIS 应用客户/服务器概念来执行 GIS 的分析任务，它把任务分为服务器端和客户端两部分；客户可以从服务器请求数据、分析工具和模块；服务器或者执行客户的请求并把结果通过网络送回给客户，或者把数据和分析工具发送给客户供客户端使用。

全球范围内任意一个 WWW 节点的 Internet 用户都可以访问网络 GIS 服务器提供的各种 GIS 服务，甚至还可以进行全球范围内的 GIS 数据更新。

2. 网络 GIS 是交互式系统

通过超链接（hyperlink），WWW 提供在 Internet 上最自然的交互性，用户通过超链接，可以一页一页地浏览 Web 页面。网络 GIS 可使用户在 Internet 上操作 GIS 地图和数据，用 Web 浏览器（IE、Netscape 等）执行部分基本的 GIS 功能，如 Zoom（缩放）、Pan（拖动）、Query（查询）和 Label（标注）；甚至可以执行空间查询，如“离你最近的旅馆或饭店在哪儿”；或者更先进的空间分析，比如缓冲分析和网络分析等。在 Web 上使用网络 GIS 就和在本地计算机上使用桌面 GIS 软件一样。

3. 网络 GIS 是分布式系统

Internet 的一个特点就是它可以访问分布式数据库和执行分布式处理，即信息和应用可以部署在跨越整个 Internet 的不同计算机上。网络 GIS 利用 Internet 这种分布式系统把 GIS 数据和分析工具部署在网络不同的计算机上。GIS 数据和分析工具是独立的组件和模块，用户可以随意从网络的任何地方访问这些数据和应用程序。用户不需要在自己的本地计算机上安装 GIS 数据和应用程序，只要把请求发送到服务器，服务器就会把数据和分析工具模块传送给用户。

4. 网络 GIS 是动态系统

网络 GIS 是分布式系统，数据库和应用程序部署在网络的不同计算机上，并由其管理员进行管理，因此，这些数据和应用程序一旦由其管理员进行更新，则它们对于 Internet 上的每个用户来说都将是最新可用的数据和应用。这也就是说，网络 GIS 和数据源是动态链接的，只要数据源发生变化，网络 GIS 将得到更新，和数据源的动态链接将保持数据和软件的现势性。

5. 网络 GIS 是跨平台系统

网络 GIS 可以访问不同的平台，而不必关心用户运行的操作系统是什么（如 Windows、UNIX、Macintosh）。网络 GIS 对任何计算机和操作系统都没有限制。只要能访问 Internet，用户就可以访问和使用网络 GIS。随着 Java 技术和嵌入式技术的发展，网络 GIS 可以做到“一次编写，到处运行”，使网络 GIS 的跨平台特性走向更高层次。

6. 网络 GIS 能访问多源空间数据

异构环境下在 GIS 用户组间访问和共享 GIS 数据、功能和应用程序，需要很高的互操作性。OGC 提出的开放式地理数据互操作规范（Open Geospatial Interoperability Specification）为 GIS 互操作性提出了基本的规则。其中有很多问题需要解决，例如数据格式的标准、数据交换和访问的标准，GIS 分析组件的标准规范等。随着 Internet 技术和标准的飞速发展，完全互操作的网络 GIS 将会成为现实。

7. 网络 GIS 是图形化超媒体信息系统

使用 Web 上超媒体系统技术，网络 GIS 通过超媒体热链接可以链接不同的地图页面。例如，用户可以在浏览全国地图时，通过单击地图上的热链接，而进入相应的省地图进行浏览。此外，WWW 为网络 GIS 提供了集成多媒体信息的能力，把视频、音频、地图、文本等集中到相同的 Web 页面，极大地丰富了 GIS 的内容和表现能力。

8. 网络 GIS 是真正大众化 GIS

由于 Internet 的爆炸性发展，Web 服务正在进入千家万户，网络 GIS 给更多用户提供了使用 GIS 的机会。网络 GIS 可以使用通用浏览器进行浏览、查询，额外的插件（plug-in）、ActiveX 控件和 Java Applet 通常都是免费的，降低了终端用户的经济负担和技术负担，很大程度上扩大了 GIS 的潜在用户范围。而以往的 GIS 由于成本高和技术难度大，往往成为少数专家拥有的专业工具，很难推广。

9. 网络 GIS 具有良好的扩展性

网络 GIS 很容易跟 Web 和无线环境中的其他信息服务进行无缝集成，可以建立灵活多变的 GIS 应用。

10. 网络 GIS 可降低系统成本

传统 GIS 在每个客户端都要配备昂贵的专业 GIS 软件，而用户使用的经常只是一些最基本的功能，这实际上造成了极大的浪费。网络 GIS 在客户端通常只需使用 Web 浏览器（有时还要加一些插件）或无线终端，其软件成本与全套专业 GIS 相比明显要节省得多。另外，由于客户端的简单性，节省的维护费用也很可观。

2.2 组成与功能

2.2.1 组成

一般而言，网络地理信息系统由 5 个主要部分组成，即异构空间数据库、一个或多个地图服务器（Map Server）、浏览器客户机（Viewer Client）、浏览器客户机生成器（Viewer Client Generator）和服务目录（Service Catalog）。

1. 异构空间数据库

多源异构空间数据库提供空间数据的存储与管理，包括对影像、矢量、DEM、兴趣点、兴趣区域、专业空间数据及属性数据的管理，并根据应用服务器的请求，提供各类数据服务。

2. 地图服务器

一个地图服务器是通过通用的网关发送符号化图形文件给浏览客户机（Viewer Client，如图 2-2 所示，可以是 Web 浏览器、PDA、工作站或手机）的软件部件。在 Web 环境下，地图服务器通过使用 HTTP 的通用接口实现与 VC 进行交互。地图服务以标准的 HTTP URL 字符串方式接收来源于 VC 的请求，并且把结果以 GIF、JPEG、PNG 和 XML 等方式发送给 VC。

3. 浏览器客户机

一个地图客户浏览器（VC）是扩展或仅仅表现从地图服务器部件获取的图形的软件部件。通过通用请求接口，VC 能够与不同的地图服务器进行交互。在 Web 环境下，VC 通过 HTTP 协议与地图服务器进行交互。

在最基本的格式中，一个 VC 运行在一个 Web 浏览器中的一个 HTML 页面。这种 VC 使用 Web 浏览器来处理和用户之间的交互，同时也使用 Web 浏览器，以标准的 Web HTTP URLs 格式发送 Web 制图接口（例如，Map、Capabilities 和 FeatureInfo）请求给地图服务器。如果所有环节运行良好，VC 可接收（又通过 Web 浏览器）从地图服务器发送过来的结果和以 GIF 或 JPEG 编码（或其他 MIME 编码）的地图图像。

在“胖”VC 情况下，这种 VC 能够在例如工作站环境上以一个 Java 应用

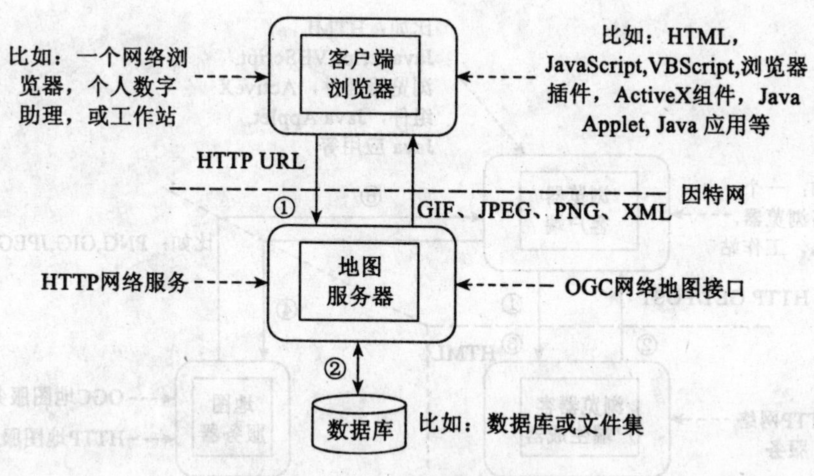

图 2-2　地图服务器的工作原理

程序或一个 Web 浏览器插件的形式运行。在这种配置中（见图 2-2），这种 VC 首先发送一个 Map、Capabilities 或 FeatureInfo 请求①，以 HTTP URL 编码的方式给一个地图服务器；接下来，地图服务器处理请求②，也许访问存储在一个数据库或一个数据文件集中的文件；最后，地图服务器返回给 VC 一个符号化的图形，即以 MIME 格式（例如 GIF）编码的图形。

4. 浏览器客户机生成器

一个 VCG 是生成一个 VC 实例化代码（例如 HTML）的软件部件。在 Web 环境下，我们把生成 VC 的应用服务器称为 VCG。一个 VCG 是一种特定类型的应用服务器。在一个应用程序中，VCG 通常作为"瘦"客户部署。在这种情况下，VC 仅仅就是运行 Web 浏览器或信息设备上的一系列 HTML 页面，例如，图 2-3 中的 HTML 网页就是由驻留在 Web 服务器的 VCG 动态生成的。Web 浏览器对由 VCG 生成的 VC（图 2-3 中为 HTML 内容）进行表现和通过 HTTP 协议管理与地图服务器进行交互。

图 2-3 所示，包含了以下 6 个相互交互的过程：

①用户点击 Web 浏览器中的网页连接并向 Web 服务器发送一个请求，即用户与本地的 VC 交互并且提交请求给 Web 服务器中的 VCG。

②Web 服务器中的 VCG 接受用户的请求，并且把这些请求当做 HTTP 的 GET/POST 请求，在一个应用程序中或特定的上下文环境中进行处理。

③在 VCG 中动态生成 VC 的一个新实例，在图中为 HTML 文档，内嵌在

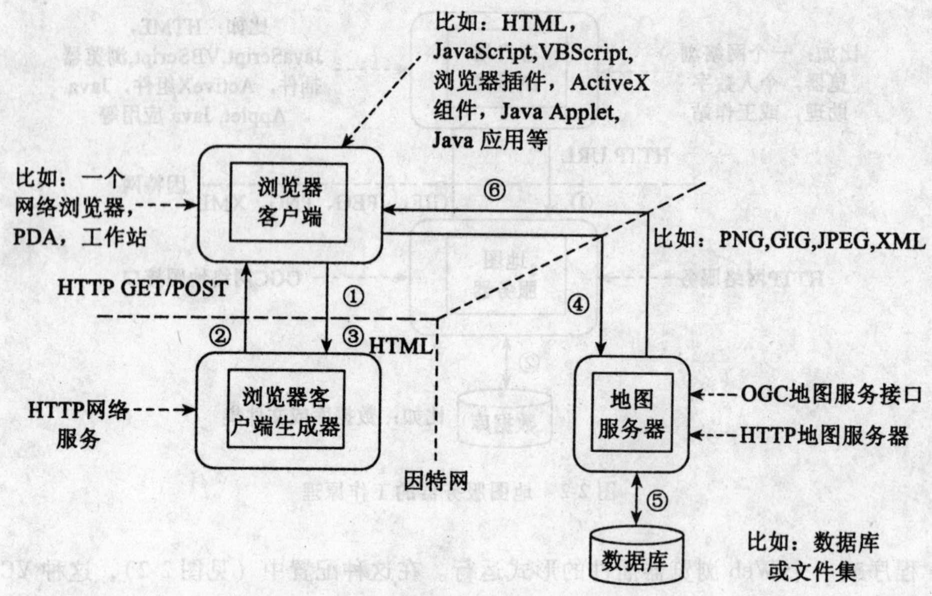

图 2-3　浏览器客户机生成器的工作原理

HTML 页面的 VC 通过 0 个或多个标签（例如，< img src = "a Map request URL..." >）指定一个请求。

④VC 从各自的地图服务器获取响应的内容（以 GIF，JPEG 等编码的方式），每个地图服务器处理请求，可能还需要从永久存储中获取一些内容。

⑤最后，VC 使用 Web 浏览器的服务功能，真正地获取和显示从每个地图服务器获得的内容。

5. 服务目录

服务目录包含了所有注册地图服务器的能力描述元数据。服务目录被 VC 或 VCG（在 VC，是一些受限的终端，例如仅仅是一个 HTML 页面）用来发现可用的满足用户请求的地图服务器。服务目录解析来自客户的请求并返回满足查询条件的每个地图服务器的元数据。服务目录通常由遍历已知地图服务获得的地图服务能力请求结果形成。地图服务和它们的能力描述能够发布到一个服务目录下，在这种方式下，客户端不同应用程序就能够快速地发现和访问服务目录。

服务目录的工作原理如图 2-4 所示。

图 2-4 包含了以下 7 个相互交互的过程：

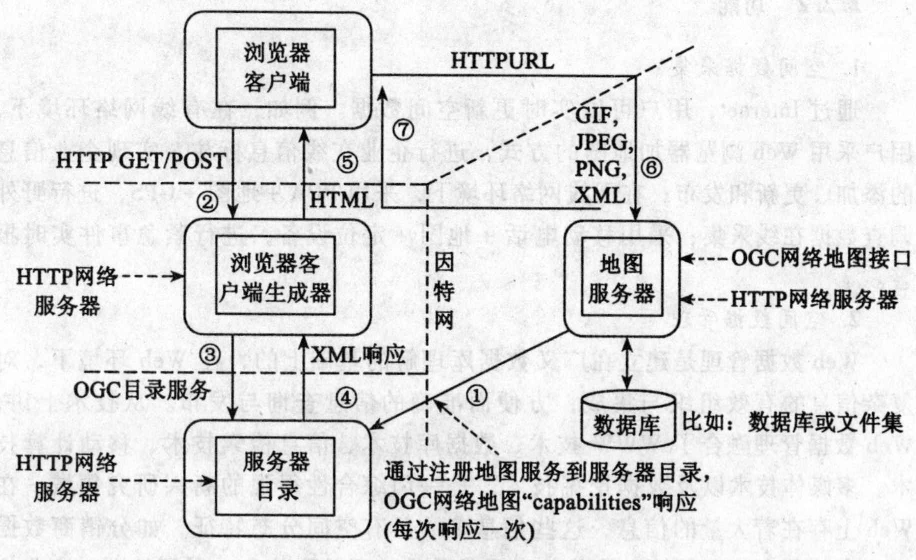

图 2-4　服务目录的工作原理

①服务目录形成：通过获得特定地图服务能力描述元数据（例如，一个地图服务的能力请求的响应装载到一个目录）形成服务目录，地图服务则注册到服务目录中。这个处理过程只有当地图服务希望把它的能力通过服务目录暴露给用户时，才会重复执行一次。

②VC 发出用户请求：VC 向 VCG 发出用户请求，更简单情况下，可以忽略上述过程。

③VCG 查询服务目录：为了判断哪个地图服务器能够处理用户的请求，VCG 根据请求查询服务目录中的注册数据。

④服务目录把查询结果发送给 VCG：服务目录把能够满足用户请求的地图服务的元数据打包成 XML 格式，返回给 VCG。

⑤VCG 动态生成 HTML：使用查询结果集，VCG 动态生成包含嵌入地图请求服务串（例如，HTTP 的 URL 地址）的 HTML 页面，返回给 VC。

⑥发送地图请求：VC 使用 Web 浏览器的服务能力，发送地图请求的 URL 地址给在 VCG 生成的 HTML 指定的地图服务器。

⑦接受地图并显示：最后，VC（又通过 Web 浏览器）接受地图服务器的响应，并把结果显示给用户。

2.2.2 功能

1. 空间数据采集

通过 Internet，用户可以实时更新空间数据。例如，在有线网络环境下，用户采用 Web 浏览器加地图的方式，进行企业在线信息标注，实现企业信息的添加、更新和发布；在无线网络环境下，采用 PDA + 地图 + GPS，进行野外调查数据在线采集；采用移动电话 + 地图 + 定位设备，进行紧急事件实时报警。

2. 空间数据管理

Web 数据管理是建立在广义数据库理解的基础上的，在 Web 环境下，对复杂信息的有效组织与集成，方便而准确的信息查询与发布。从技术上讲，Web 数据管理融合了 WWW 技术、数据库技术、信息检索技术、移动计算技术、多媒体技术以及数据挖掘技术，是一门综合性很强的新兴研究领域。在 Web 上存在着大量的信息，这些信息多数具有空间分布特征，如分销商数据往往有其所在位置属性，这些信息通常称为地理关联信息，利用地图对这些信息进行组织和管理，并为用户提供基于空间的检索服务，无疑也可以通过网络 GIS 实现。

3. 空间数据服务

能够以图形方式显示和查询空间数据，较之单纯的 FTP 方式，网络 GIS 使用户更容易找到需要的数据；利用浏览器提供的交互能力，进行图形及属性数据库的查询检索。

4. 地理信息处理服务

这类服务是能够对空间数据进行某些操作并提供增值服务的基本应用服务。应用服务通常有一个或多个的输入，在对数据实施了增值性操作后产生相应的输出。应用服务能够转换、合并或者创建数据，既可以和数据服务紧密绑定，也可以与数据服务建立松散型的关联模式。信息处理服务提供的是对地理信息数据的各种加工服务，即对各种数据（原始数据或加工后的数据）进行处理以满足用户的需要。它可分为 4 个子类：空间、专题、时间和元数据。

2.3 应用类型

分布式地理信息共享的实现需要网络地理信息系统。网络地理信息系统的主要应用类型包括原始数据下载、静态图像显示、元数据查询、动态地图浏览、数据预处理、基于 Web 的 GIS 查询分析和智能网络 GIS 软件等（Plewe，1996 & 1997）。随着技术的发展和应用的深入，出现了移动定位服务（彭琥，2002）和地理信息处理服务（张登荣等，2008）。

2.3.1 原始数据下载

原始数据下载应用是分布式地理信息应用类型中一种最原始的方式。仅仅将 GIS 原始数据从服务器端下载到客户端进行保存，服务器机器和客户机机器对数据不做任何处理。在提供数据服务以前，位于服务器上的 GIS 软件系统对本地的 GIS 数据进行操作，将操作结果数据，形成数据文件，即磁盘数据集，保存在服务器机器的磁盘上，以提供服务器之用。这种数据文件既可以是 GIS 原始格式数据如 Arc/Info Coverage、ArcView ShapeFile，也可以是 GIS 其他格式的数据如 Arc/Info 交换格式数据、MapInfo 交换格式数据等。

原始数据下载的工作原理是：Web 浏览器发出 URL 请求；Web 服务器接到 URL 请求后，将服务器机器磁盘上的 Web 浏览器所需要的数据文件通过 Internet 传送给 Web 浏览器；Web 浏览器将数据文件在本地保存。位于客户机机器的 GIS 软件系统便可以使用本地 GIS 数据。

磁盘数据集通常放在 FTP 或 Web（HTTP）服务器上。用户可以通过 FTP 或 HTTP 来获取 GIS 数据文件。例如 NSDI（national spatial data infrastructure，http：//nsdi. usgs. gov/）站点。

在原始数据下载应用站点中，包含有完整的数据文件包。用户能够下载数据文件，并将数据文件作为用户拥有的 GIS 应用程序的输入数据。通过特定的 GIS 应用程序，用户便可以对这些数据进行各种 GIS 操作，如放大、缩小、漫游、查询、分析、制图。但是，用户不能对这些数据文件进行在线浏览。在使用这些数据文件时，用户必须对数据格式和类型完全了解；否则，用户将无法使用这些数据。因此，这只对相当有限的用户具有使用价值。

2.3.2 静态图像显示

静态图像显示是分布式地理信息应用类型中一种最简单的方式。服务器和客户机需要做的工作非常简单。其工作原理是：Web 浏览器向 Web 服务器发出 URL 请求；Web 服务器接收到请求后，根据请求参数，将 Web 浏览器所需要的地图图像文件传给 Web 浏览器；Web 浏览器接收到所需要的地图图像文件后，将其在屏幕上显示。

建立静态图像显示服务，需要做两步工作。首先创建或生成地图图像。

Web 浏览器支持的图像格式有：GIF（graphic interchange format）、JPEG（joint photographic experts group）、CGM（computer graphics metafile）和 MPEG（motion picture experts group）等。地图图像可以通过 GIS 软件系统由 GIS 数据生成，也可以通过相关的图形软件生成。生成的地图图像保存在服务器机器上供 Web 服务器使用。其次是在 HTML 文档中包含地图图像。此步的做法比较简单，只需在 HTML 文档中加上：<img src = "URL" alt = "my map" >。其中，URL 为地图图像的网络地址，如"http：//tiger. census. gov/cgi-bin/mapbrowse/"。如果地图图像文件较大，如为占满全屏幕，则地图图像调入速度会很慢。需要将地图图像分成许多小块。创建小的图形并与初始的大的地图图像文件连在一起，使用如下代码：<a href = "largemap. gif" > <img src = "smallmap. gif" alt = "my map" > </img> </a>。

目前，提供静态图像显示服务的站点有 Virtual Tourist（http：//www. Vtourist. com/vt/），PCL（http：//www. lib. utexas. edu/maps/index. html）等。

2.3.3 元数据查询

元数据查询技术与图书馆目录查询大体相似，只是元数据查询是关于地理信息数据的查询，而图书馆目录查询是关于书的查询。元数据查询是一种基本的数据库查找应用，具备简单的空间查询功能。每个可用的数据集合由记录来描述，元数据记录包含一套事先定义好的字段，描述用户可能感兴趣的各种数据集合的特征。通常的元数据字段内容有主题事物（如植被、道路、管道等）、投影、坐标系、物理文件格式、信息源和信息的准确性、空间足迹（如被数据覆盖的地理区域）等。数据集合本身可能不在数据库中，但是，可以通过元数据查询进行获取。

现以美国国家地理空间数据仓库（NGDC，National Geo-Spatial Data Clearinghouse，http：//www. fgdc. gov/clearinghouse/）为例，说明元数据查询服务的工作原理。客户端可以是 Web 浏览器，也可以是支持 Java Applet 的浏览器；服务器有数据仓库服务器、Z39. 50 服务器、数据库服务器和其他注册的数据服务器。Web 浏览器发出标准的查询请求，Web 服务器接受到查询请求，并将其转给 Z39. 50 服务器。Z39. 50 接受来自 Web 服务器和 Java Applet 浏览器的查询请求后，启动数据库服务器的元数据数据库和 Z39. 50 软件，处理查询请求，获得 FDGC 元数据结果。Z39. 50 将 FDGC 元数据结果以 HTML 或元数据形式传给 Web 服务器。每个服务器根据自己的数据库来处理查询，并将匹配的元数据记录返回给数据仓库服务器。数据仓库服务器立即对返回结果进行比较和格式化，并送交给客户机做记录显示。

目前，提供元数据查询服务的站点还有 ImageNet（http：//www.coresw.com/）和亚历山大数字图书馆目录（http：//alexandria.sdc.ucsb.edu）等。

2.3.4 动态地图浏览

动态地图浏览是分布式地理信息应用类型中产生交互式地图图像的一种方式。静态图像显示服务仅供使用者查看地图，而动态地图浏览可为用户提供信息导航。这种交互式地图图像不是静态图像，而是根据确切的参数如比例尺、位置、专题等，在请求过程中临时生成的动态图像。

动态地图浏览服务的工作原理如下：Web 浏览器发出 URL 请求给 Web 服务器；Web 服务器根据 URL 请求及相应的参数，启动地图生成器、GIS 接口程序、GIS 软件或制图脚本等，临时生成地图图像，并将其传给 Web 浏览器显示。当用户改变地图显示状态，如放大、缩小、漫游、标注、打开或关闭专题图等操作时，新的请求被送到 Web 服务器。Web 服务器、地图生成器、GIS 接口程序、GIS 软件或制图脚本等，根据新的 URL 参数，立即产生新的地图图像，并送至 Web 浏览器显示。动态地图浏览服务使用的 URL 参数如：<img src="http://tiger.census.gov/cgi-bin/mapper/map.gif? legend=on &lat=37.890&lon=-76.020&wid=0.360&ht=0.130&iht=300 &iwd=400&"></img>。

目前，提供动态地图浏览服务的站点有 TIGER（http：//tiger.census.gov/cgi-bin/mapbrowse-tbl）等。

2.3.5 数据预处理

网络地理信息系统数据预处理的目的是增强原始数据下载服务。它不是将分布式地理信息数据以原始数据格式简单地下载给用户使用，而是在数据传输之前，对原始数据进行预处理。数据预处理包括数据的格式变换、数据系统的投影变换以及坐标系统变换等。经过预处理之后，数据的格式、投影、坐标体系将与客户机地理信息系统软件的具体要求一致，用户可以直接使用这些预处理后的数据。

数据预处理网络地理信息系统的工作原理如下：Web 浏览器发出 URL 请求给 Web 服务器；Web 服务器将 URL 请求及相应的参数给数据预处理器；数据预处理器，启动 GIS 软件，使用相关的地理信息数据，根据 URL 请求及相应的参数将地理信息数据做格式转换、投影变换、坐标变换等处理，并形成数据文件。Web 服务器将数据文件传输给 Web 浏览器，在客户端以数据文件形式保存。用户在客户端启动 GIS 软件系统，并将保存的数据文件作为输入内容，对经过预处理的地理信息数据进行操作。

数据预处理网络地理信息系统是为需要下载具备一定格式、投影变换和坐标体系原始数据的用户服务的。如果原始数据不经过预处理，用户可能无法直接使用。目前，提供数据预处理服务的站点有加拿大的 Safe 软件公司的 spatialdirect 产品（http://www.safe.com/products/spatialdirect/index.htm）。加拿大 Safe Software 公司是世界领先的空间数据转换软件供应商，成立于 1993 年，长期致力于通过提供无缝的数据转换解决方案来提高用户对各类空间数据的访问能力。SpatialDirect 是一个高效的、可配置的和具伸缩性的系统，能够让用户通过 Internet/Intranet 来获取特定格式和投影的空间数据。SpatialDirect 可以和通用的发布系统如 ESRI ArcIMS、GE SmallWorld、Intergraph Geomedia Web Map、AutoDesk MapGuide 和 MapInfo MapXtreme 等相集成，也可以作为单独的应用，实现数据的在线可视化下载。

2.3.6 基于 Web 的 GIS 查询

基于 Web 的 GIS 查询和分析，允许用户在分布式计算环境中使用一般地理信息系统的功能，如地图分层显示、属性查询、几何查询、缓冲区分析、叠置分析和数据编辑等。网络地理信息系统提供者对这些操作有完全的控制权，与所提供的数据集合哪些可以显示、哪些不能被显示一样。它为使用网络地理信息系统的用户提供完成各种查询和分析的界面。

基于 Web 的 GIS 查询和分析网络地理信息系统的工作原理如下：Web 浏览器发出 URL（命令、查询）请求给 Web 服务器；Web 服务器将 URL 请求及相应的参数转给 GIS 接口程序，GIS 接口程序将 URL 请求及相应的参数解释成 GIS 具体命令给 GIS 软件或分析脚本。GIS 软件或分析脚本根据 GIS 具体命令，启用相应的 GIS 数据，生成地图报告等结果。这种结果经过 GIS 接口程序和 Web 服务器，以地图、文本或 HTML 等返回给 Web 浏览器，Web 浏览器将接收到的结果显示。

因为用户不能通过网络直接获取和使用网络地理信息系统应用程序，所以要提供这类网络地理信息系统，总是需要编写程序。需要建立用户界面，帮助用户获取和完成具体的查询和分析操作。这包括两类界面或接口需要创建，一类是 Web 界面工具，形成查询和分析请求信息；另一类是地理信息系统分析脚本，用于处理查询和分析请求信息，并将结果返回。使用基于 Web 的 GIS 查询的用户，没有自己的地理信息系统软件，只使用 Web 浏览器。地理信息查询和分析全由网络地理信息系统程序提供。

提供此类服务的站点有 ForNet（http：//fornet. gis. umn. edu/）等。ForNet 项目是明尼苏达州大学自然资源学院与明尼苏达州自然资源局森林管理部门合作努力的结果。ForNet 成功之处在于基于网络 GIS 模式，系统最大程度地实现了森林管理部门日常业务操作功能。

2.3.7 移动定位服务

随着无线通信技术的发展和信息设备功能的日益完善，特别是带宽从 2G 到 2.5G，发展到将来的 3G，无线服务的内容、质量和形式都有了长足的进步。2G 手机只能接收一些简单信息，2.5G 手机可以玩游戏，3G 手机可以在线浏览文本、图片和声音等多媒体信息。无线内容服务面临着前所未有的机遇和挑战，无线技术与定位技术、3S 技术以及 N 层体系结构 GIS 应用服务器的结合，产生了移动定位服务，促使空间信息飞入寻常百姓家，拓宽了无线服务的外延和内涵，有着巨大的市场空间和研究价值。根据 IDC 的统计预测，到 2005 年底，无线用户已达到 15 亿，有 13 亿用户通过无线因特网获得服务，43%的用户希望获得移动定位服务（IDC，2000）。

定位服务技术随着计算机、通信、3S 技术的发展而呈现出不同的形式。概括起来，经历了以下的 3 个发展阶段：集中式单机定位服务阶段，基于 Web 的定位技术和基于无线信息的定位技术。基于无线信息的定位技术，也称为移动定位服务，是指通过无线网络，无论何时、何地，提供基于个人注册信息和当前或者预定位置增强的无线空间服务。例如用户使用能上因特网的信息设备，从任意位置在任意时间通过无线因特网发送位置信息和请求主题给通信服务提供器，通信服务提供者从定位服务提供器和内容服务代理中取得与当前位置有关的信息，例如附近的商店、人、餐馆和 ATMS，并且能够根据当前位置和预定位置的信息，决定驾驶的方向和最佳乘车路线。

2.4 用户与权限

2.4.1 网络地理信息系统的用户

分布式地理信息用户有企业内部用户、领域专家用户、地理信息系统用户和市场用户等4大类。不同的用户需要使用不同的分布式地理信息服务应用软件。网络地理信息系统软件为各种用户分离、剪辑、发布各种地理信息。

1. *企业内部用户*

分布式地理信息对企业内部的职员和企业本身而言，都是非常重要的有用的信息。在企业内部用户没有使用复杂地理信息系统的经验，也不希望去使用复杂的地理信息系统。他们想知道一些企业的地理信息，分布式地理信息应用程序必须有容易使用的用户界面和文档，详细说明地理信息系统操作过程，为企业内部用户提供获取地理信息的系统功能和数据。这种方法对于那些不常使用信息的用户或者仅仅需要浏览信息的用户而言，是非常有用的。

2. *领域专家用户*

领域专家用户是指那些对地理信息系统的专题事物了解很多，但对于如何使用地理信息系统技术了解不多的用户。对于领域专家用户，分布式地理信息应用程序不必使用辅助文档，帮助用户更容易理解专题的描述；也不必使界面简单，而只需要提供所有的地理信息系统功能以及专题制图功能，并将结果与用户通信。这种分布式地理信息应用程序的特殊功能，对于领域专家分析数据和浏览更详细的查找结果，是非常有用的。

3. *地理信息系统用户*

地理信息系统用户是拥有地理信息系统软件，并且有使用地理信息系统和互联网经验的用户。分布式地理信息服务用于帮助用户发布地理信息系统数据，而不需要完成地图的生成。但是数据集合的查询和信息文件的匹配查找，可以帮助他们有效使用分布式地理信息。

4. *市场用户*

最后一组对分布式地理信息共享有兴趣的用户是市场用户。由于互联网的全球化特点，有成千上万的人可能对某一分布式地理信息感兴趣。他们可能对提供分布式地理信息服务的企业没有多少了解，也可能没有自己的地理信息系统，因此不可能自身完成复杂的信息分析处理。面对市场用户，分布式地理信息服务只需提供简单的容易获取的信息、事先设计好的地图图像和解释性文本。

2.4.2 网络地理信息系统的权限

各类用户对分布式地理信息服务的要求是不一样的。在提供分布式地理信息服务时，要充分考虑这些不同要求，比如：应该让用户看到数据信息的所有内容，还是仅仅为部分内容？容许用户编辑分布式地理信息数据库数据，还是仅仅为读取数据？是让用户在他们的地理信息系统软件中使用有分布式地理信息共享提供的数据，还是仅仅提供地图图像浏览？也就是说，分布式地理信息用户的权限怎样设置？

为用户提供分布式地理信息数据的程度是由所有者决定的。大多数企业或组织都拥有空间数据信息。也许这些信息仅在企业内部使用，并不对外发布；或许这些信息的部分层可以免费为用户提供，有些层则需要向用户实行有偿服务。是否可以编辑分布式地理信息数据应该由管理级用户自己决定，只要用户需要就可以方便地提供。分布式地理信息服务应用程序必须包含对空间数据和属性数据的编辑功能，比如：是否提供查询分析功能？目前，大部分分布式地理信息服务提供静态数据集合的下载，或预先处理好的地图图像的浏览，也有允许用户对分布式地理信息进行交互式处理的服务。与一般的地理信息系统相似，在 Web 中包含地理信息系统软件操作如查询和分析。

根据数据的安全级别和功能复杂程度的不同，通常把分布式地理信息服务用户分为管理级用户、超级用户、普通用户和 Guest 用户，这些用户分别具有不同的权限。具体的授权和登录验证如下所述。

在服务器端，系统要提供一种安全部件对用户进行分组授权；系统安全验证和管理员负责对数据的安全级别进行编辑和修改。例如安全部件包括用户管理器对话框、本地组属性对话框、用户属性对话框和图权限对话框。在用户管理器对话框中，包括成员和组两个列表框，成员为所有的用户，组为具有不同地图权限的组。对于管理级用户而言，系统赋予远程和本地编辑、修改、查询、浏览和下载地图的功能；对于超级用户，系统赋予远程登录、下载、查询和浏览地图的功能；对于普通用户，系统赋予远程登录查询和浏览地图的功能；对于 Guest 用户，系统赋予远程登录查询地图的功能。成员属性对话框中提供给管理级用户设置用户名、密码和地图权限的接口；本地组属性对话框提供给管理级用户设置新组和地图权限的界面，并且对不同的地图和图层赋予编辑、修改、下载、查询和浏览的权利。在客户端，必须给用户提供登录到系统界面的方式和途径。用户在登录对话框中输入用户名、所属组和用户密码，服务器端系统自动验证。如果已经存在此用户，则系统提供用户操作地图的界面；如果不存在此用户或用户想修改权限，则系统会给用户一个登记对话框，提示用户输入一些最基本的信息，提交到服务器后，系统会自动判断，加到用户数据库。

第3章 网络GIS体系结构

在计算机科学中，体系结构包含硬件的体系结构和软件的体系结构两类。本章从软件体系结构的概念出发，重点阐述了服务器/客户机的软件体系结构和网络地理信息系统软件体系结构的变迁。

3.1 体系结构

学术界对于“软件体系”术语定义很多，但还没有统一、标准的定义。根据不完全统计，互联网上能收集到的定义大概有170多种定义。

软件体系结构是关于软件系统的高层描述，对于软件系统的理解、复用、构造、演化、分析及维护都具有十分重要的作用。随着软件系统规模和复杂性的增加，系统总体结构设计与规约的重要性已经远远超过了对计算的算法和数据结构的选择（Shaw和Garlan，1996）。一个软件的体系结构主要涉及下列内容：

①构件，即软件系统由哪些部分构成，例如：功能模块，数据表等。

②构件之间的约束，即构件之间的交互关系是什么，例如：RPC、共享内存等。

③约束，即构件及关系有什么约束，例如互斥、依赖、安全性等。

简单地讲，软件体系结构=构件+关系+约束。具有不同基本构件类型及关系类型的软件体系结构被称为具有不同风格的软件体系结构。目前典型的软件体系结构风格有：管道与过滤风格（例如：编译器采用的软件体系结构）、事件驱动风格（例如：图形用户界面采用的软件体系结构）、层次风格（例如：操作系统采用的软件体系结构），以及客户/服务器风格（例如：分布式应用程序所采用的软件体系结构）等。很明显，不同特点的软件系统适合采用不同风格的软件体系结构。

软件体系结构的近代定义（Bass等，2003）为：程序或计算系统的软件体系是系统的结构或结构体（组成软件的元素），包含软件元素、软件元素的外部可视属性和软件元素之间的内在关系。“外部可视”属性指其他元素可以利用的属性，例如提供的服务、性能、容错处理、共享资源等属性。

3.2 服务器/客户机体系结构

服务器/客户机（Sadoski 和 Darleen，1997）体系结构广泛地应用于互联网地理信息系统之中，成为构造互联网地理信息系统的基础之一。这里从概念、体系结构和面向对象的服务器、客户机及连接等方面，对服务器/客户机进行阐述。

3.2.1 基本概念

服务器/客户机的基本概念包括客户机（client）、服务器（server）、连接（glue）、逻辑服务器/客户机模式和服务器/客户机层次等。在通常情况下，我们使用的是客户机和服务器两个概念，连接放在客户机和服务器之中予以考虑。

客户机通常是指服务器/客户机系统前后端的用户交互使用的软件。客户机包含了表达管理（如图形用户界面管理）和一些应用逻辑。在一些体系结构中，如数据库服务器前后端的客户机，可以包含整个应用逻辑。随着计算机的稳步发展，客户机界面变得更加友好，并能完成更多的功能。客户机有胖（fat）/瘦（slim）之分。对于客户机的类型，粗略地分为以下几类：

①基于文本的客户机，处理功能很少。

②屏幕抓取的客户机，增加了图形用户界面，包含处理应用逻辑的功能很少。

③图形用户界面的客户机，增加了复杂的功能，相对容易浏览。

④面向对象的用户界面的客户机，适合于用户直接操作复杂文档范例。

服务器通常是指提供共享资源的整体，如数据库服务器，能与多个客户机相连，提供共享的数据资源。服务器分类方法包含功能法和体系结构法。按功能法分类，可以将服务器分为文件服务器、打印机服务器、数据库服务器、Web 服务器等；根据结构方法，可以将服务器分为事务处理服务器、数据库服务器和本地服务器。事务处理服务器，提供事务处理管理和资源管理，使用于大型的应用系统；数据库服务器，在数据库中执行数据库命令（如 SQL 语句），获取数据并使用存储的程序封装应用逻辑元素；本地服务器，在操作系统之上运行。

当客户机和服务器合作，一起完成一个完整的任务时，需要相互通信，连接使这种通信成为可能。连接包括 3 个方面，即底层协议如 TCP/IP 协议、程序模式和支持程序模式的应用开发工具。连接可以按照底层通信的层次进行分类。客户机和服务器部件能在共同的缓冲区、中间件和语言层次上相互通信。

连接通常分为两类，即本地（面向桌面的）连接和分布式（客户机/服务器，服务器/服务器）连接。面向对象的连接，在系统中将各种对象连接在一起。面向对象的连接需要有自己的对象模式，并与其连接的部件所使用的对象模式相区别。邮局连接部件之间的相似度，可以将面向对象连接分为 3 个层次，即公共缓冲区、公共中间件和公共语言。

面向对象的服务器/客户机连接，有本地连接和分布式连接之分。本地连接将桌面上聚集的客户机对象连接在一起；分布式连接将客户机/服务器或服务器/服务器之间的对象连接在一起。

分布式连接支持各种消息模式。根据连接的服务器类型，可以对分布式面向对象连接分类：

①面向对象数据库服务器连接，将客户机与面向对象数据库连接，以及对数据库服务器之间进行连接。

②面向典型事务处理服务器连接，查找并激活事务处理对象，传输事务处理内容，支持提交协同任务。

③对象化本地服务器连接，通过网络在本地操作系统上对对象进行连接，并提供事务处理支持。

1. 逻辑服务器/客户机模式

客户机和服务器的关系可以看成是一种逻辑关系。在逻辑服务器/客户机模式中，部件之间可以相互请求服务，即客户机和服务器的作用不是固定的。一个服务器可能请求系统的其他部件帮助它完成一个请求任务。在这种情况下，此服务器也在扮演客户机的角色。例如，PC 客户机请求打印机服务器打印作业，打印机服务器请求打印机完成打印作业工作。在此，打印机服务器对 PC 客户机而言扮演的是一个服务器，但对打印机而言，却是一个客户机。

在网络环境下，逻辑服务器/客户机模式允许下列操作：

①服务器可以连接一个或多个客户机。

②客户机能与多个服务器通信。

③客户机对客户机、服务器对服务器之间的通信同时存在。

④通信方式依赖于应用语义，可以是指示关系，也可以是主从关系。

⑤客户机和服务器的元素存在于某一确定的物理机器上或同一台机器上。

2. 服务器/客户机层

服务器/客户机层可以分为3层，即应用层、系统服务层和硬件层。如图3-1所示。硬件层提供底层硬件设备。硬件层的元素包括计算机、打印机、网络硬件设备以及相关设备。系统服务层包括控制硬件的软件，如操作系统、网络软件、系统管理、数据库服务等。应用层是运行在系统服务层上的软件。

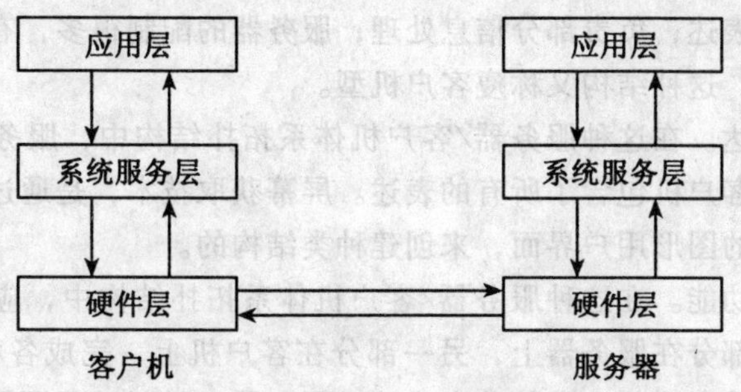

图 3-1 服务器/客户机系统层

3.2.2 服务器/客户机体系结构模式

一个典型的服务器/客户机应用可以包括3个基本的元素，即表述(presentation)、逻辑（logic）和数据（data），如图3-2所示。每个与用户相互作用的应用，都需要有表述元素来处理用户的接口。由于应用系统需要将处理的信息长时间地保存下来，所以数据元素是必要的。同时，一个应用系统必须处理数据和用户的输入，因而需要有逻辑元素。在客户机的表述元素，允许用户输入命令，并请求服务器上的逻辑元素处理这些命令；逻辑元素处理请求命令，并更新数据库的数据。

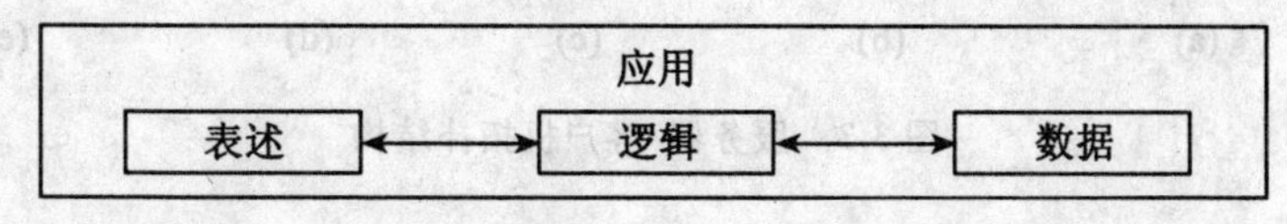

图 3-2 服务器/客户机应用的元素

有关服务器/客户机体系结构的模式有许多种。每种模式使用于不同的处理。这样做的目的是为了将应用系统分割成几部分，即表述、逻辑和数据3个基本的元素，使其能在不同的计算机上运行。图 3-3 所示为 5 种服务器/客户机体系拓扑结构，即分布式表述（distributed presentation）、远程表达（remote presentation）、分布式功能（distributed function）、远程数据获取（remote data access）和分布式数据库（distributed database）。图中的“应用”即三个基本元素中的逻辑，“数据管理”即数据。

①分布式表述。在这种服务器/客户机体系拓扑结构中，客户机的配置很少，只有部分表述，负责部分信息处理；服务器的配制很多，有数据管理、应用和部分表述。这种结构又称瘦客户机型。

②远程表达。在这种服务器/客户机体系拓扑结构中，服务器包含了应用和数据管理，客户机包含了所有的表述。屏幕获取技术，是通过在已有的主系统上建立复杂的图形用户界面，来创建种类结构的。

③分布式功能。在这种服务器/客户机体系拓扑结构中，应用逻辑被分割成两部分，一部分在服务器上，另一部分在客户机上，完成各种分布式功能。实现这种结构的方法很多，如分布式处理服务器、远程过程调用、数据库中的数据存储过程、基于万维网的 Java Applet，以及可下载的 ActiveX 部件等。

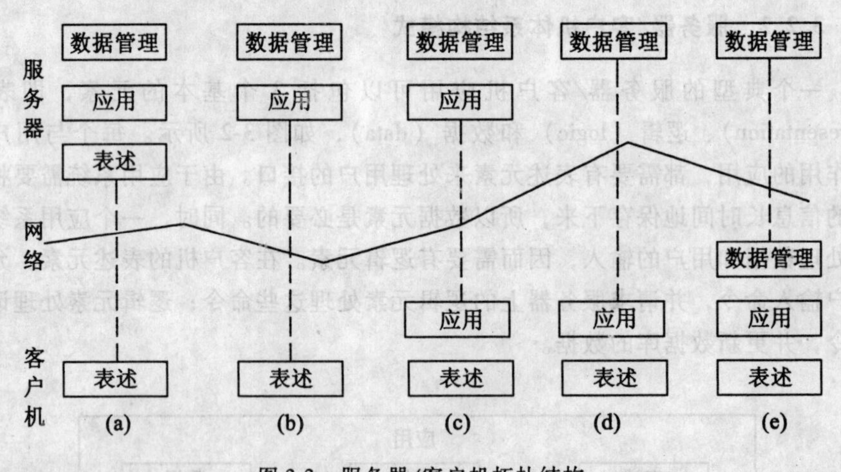

图 3-3　服务器/客户机拓扑结构

④远程数据获取。这种服务器/客户机体系拓扑结构中，客户机集中了表述和应用逻辑两部分内容，而在服务器上只有数据管理部分。客户机从远程数据库中获取数据。例如，使用 SQL API 函数对关系数据库进行调用，实现远程数据获取。这是一种胖客户机类型。在客户机上的应用逻辑部分，占有的比

重大。

⑤分布式数据库。这种服务器/客户机体系拓扑结构中，数据管理功能被分割成两部分，一部分在服务器上，而另一部分在客户机上。表述、应用逻辑和用户接口部件集中在客户机上。例如，IBM 的分布式关系数据库结构（DRDA, distributed relational database architecture）。

服务器/客户机应用有 3 个基本的元素构成，即表述、逻辑和数据。5 种这种服务器/客户机体系拓扑结构是对应用 3 个基本元素分割的结果。典型的服务器/客户机分割如图 3-4 所示。

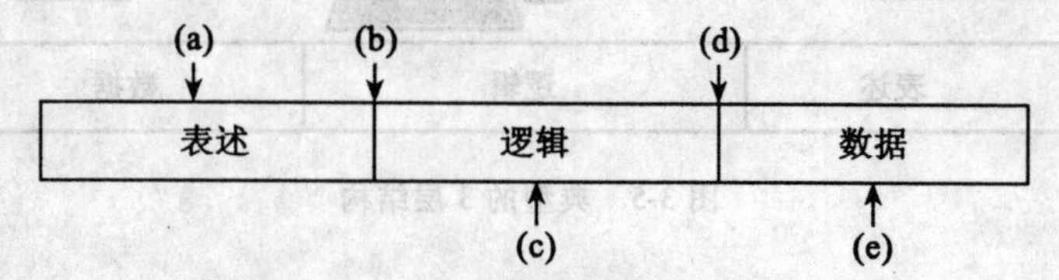

图 3-4 典型的服务器/客户机分割

图中，(a)、(b) 和 (d) 比较固定，而 (c)、(e) 则比较灵活。对于 (a)、(b) 和 (d) 而言，接口协议必须对每个部件类型进行具体化处理；同时还要对部件类型之间的数据流进行具体化处理。软件的协议完全决定了分割点的位置，留给应用开发者的自由开发空间十分有限。例如 SQL 为远程数据获取提供了一套预先定义好的分割方式。

(c)、(e) 两种类型，允许开发者自行决定分割点应该落在什么位置，给开发者提供了自由开发的空间。当然，具体分割的方式，是由硬件条件、商业需求和应用系统本身的具体情况综合决定的。

3.2.3 服务器/客户机层结构

多层服务器/客户机结构中，多层通常可以指硬件的层、操作系统的层或软件功能层。2 层结构和 3 层结构通常被混淆，指系统硬件或软件的配置。不过多硬件层而言，3 层结构包括 3 类机器，即客户机（通常的 PC 机），中间层（通常是工作站服务器或小型计算机），后台通常是主机。2 层结构通常包括客户机和中间服务器或主机。

有时，对于操作系统的层，通常用其包含的不同的软件平台来表示。按照这种观点，对 3 层结构，客户机通常运行 Windows，MacOS，或 OS/2；中间层运行 UNIX，Windows NT，或 OS/400；而第三层则运行操作系统，如 MVS，CICS，或 IMS。对 2 层结构的系统，仅包含两个系统平台。

对于软件功能上的层而言，3 层是指表述、逻辑和数据 3 个元素。一个典型的 3 层结构如图 3-5 所示。

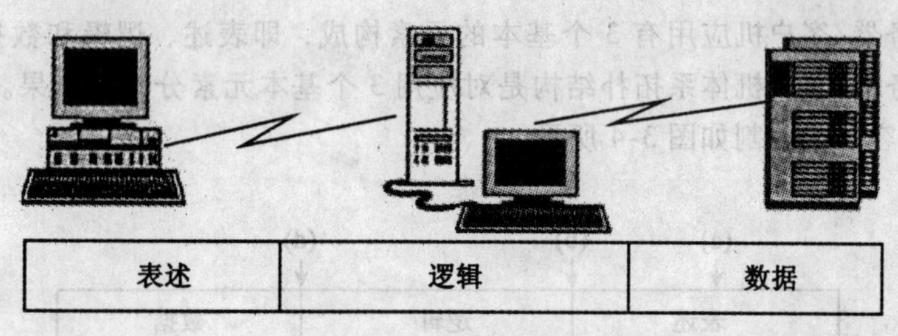

图 3-5 典型的 3 层结构

PC 机处理用户的接口，工作站服务器或小型计算机执行逻辑操作，主机运行数据库。两个或多个元素如表述、逻辑和数据，可以在同一台机器上出现，如图 3-6 所示。从物理上这是 2 层结构，但从逻辑上这是 3 层结构。表述和逻辑元素在 PC 机上运行，而数据库则在服务器上运行。

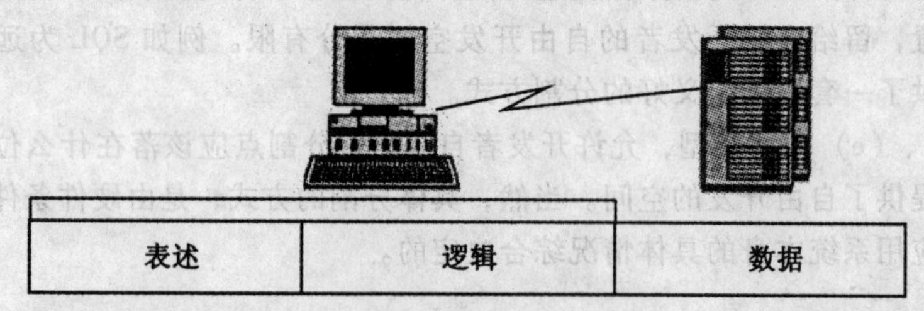

图 3-6 逻辑 3 层/物理 2 层结构

一些系统在网络上将应用进一步分割，划分为许多层。例如，图 3.4（c）中，一个分布式数据库服务，允许数据库在多个类型的机器上运行。不过，对获取数据库的应用服务而言，呈现的逻辑视图只是单个的数据库。又如图 3-4（e）中，分布式功能服务，允许运行逻辑元素的中间层被分割，并在多个机器上运行。在这种情况下，分割点不在表述与逻辑或逻辑与数据的边界线上。分割可能在逻辑或数据部分的任何位置发生。从物理上讲，应用系统可能在 4、5 或更多个机器（层）上运行，因而称为 *n* 层。*n* 层应用系统，在网络上被分割成多个物理层。如图 3-7 所示，从逻辑上讲，依然只有 3 层，即表述、逻辑和数据；但从物理看，具有 4 层，因为逻辑元素被分割成两个部分。

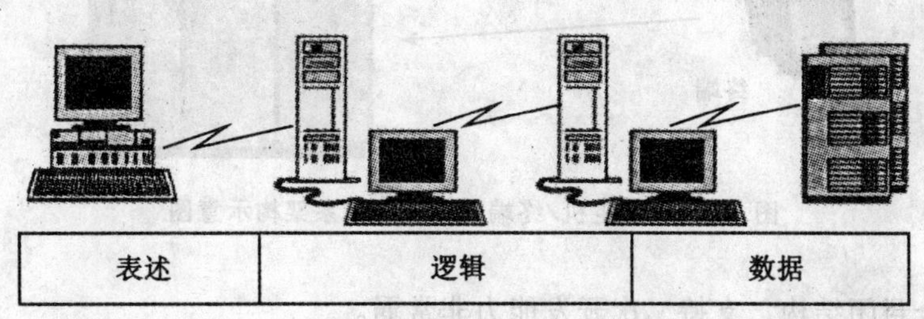

图 3-7 逻辑 3 层/物理 4 层

一个服务器/客户机的应用系统具有 2 层、3 层和 n 层的混合是完全可能的。例如，客户机程序可以直接获取数据库（2 层），调用运行在中间层的处理过程，并执行在客户机与服务器之间的被分割成两个部分的逻辑，而且这个逻辑最终获取数据库（3 层）。

3.3 GIS 软件体系的迁移

GIS 软件体系结构经历了 4 个发展阶段：从 20 世纪 60 年代的主机/终端（host/terminal）体系结构，到 90 年代的客户机/服务器（client/server）体系结构，再到目前流行的浏览器/服务器（browser/server）体系结构，以及面向服务的 GIService 体系结构 SOA（service oriented architecture）。

3.3.1 主机/终端式 GIS

如图 3-8 所示，从 20 世纪 60 年代开始，早期的 GIS 软件大多采用主机/终端体系结构，当时的主机通常指大型机或功能较强的小型机，而终端则是指一种计算机外部设备，现在的终端概念已定位到一种由 CRT 显示器、控制器及键盘合为一体的设备，它与我们平常指的微型计算机的根本区别是没有自己的中央处理单元（CPU），当然也没有自己的内存，其主要功能是将键盘输入的请求数据发往主机（或打印机）并将主机运算的结果显示出来。

这种架构的 GIS 软件主要包含 ESRI 的 SYSTEM 9，其技术特征为：

①以图层作为处理的基础，以系统为中心。

②单机、单用户的应用系统。

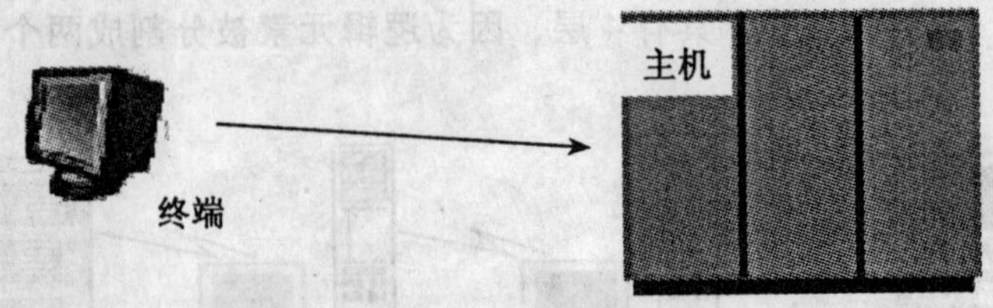

图 3-8　基于主机/终端式的 GIS 体系架构示意图

③全封闭结构，支持二次开发能力非常弱。

④在数据管理实现上以文件系统来管理空间数据与属性数据。

⑤应用领域基本上集中在资源与环境领域的管理类应用。

⑥终端的能力非常弱，仅仅具有发送键盘指令和回显的功能。

其主要缺陷为：

①数据访问、表示和业务逻辑在一个应用系统中。

②功能紧紧耦合在一起。

③代码复用、代码可维护性和代码的修改十分困难。

④不是分布式的，不具有可伸缩性。

3.3.2　两层 C/S 式 GIS

为了解决上述问题，20 世纪 90 年代的 GIS 软件大都变为两层的 C/S 体系结构。它将复杂的网络应用的用户交互界面 GUI 和业务应用处理与数据库访问以及处理相分离，服务器与客户端之间通过消息传递机制进行对话，由客户端发出请求给服务器，服务器进行相应的处理后经传递机制送回客户端，应用开发简单且具有较多功能强大的前台开发工具。

如图 3-9 所示，通常这些 GIS 把业务逻辑整合到任意一层中，客户应用程序层和数据层之间通常使用数据库桥函数（例如 ODBC 或 JDBC）进行通信，有两种可能的配置：表现层和业务逻辑层部署在简单的第一层中，数据访问作为独立的第二层。如果把第一层看做客户，第二层看做服务器，那么这种体系结构可以认为是“胖”客户/“瘦”服务模式；如果把部分业务逻辑和数据层整合在一起形成独立的第二层，那么通常把这种应用归结为“瘦”客户/“胖”服务模式。

无论哪种模式，它们都具有如下的特点：

①GIS 客户应用程序部署的价格比较高。在每一台客户机上必须安装和配

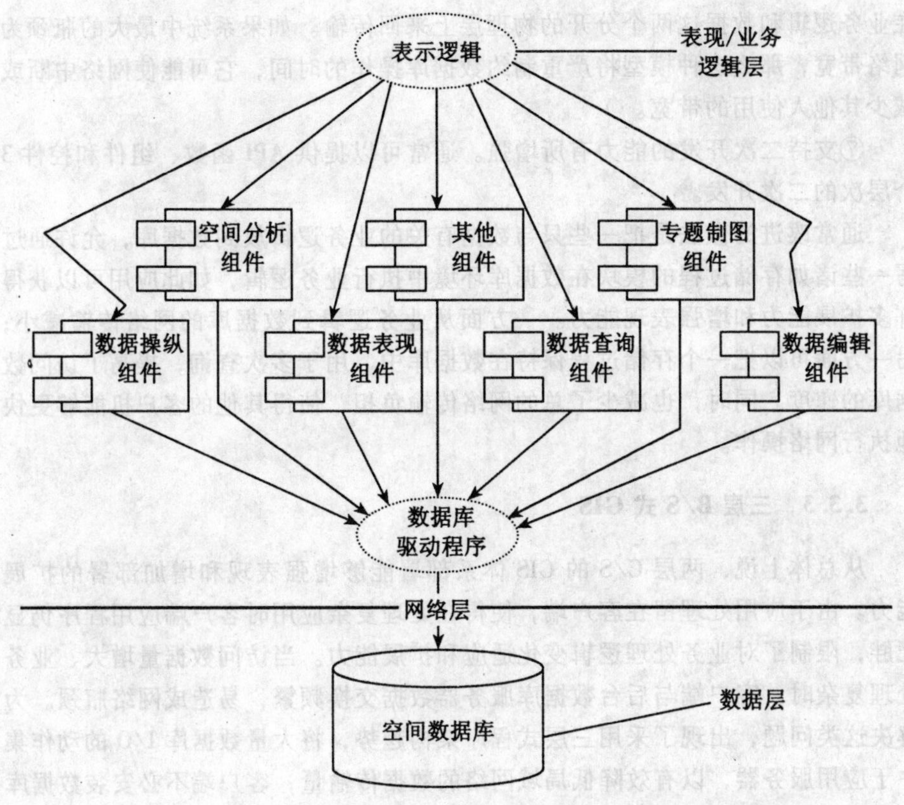

图 3-9　客户/服务器两层结构的 GIS 系统

置 GIS 客户端应用程序，客户机可能是成百上千。

②数据库驱动程序变化成本高。换成另外一种类型的数据库驱动程序意味着必须在每个客户端的机器上重新安装数据库驱动程序。

③数据库视图转换的成本高。胖客户和数据库的函数是绑定在一起的，例如关系数据库或对象数据库的函数。如果你决定要更改数据库的类型（例如把关系数据库换成对象数据库），那么不仅要重新配置每个客户机，而且必须更改客户机上的应用程序代码，才能适合于新的数据库类型。

④业务逻辑迁移费用高。改变了业务逻辑层就得重新编译和部署客户层。

⑤数据库连接费用高。每一个数据库的客户端都必须建立起与数据库的连接。这些连接数目上是有限的，重新创建连接价格也比较昂贵。当客户机不再使用数据库时，连接还保留着并且不能给其他的用户使用。

⑥网络表现能力差。当业务逻辑执行一个数据库操作时，数据和请求必须在业务逻辑和数据这两个分开的物理层上来回传输。如果系统中最大的瓶颈为网络带宽，那么这种模型将严重制约数据库操作的时间，它可能使网络中断或减少其他人使用的带宽。

⑦支持二次开发的能力有所增强。通常可以提供 API 函数、组件和控件 3 个层次的二次开发。

通常改进的做法是把一些只与数据有关的业务逻辑放到数据库，允许通过写一些诸如存储过程的模块在数据库环境中执行业务逻辑，如此应用可以获得许多扩展能力和增强表现能力。一方面从业务逻辑到数据库的网络传输减小；另一方面可以把一个存储过程保持在数据库中，用于多次查询，提高了访问数据库的速度。同时，也减少了总的网络传输负担，使得其他的客户机能够更快地执行网络操作。

3.3.3 三层 B/S 式 GIS

从总体上说，两层 C/S 的 GIS 体系部署能够增强表现和增加部署的扩展能力。由于应用处理留在客户端，使得在处理复杂应用时客户端应用程序仍显肥胖，限制了对业务处理逻辑变化适应和扩展能力。当访问数据量增大、业务处理复杂时，客户端与后台数据库服务器数据交换频繁，易造成网络瓶颈。为解决这类问题，出现了采用三层式程序架构趋势，将大量数据库 I/O 的动作集中于应用服务器，以有效降低局域网络的数据传输量，客户端不必安装数据库中间件，可简化系统的安装部署。业务逻辑集中于应用服务器，如要修改，仅需更新服务器端的组件即可，易于维护。当前端使用者数增加时，可扩充应用服务器的数量，系统扩充性好。随着 Internet/Intranet 技术的不断发展，尤其是基于 Web 的信息发布和检索技术，导致了整个应用系统的体系结构从 C/S 的主从结构向灵活的多级分布结构的重大演变，使其在当今以 Web 技术为核心的信息网络的应用中予以更新的内涵，这就是 B/S 体系结构。

浏览器/服务器三层结构的 GIS 系统如图 3-10 所示。

在两层模型的基础上增加一层或者多层就构成了多层体系结构。三层客户机/服务器（如图 3-10 所示）应用程序使用一个中间件或中间层—应用程序服务器，它在客户机应用程序和后端数据库之间运行。中间层存储系统的业务逻辑，并协调客户机与后端数据库之间交互。在多层体系结构配置中，表示层、业务逻辑层和数据层被分离成物理独立的层。在四层或以上的多层体系结构中，把各个层分解开来，以便于将来可以更好地扩充系统。它具有如下的

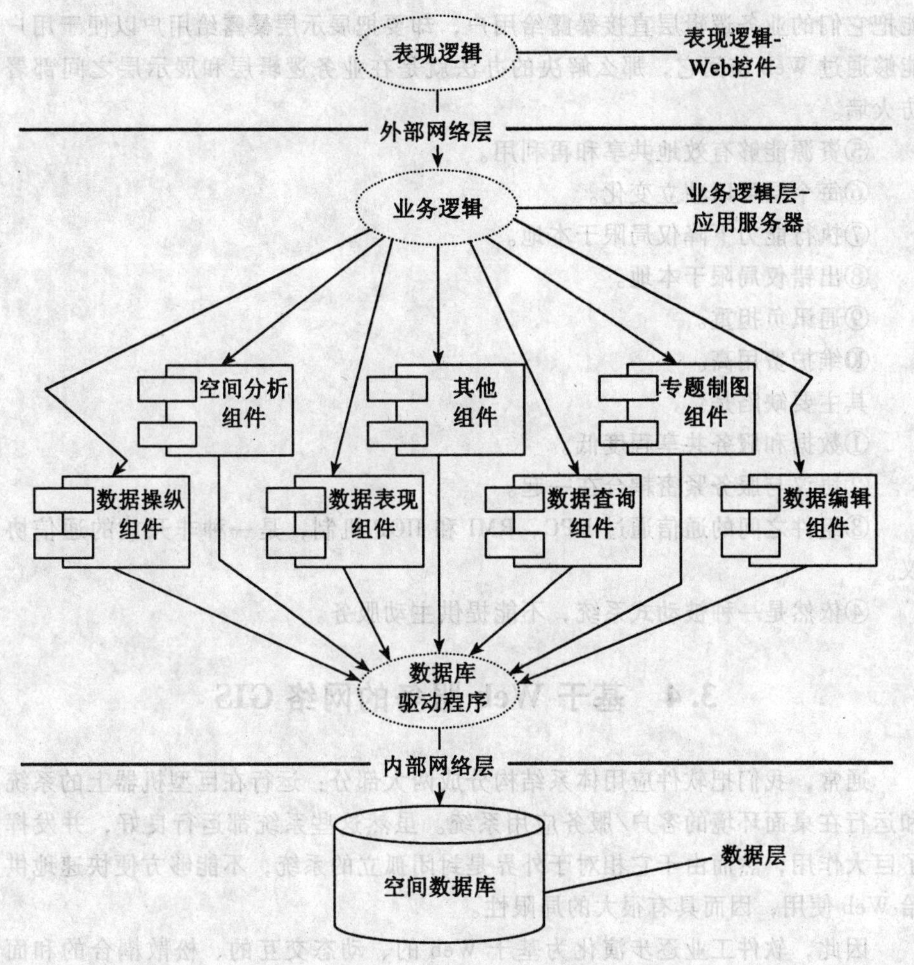

图 3-10　浏览器/服务器三层结构的 GIS 系统

特点：

①部署费用低。数据库驱动程序部署在应用服务器端。

②数据库更换费用低。客户机不再直接访问数据库中的数据，而是通过中间层的应用来完成。可以不要重新部署客户端就可以迁移数据库视图、更换驱动程序，甚至改变永久存储类型。

③业务逻辑迁移费用低。修改业务逻辑不再需要重新编译和部署客户层。

④可以使用防火墙，保证各个部署部分的安全。许多的业务需要保护它们

的数据，而且不希望停止已经部署的应用。例如，在一个 Web 的部署中，不能把它们的业务逻辑层直接暴露给用户，却要把展示层暴露给用户以便于用户能够通过 Web 访问它，那么解决的办法就是在业务逻辑层和展示层之间部署防火墙。

⑤资源能够有效地共享和再利用。

⑥每个层可以独立变化。

⑦执行能力下降仅局限于本地。

⑧出错仅局限于本地。

⑨通讯负担重。

⑩维护费用高。

其主要缺陷是：

①数据和服务共享程度低。

②协议与服务紧密耦合在一起。

③组件之间的通信通过 RPC、RMI 和 IIOP 机制，是一种非开放的通信协议。

④依然是一种被动式系统，不能提供主动服务。

3.4 基于 Web 服务的网络 GIS

通常，我们把软件应用体系结构分成两大部分：运行在巨型机器上的系统和运行在桌面环境的客户/服务应用系统。虽然这些系统都运行良好，并发挥了巨大作用，然而由于它相对于外界是封闭孤立的系统，不能够方便快速地供给 Web 使用，因而具有很大的局限性。

因此，软件工业逐步演化为基于 Web 的、动态交互的、松散耦合的和面向服务的应用程序。这些应用程序把大的软件系统划分为更小的模块化组件或共享的服务。这些服务能够驻留在不同的机器并且以不同的技术实现，通过使用标准的 Web 协议（例如 XML 和 HTTP）进行包装和通信，因此它们之间能够很容易地进行交互。远程过程调用（RMI）、部件对象模型（COM）和通用对象请求代理（CORBA）都是面向服务的技术（Plasil 和 Stal，1998），但基于这些技术上的不同应用程序，通信采用二进制编码模式，相互交互比较困难。为了解决这个问题，Web 服务定义了异构环境下不同服务之间协调访问机制。

本节将在介绍 Web 服务的概念、特征和相关实现技术的基础上，提出 GIS

Web 服务的概念，阐述基于 Web 服务的网络 GIS 体系架构、GIS 服务的查找和发现机制以及 GIS Web 服务的 3 种实现方法。

3.4.1 什么是 Web Service

2001 年，Microsoft 和 IBM 提出了“Web 服务”作为因特网应用主要模型的新技术体系框架。简单地说，“Web 服务”反映了 Web 作为一种服务而不是数据平台的朴素思想。借助于“服务”，不仅仅意味着诸如 Amazon. com 这些原始服务的集成，并且组件能够组合在一起构造更加大型的、更加复杂的服务。例如，微软的 Passport 提供了一个在 Web 上的验证函数输出接口，因此可以假想电子报纸（例如华盛顿邮报）可以把用户验证任务委托给 Passport 来完成，这就可以避免创建用户的验证服务。Web 服务概念层出不穷，流行的主要有以下几种：

1. Microsoft 观点

一个 Web 服务是通过使用标准的 Internet 协议能够被访问的可编程的应用逻辑。Web 服务整合了基于部件对象模型和 Web 应用开发的优点。与部件类似，Web 服务的功能封装在黑盒子内部，用户通过一系列接口而不必关心内部的具体实现访问 Web 服务的功能；与分布式部件不同的是，Web 服务采用标准的 Web 协议（HTTP）和通用的数据格式（XML），而不是采用特定的基于对象模型的协议（例如 DCOM、RMI 和 IIOP）。并且，一个 Web 服务的接口以接受和产生的消息方式严格定义，Web 服务的消费者可以在任何平台以任何语言进行编程实现（Microsoft，2001）。

2. IBM 观点

Web 服务是 Web 应用新的类型，它们是能够通过 Web 被发布、定位和调用的自我包含的、自我描述的、模块化的应用系统。Web 服务平台可以执行从简单请求到复杂的业务处理，一旦 Web 服务部署完毕，其他的应用程序（其他 Web 服务）能够发现和调用这个已经部署的服务（K，G 等，2002）。

3. SUN 观点

通俗地说，Web 服务就是通过 Web 提供的一系列服务。典型的 Web 服务模式是一个业务应用系统通过使用基于构架在 HTTP 基础之上的 SOAP 协议，把请求发送到指定 URL 的服务上；服务接受并处理请求后返回给客户一个响应。一个企业既可以是 Web 服务的提供者，也可以是 Web 服务的消费者（SUN，2002）。

4. BEA 观点

Web 服务是能够被共享和当做分布式基于 Web 的应用程序组件使用的一类服务。它们通常与存在后端的应用系统，例如客户关系管理系统（CRM）、企业资源规划系统（ERP）和订货业务处理系统（OP）等存在通用的接口（BEA，2002）。

5. HP 观点

由 E-SPEAK 驱动的电子服务代表自我包含的、基于因特网的应用程序，这些应用程序不仅仅完成自身的功能，而且拥有发现和使用其他电子服务的功能，以便于完成高级交易任务。这种电子服务通过一个通用的语法和一个已发布的目录，不需要人工交互就能够自动地搜索和定位其他的电子服务，完成业务处理（HP，2002）。

6. Apusic 观点

Web Service 是对象/组件技术在 Internet 中的延伸，是封装成单个实体发布到网络上以供其他程序使用的功能集合。Web Service 从本质上讲是放置于 Web 站点上的可重用构件。Web Service 可以分散于 Web 的各个地方，通过互相调用以协同完成业务活动。在 Web Service 的体系中，应用系统被分割为高内聚、弱耦合的单个的服务，可以通过 Web 被调用和访问。Web Service 核心基础是扩展标记语言 XML，其相关标准协议包括服务调用协议 SOAP、服务描述语言 WSDL 以及服务注册检索访问标准 UDDI 等（Apusic，2002）。

7. W3C 观点

一个 Web 服务就是由一个统一资源定位器唯一描述的软件应用。这个软件应用提供的接口和绑定通过 XML 文档具有自我定义（是什么）、自我描述（有何能力）和发现的能力，并且支持使用基于 Internet 协议消息的 XML 文档与其他软件应用直接交互的能力（Booth 等，2004）。

从上面定义的阐述，Web 服务具有如下的共同特征：

①完好的封装性。从使用者的角度，Web Service 是部署在 Web 上的一种对象/组件，具有对象的良好封装性。

②松散耦合。当 Web Service 的调用界面保持一致时，Web Service 的实现变更对调用者是完全透明的。Web Service 通过 XML/SOAP 作为消息交换协议保持其松散耦合。

③使用标准协议规范。作为 Web Service，其所有公共的协议完全需要使用开放的标准协议进行描述、传输和交换。这些标准协议具有完全免费的规范，并最终由 W3C 或 OASIS 作为最终版本的发布方和维护方。

④高度可集成性。Web Service 采取简单的、易理解的标准 Web 协议作为组件界面描述和协同描述规范，完全屏蔽了不同软件平台的差异，无论是 CORBA、DCOM 还是 EJB，都可以通过这一种标准的协议进行互操作，实现了在当前环境下最高的可集成性。

3.4.2 Web Service 相关技术

XML、SOAP、WSDL 和 UDDI 共同构筑了 Web 服务的技术基础，下面简要介绍一下这些技术。

1. XML

XML（extensible markup language）（Bray 等，2006）是一套定义语义标记的规则。XML 可提供描述结构化资料的格式，是一种类似于 HTML 的用来描述数据的语言。XML 提供了一种独立运行程序的方法来共享数据，它是用来自动描述信息的一种新的标准语言。XML 由若干规则组成，这些规则可用于创建标记语言，并能用一种被称做分析程序的简明程序处理所有新创建的标记语言。XML 以一种通用的标准来表现数据，而且可以增加结构和语义信息，使得计算机和服务器可以即时处理多种形式的信息。

XML 作为一种标记语言，有许多特点：

①简单。XML 经过精心设计，整个规范简单明了。它由若干规则组成，这些规则可用于创建标记语言，并能用一种常常被称做分析程序的简明程序处理所有新创建的标记语言。XML 能创建一种任何人都可以读出和写入的通用数据表现形式，这种功能叫统一性功能。

②开放。开放式标准 XML 是基于经过验证的标准网络通信技术，并针对网络做了最佳优化，由众多业界顶尖公司与 W3C 的工作组并肩合作共同开发而成。

③国际化。标准国际化，且支持世界上大多数文字。这源于依靠它的统一代码的新的编码标准，这种编码标准支持世界上所有以主要语言编写的混合文本。能阅读 XML 语言的软件，就能顺利处理这些不同语言字符的任意组合。因此，XML 不仅能在不同的计算机系统之间交换信息，而且能跨国界和超越不同文化疆界交换信息。

XML 最大的特点是以一种开放的自我描述方式定义了数据结构，并在描述数据内容的同时突出对结构的描述，从而体现出数据之间的关系。这种特点使得 XML 在电子商务的应用上具有广泛的前景，并在一定程度上推动了分布式商务处理的发展。

由于 XML 易于阅读和编写，使得它成为在不同的应用间交换数据的理想格式。正如上面所讨论的一样，XML 使用的是非专有的开放格式，XML 在 Web Service 中的应用不受版权、专利、商业秘密或其他种类的知识产权的限制，同时对于人或是计算机程序来说，都容易阅读和编写，因而成为交换语言的首选。

XML 对于大型和复杂的文档同样是理想的，因为数据是结构化的，这不仅使用户可以定义文档中的元素的词汇表，而且还可以指定元素之间的关系。这在处理大型的信息仓库（比如关系型数据库）时是极为有用的。

2. SOAP

网络技术的飞速发展使分布式系统在许多领域得到应用。为了解决分布式系统的可扩展性、平台无关性和互操作性等问题，出现了许多分布式系统的开发标准和产品，如 CORBA、DCOM、SOAP，等等。CORBA 和 DCOM 是当前比较流行的部件对象计算模型，但是都存在“局部计算”的局限性。也就是说，这些模型都仅仅是本地计算或本网计算模式，而不能把整个 Internet 当做一个计算资源体系来加以利用。

简单对象访问协议（simple object access protocol，SOAP）（Gudgin 等，2007）就是为了解决这些问题而被提出的一种与平台无关的协议标准。IBM、Microsoft、UserLand、DevelopMentor 等公司在 2000 年向 W3C 提交了 SOAP，SOAP 以 XML 的形式提供了一个简单的、轻量的用于分散或分布式的环境中交换结构化的类型和信息的一种机制。

SOAP 包含 3 个部分：封装结构、编码规则和 RPC 机制，这 3 个部分在功能上是相交的。除此之外，SOAP 还定义了两个协议的绑定，描述了在有或没有 HTTP 扩展框架的情况下，SOAP 消息如何包含在 HTTP 消息中被传送。

由于 SOAP 是基于 HTTP 的，所以它解决了穿越防火墙的问题。由于它的调用和响应都使用简单的 XML 结构，显然如果 DCOM 和 CORBA 都结合 SOAP 使用，那么类似于 DCOM/CORBA 协议之间的协调问题会简单得多。

SOAP 最突出的特点在于它的简单性和易实施性，它就是为了解决由于用传统方式提供 Web 服务所产生的问题而提出的。它有助于实现大量异构程序和平台之间的互操作，从而使存在的应用能够广泛地被用户所访问，SOAP 把成熟的基于 HTTP 的 Web 技术与 XML 的灵活性和可扩展性结合在了一起。

SOAP 是一个协议规范，是用 XML 描述的一种格式化的消息，定义了传递 XML-encoded 数据时的统一方式。SOAP 的中心任务是如何把一个 SOAP 消息从发送者（客户）发送到最终目的地（Web 服务），在发送者和目的地之间可能有一些中介节点。

在实际应用中，SOAP 主要用来进行远程方法调用。发送者首先把方法的参数值从本地二进制格式转换到 XML 文档中，然后把这个文档发送给远程服务器，而在远程服务器端，则有对应的 SOAP 处理器解析 XML 文档，取出方法的参数信息，恢复成它的二进制状态，然后调用本地方法。Web 服务执行其代码，将返回值和输出参数序列化为 SOAP 消息，并通过网络发送回客户端，客户端计算机接收该 SOAP 消息，将 XML 反序列化为返回值和输出参数，并将它们传给代理类的实例。图 3-11 直观地描述了这个过程。

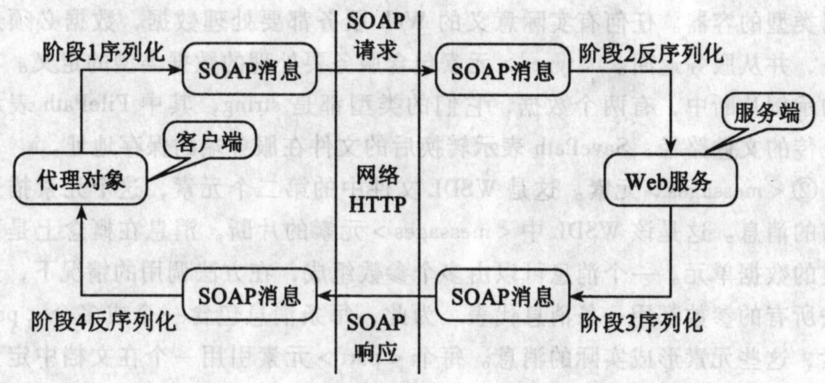

图 3-11　SOAP 在 Web 服务中的应用

SOAP 消息一般包括以下 3 个主要元素：

①SOAP <Envelope>。它是整个 SOAP 消息的根元素，也是每个 SOAP 消息中都必须有的元素，其他两个元素都在该元素内部。它一般用来指明命名空间和数据的编码规则。

②SOAP <Header>。<Header>元素是 SOAP 消息中的可选元素。也就是说，不是每个 SOAP 消息中都必须有 <Header>元素。但如果有的话，必须是 <Envelope>里的第一个元素。

③SOAP <Body>。这是每个 SOAP 消息中都必须有的元素，而一个 <Body>元素可以由很多的体条目元素构成，每个体条目元素都被编码成 <Body>元素中的独立子元素。接收 SOAP 消息的 SOAP 应用程序必须按顺序执行以下动作来处理消息：识别应用程序需要的 SOAP 消息的所有部分；检验应用程序是否支持已识别的消息中所有必需部分并对它们进行处理；如果不支持，则丢弃消息。在不影响处理结果的情况下，处理器可能忽略 SOAP 消息中

的可选部分；如果这个SOAP应用程序不是该消息的最终目的地，则在转发消息之前从消息头中删除第一步中识别出来的所有部分。

3. WSDL

WSDL（web service description language）（Erik等，2001）是一种XML语法，目前版本为2.0，它为服务提供者提供了构建在不同协议或编码方式上的Web服务的基本信息和请求调用方法。WSDL用来描述一个Web服务能做什么，它的位置在哪里，如何调用它，等等。例如数据转换Web服务WSDL文档中，有5个主要元素来描述该服务的信息：

①<types>元素。这是WSDL中的第一个元素，这个元素用来定义不同数据类型的容器。任何有实际意义的Web服务都要处理数据，数据必须送到服务，并从服务返回。<types>元素包含服务要处理的数据类型的定义。在上面的示例片断中，有两个数据，它们的类型都是string，其中FilePath表示需要上传的文件路径，SavePath表示转换后的文件在服务端的保存地址。

②<messages>元素。这是WSDL文件中的第二个元素，这个元素描述了通信的消息。这是该WSDL中<messages>元素的片断。消息在概念上是可以交换的数据单元。一个消息可以由多个参数组成，在方法调用的情况下，这种方法所有的参数都用一条消息代表。为此，每条消息包含一个或多个<part>元素，这些元素形成实际的消息。每个<part>元素引用一个在文档中定义的<types>元素中定义的类型。

③<portType>元素。确定了操作和操作中的消息。其中<input>表示请求消息格式名，<output>表示应答消息格式。

④<binding>元素。描述客户和服务通信时使用的机制，指定<portType>中定义的操作的协议细节。对每个操作，描述如何把抽象的消息内容映射成具体的格式。元素type属性指定了端口类型<operation>元素与<portType>中的元素相关联。<soap:operation>元素提供了特定操作的信息，style属性确定操作的类型，soapAction属性表示操作的处理者。<input>和<output>子元素指定了<soap:header>和<soap:body>元素，指定了输入输出参数在SOAP封装的<Header>或<Body>元素中的格式。

⑤<service>元素。把一系列相关的端口编成组。每个WSDL文件可以定义若干Web服务。Name属性提供了WSDL文件定义的每个端口的唯一名，Binding属性表示前面指定的绑定类型。<soap:address>元素提供服务端SOAP请求处理的地址。

WSDL文件以XML标准为基础，它与编程语言无关，适用于不同平台，

WSDL 还定义了服务的位置，以及用什么通信协议与服务进行通信。总而言之，WSDL 文件定义了编写、使用 Web 服务所需的全部内容。

4. UDDI

统一描述、发现和集成（universal description，discovery and integration，UDDI）（Luc 等，2004）技术是由 IBM 和 Microsoft 在 2001 年为促进商业性 Web 服务的互操作能力而推出的一项计划。按照 UDDI 规范构架起来的注册中心，将作为在 Internet 这个广泛信息操作网络空间中的商务信息的集散地，它为商务信息注册提供黄页/白页/绿页三个层次的服务注册。UDDI 的核心竞争力是为所有规模的企业提供管理它们供销商务网络的手段，以及获得更多的渠道接触潜在的商业伙伴。UDDI 面临的问题是，如何能够使更多的商家主动进入 UDDI 注册中心并发布他们自身的信息，以及如何使得用户发布的服务信息不断升级，并且能够包含实现细节的发布。

UDDI 的核心是一个物理分布、逻辑集中的注册中心，它从概念上是一个云状结构，由很多提供 UDDI 登记服务的操作入口点组成一个集群。从注册中心的外部来看，它对于用户是一种整体的服务，由不同的 UDDI 操作入口点充当注册中心的访问入口。同时，UDDI 提供两种有效的机制，保证注册中心查询操作和数据的一致性。第一种机制是查询分发和重定向，即当一个操作入口点除了完成本地查询外，还将查询请求分发和重定向到其他所有的操作入口点，并将所获得的查询结果与本地结果整合后一起返回给查询者；第二种机制是数据复制与同步，即当一个操作入口点在执行更改数据操作时，还需要将该操作分发和重定向到其他操作入口点以同步地执行数据更新。因此，在一个 UDDI 操作入口点上进行查询操作就等同于对整个 UDDI 注册中心进行查询。

UDDI 本质上是为了解决当前在开发基于组件化的 Web 服务中所使用的技术方法无法解决的一些问题。UDDI 具有非凡的技术简单性，它为 Web 服务在技术层次上提供了 3 种重要的支持：

①标准化的、透明的、专门描述 Web 服务的机制。

②调用 Web 服务的简单机制。

③可访问的 Web 服务注册中心。

3.4.3 服务框架

地理信息应用的深入和空间数据价值的提高，呼唤能够与传统的基于 Web 的应用服务整合的地理信息服务，这种服务不仅要能够自身互操作而且要能够无缝集成到企业应用系统中，GIS Web 服务能够满足这种需求。GIS

Web 服务是基于 Web 服务框架下的分布式地理信息服务。它有别于传统的地理信息系统，不仅能够为地理信息用户提供地理信息数据和地理信息处理服务，而且 GIS Web 服务之间能够互相发现、绑定、调用和协同，以便于完成一个复杂的地理信息处理服务。

在 Web 服务的主要领域中，基于地理信息的 Web 服务代表了一种创新，基于标准的体系结构无缝集成大多数的在线地理信息处理和位置服务。OWS 允许分布式的地理信息服务系统和使用如 XML 和 HTTP 等流行技术实现的信息系统进行通信。基于地理信息的 Web 服务提供了一个厂商中立的、互操作的体系框架，用于基于 Web 的发现、访问、整合、分析、挖掘和表现多源在线地理数据、传感信息和地理信息处理的能力。

综合上面所述，GIS Web 服务本质上是一个基于 Web 的自我包含、自我描述和模块化的分布式地理信息服务。

Web GIS 是 DGIS 的特例和当前最为流行的方式，GIS Web 服务是 DGIS 的更高层次，能够根据服务本身的描述找到服务。如表 3-1 所示，它们三者之间有着联系与区别：GIS Web 服务是面向服务的体系框架，而 Web GIS 和 DGIS 都是面向系统的体系框架；所采用的协议不同：GIS Web 服务采用最简单的 SOAP 访问协议，Web GIS 采用单一的 HTTP（HTTPS）协议，而 DGIS 采用复杂的访问协议（例如 RPC、IIOP 和 RMI）；紧凑程度不一样：GIS Web 服务提供数据与功能服务之间设计、部署的松散耦合，运行时的临时紧密耦合，Web GIS 一般数据与功能之间设计与部署都是紧密耦合，而 DGIS 提供数据部件与功能部件之间设计时的松散耦合及部署和运行时的紧密耦合。

表 3-1　**Web GIS、DGIS 与 GIS Web 服务的联系与区别**

	Web GIS	DGIS	GIS Web 服务
计算环境	WWW	DCE	对等网络
体系结构	面向系统	面向系统	面向服务
协议	单一（HTTP/HTTPS）	复杂（RPC、IIOP、RMI）	互操作简单（SOAP、XML）
目录服务	+ LDAP（*）	+ CDS	+ UDDI
设计	紧密耦合	松散耦合	松散耦合
部署	紧密耦合	紧密耦合	松散耦合

续表

	Web GIS	DGIS	GIS Web 服务
运行	紧密耦合	紧密耦合	临时紧密耦合
采用技术	Plugins，CGI	CORBA、DCOM、J2EE	. Net，XML + CORBA，XML + J2EE
典型应用	亚历山大数字图书馆项目	Cyber Atlas of Antarctica	移动定位服务
高峰	1998/2000	2001/2003	2003/2005
视图			

概括地说，在 GIS Web 服务中必须支持如下的几个目标：

①互操作能力。应该提供一个通过广泛分布式环境中开发互操作 GIS Web 服务的参考平台。

②可靠性能力。随着时间的推移必须是可靠和稳定的。

③基于 Web 的友好界面。必须与 WWW 的现在和将来的演化兼容。

④安全性。必须提供一个在线处理的安全环境。

⑤可扩展性。必须是可扩展的。

相对于 Web GIS，GIS Web 服务具有如下的优点：

①松耦合。GIS Web 服务中的功能服务之间、数据服务之间以及功能与数据服务之间相互独立，也可以组合在一起构成更大的服务，一个服务的崩溃不会导致整个系统崩溃。

②容易更新。由于服务之间的松耦合，因而单个服务的更新不会影响全局服务。

③更优的互操作性。由于 GIS Web 服务具有独立于组件和独立于语言的特性，因此不管在后台采用的是 EJB 组件，还是采用 COM 组件；是采用 Perl 语言编写的 CGI 服务，还是采用 Java 语言编写的 Servlet 引擎服务，只要遵循标准的通信协议和标准的数据交换接口，GIS Web 服务之间都能够互操作。

④无缝集成。由于 GIS Web 服务之间采用基于标准的 Web 协议进行通信和采用基于 XML 的数据交换格式，因此它能够与 Web 遗留系统无缝集成在一起。

⑤更加廉价。GIS Web 服务是直接基于 Web 的分布式系统，它是面向企业内部网、企业外部网的服务，减少了程序的部署和维护，能够显著地提高投入与产出比。

通用的 GIS Web 服务的服务体系框架如图 3-12 所示，它包含 4 个部件：A——驻留在 Web 服务环境下的服务器上的 GIS Web 服务实现；B——描述 GIS Web 服务的元数据服务；C——一种在 GIS Web 服务和用户终端传输数据和服务调用的标准机制；D——基于 XML 的地理信息服务用户终端。

驻留在 Web 服务环境下的服务器上的 GIS Web 服务实现部件为 GIS Web 服务的关键，它由服务提供者实现，并且部署在服务基础平台，调用时与数据绑定。它既可以是地理数据服务，也可以是地理处理服务；它既能够提供原始数据，也能够提供分析结果，更能够以地理知识方式提供给地理服务消费者。

描述 GIS Web 服务的元数据服务部件是 GIS Web 服务的注册器，它是管理和描述 GIS Web 服务的属性和特征的中心。服务提供者通过这个部件把 GIS Web 服务发布注册到这个中心，消费者通过这个中心找到所需要的 GIS Web 服务。

有一种在 GIS Web 服务和用户终端传输数据和服务调用的标准机制。用户终端与 GIS Web 服务之间进行对话时需要有对话的协议标准和对话结果集的编码标准。通常情况下，对话协议标准为简单对象访问协议（SOAP），对话结果集的编码标准为基于 XML 的地理信息编码，例如 GML、SVG 或 WML。

基于 XML 的地理信息服务用户终端部件用来理解基于 XML 的不同样式的地理信息编码。例如对于 GML、SVG 或 WML 有不同的解析器来进行翻译、理解、处理和表达。这种地理信息服务用户终端可能是一个新的 GIS Web 服务、一个独立应用程序、一个浏览器用户终端或一个小型信息设备终端。

3.4.4 注册、查找和发现实现机制

通常而言，地理信息服务包含服务的定位描述、服务的能力描述。服务的定位描述代表服务如何加入到注册服务器中，这些服务如何被感兴趣的用户发现；服务的能力描述作为服务的基本信息暴露给用户，描述了服务的能力，即服务能够为用户提供哪些级别的服务。地理信息服务构建在一系列地理信息操作接口和地理信息组件之上，这些接口和组件通过底层通信协议紧密耦合在一

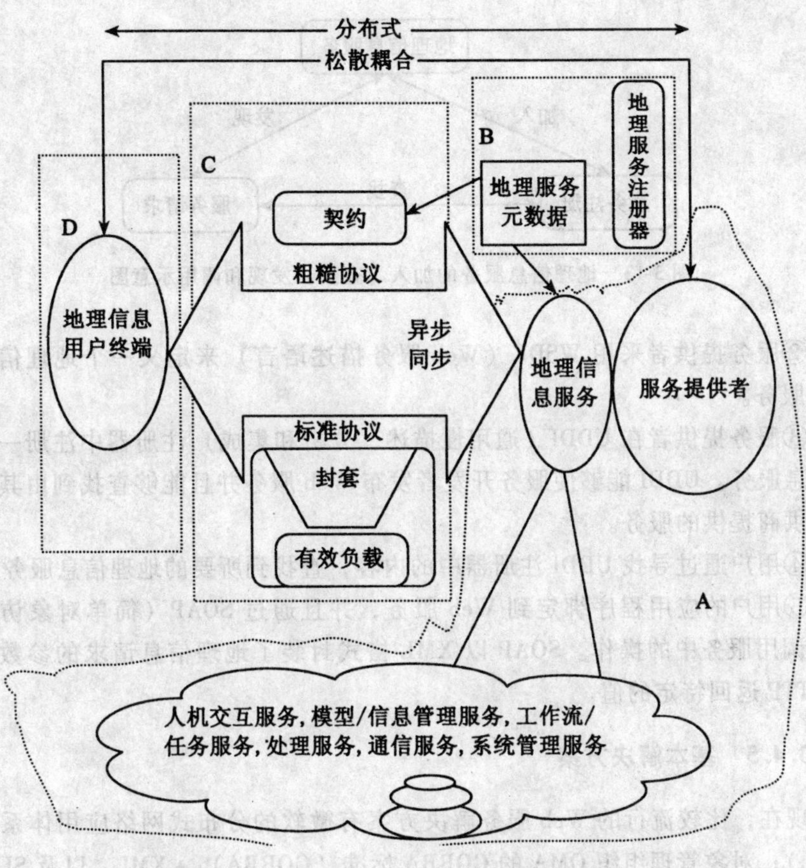

图 3-12　通用的 GIS Web 服务的服务模型示意图

起，完成一系列地理操作，形成不同大小粒度的地理信息服务，松散地部署在网络中。

分布式地理信息服务的目的就是为了使地理信息应用能够在 Internet 上进行交流，并且同其他应用系统进行协同工作。传统的基于 Internet 的地理信息应用和服务之间的交互需要知道它们的位置，然后通过人工定位来实现。而主动式地理信息服务允许客户应用在标准的地理服务目录结构中查找地理信息服务，然后通过最少的人工干预发现这些地理信息服务并且捆绑在一起（如图 3-13 所示）。它包含以下的几个步骤：

①服务提供者根据所选择的语言、中间件和平台来创建、组装和部署一个地理信息的 Web 服务。

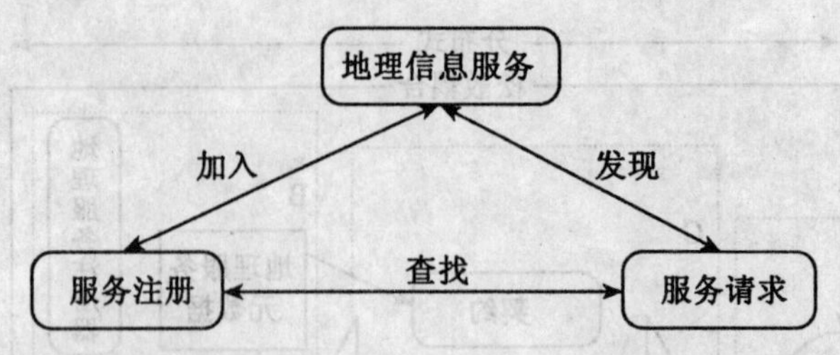

图 3-13　地理信息服务的加入、查找、发现和调用示意图

②服务提供者采用 WSDL（Web 服务描述语言）来定义一个地理信息的 Web 服务。

③服务提供者在 UDDI（通用性描述、分析和集成）注册器中注册一个地理信息服务。UDDI 能够使服务开发者发布 Web 服务并且能够查找到由其他服务提供商提供的服务。

④用户通过寻找 UDDI 注册器中的内容，查找到所要的地理信息服务。

⑤用户的应用程序绑定到 Web 服务，并且通过 SOAP（简单对象访问协议）调用服务中的操作。SOAP 以 XML 格式封装了地理信息请求的参数，通过 HTTP 返回特定的值。

3.4.5　基本解决方案

现在，比较流行的 Web 服务解决方案有微软的分布式网络应用体系框架(.Net)；对象管理组织 OMA 的 CORBA 标准（CORBA）+XML，以及 SUN 公司的 Java2 企业级平台（J2EE）+XML。COBRA 标准主要分为 3 个层次：对象请求代理、公共对象服务和公共设施。最底层是对象请求代理 ORB，规定了分布对象的定义（接口）和语言映射，实现对象间的通信和互操作，是分布对象系统中的“软总线”；在 ORB 之上定义了很多公共服务，可以提供诸如并发服务、名字服务、事务（交易）服务、安全服务等各种各样的服务；最上层的公共设施则定义了组件框架，提供可直接为业务对象使用的服务，规定业务对象有效协作所需的协定规则。总之，CORBA 的特点是大而全，互操作性和开放性非常好。目前 CORBA 的最新版本是 2.3。CORBA 3.0 也已基本完成，增加了有关 Internet 集成和 QoS 控制等内容。CORBA 的缺点是庞大而复杂，并且技术和标准的更新相对较慢。相比之下，Java 标准的制订就快得多，Java 是 Sun 公司自己定的，演变得很快。Java 的优势是纯语言的，跨平台性非常好。Java 分布对象技术通常指远程方法调用（RMI）和企业级 JavaBean（EJB）。RMI 提供了一个 Java 对象远程调用另一 Java 对象的方法的能力，与传统 RPC 类似，只能支持初级的分布对象互操作。Sun 公司于是基于 RMI，提出了 EJB。基于 Java 服务器端组件模型，EJB 框架提供了像远程访问、安全、交易、持久和生命期管理等多种支持分布对象计算的服务。目前，Java 技术和 CORBA 技术有融合的趋势。COM 技术是 Microsoft 独家做的，是在 Windows 3.1 中最初为支持复合文档而使用 OLE 技术上发展而来的，经历了 OLE 2/COM、ActiveX、DCOM 和 COM + 等几个阶段，目前 COM + 把消息通信模块 MSMQ 和解决关键业务的交易模块 MTS 都加进去了，是分布对象计算的一个比较完整的平台。Microsoft 的 COM 平台效率比较高，同时它有一系列相应的开发工具支持，应用开发相对简单。但它有一个致命的弱点，就是 COM 的跨平台性较差，如何实现与第三方厂商的互操作性始终是它的一大问题。表 3-2 为三种方法的比较。

表 3-2　**Web 服务实现方案对比**

	. Net + XML	CORBA + XML	J2EE + XML
技术的类型	产品	业界标准	业界标准
解释器	CLR	没有指定	JRE
动态 Web 页面表现	ASP™	没有指定	JSP™
中间层组件	. Net 管理的组件	均可	EJB
数据库访问	ADO. NET	均可	JDBC，SQLJ
中间件功能	是	是	是
性能表现	好	好	较好
编程语言支持	语言中立	语言中立	依赖于 Java
可移植性	只能在 Win32	与平台、中间件无关	与平台、中间件无关
共享支持	单一存储	分布式存储	分布式存储

总之，Microsoft 的 . Net 平台效率比较高，致命的弱点就是跨平台性较差，如何实现与第三方厂商的互操作性始终是它的一大问题；CORBA 的特点是大

而全，互操作性和开放性非常好，缺点是庞大而复杂，并且技术和标准的更新相对较慢，COBRA 规范从 1.0 升级到 2.0 所花的时间非常短，而再往上的版本的发布就相对十分缓慢。相比之下，J2EE 标准的制订就快得多，J2EE 是 Sun 公司发起、由业界广泛参与制定的，演变得很快，优势是纯语言的，跨平台性非常好，缺点是依赖于 Java 语言。

第4章　网络 GIS 构造模式

网络地理信息系统构造模式有 CGI、ASP、GIS 桌面扩展、Plug-in、Java Applet、ActiveX 控件、J2EE 和 . Net 等。服务器端的网络地理信息系统构造模式有通用网关接口 CGI、动态服务页面 ASP 和 GIS 桌面扩展模式等；基于客户机端的网络地理信息系统构造模式有 Plug-in 模式、GIS Java Applet 和 ActiveX 控件等；基于客户机和服务器并重构造模式有 J2EE 和 . Net。

4.1　服务器端构造方法

4.1.1　通用网关接口——CGI

基于 CGI（NCSA, 2009）的网络地理信息系统是 HTML 的一种扩展。它需要有 GIS 服务器在后台运行。通过 CGI 脚本，将 GIS 服务器和 Web 服务器连接。基于 CGI 模式的网络地理信息系统体系结构如图 4-1 所示。客户端的所有 GIS 操作和分析，都是在 GIS 服务器上完成的。

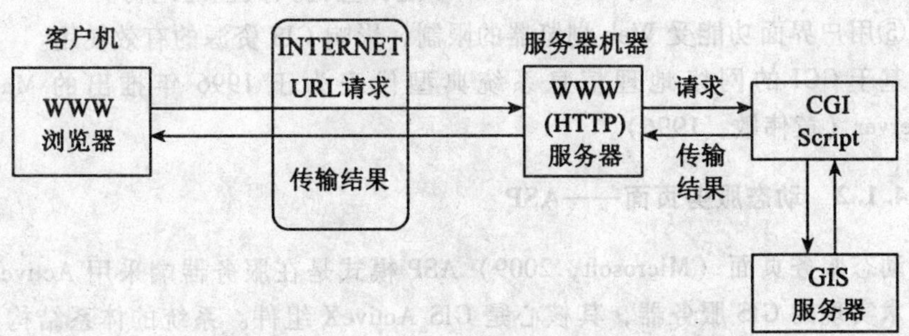

图 4-1　基于 CGI 模式的网络地理信息系统体系结构

CGI 模式工作原理如下：Web 浏览器用户通过地图服务器 URL 地址发送

GIS 数据操作请求；Web 服务器接受请求，并通过 CGI 脚本，将用户请求传送给 GIS 服务器；GIS 服务器接受请求，进行 GIS 数据处理如放大、缩小、漫游、查询和分析等，将操作结果形成 GIF 或 JPEG 图像；最后 GIS 服务器将 GIF 或 JPEG 图像，通过 CGI 脚本和 Web 服务器返回给 Web 浏览器显示。

基于 CGI 的网络地理信息系统的优势如下：

①具有处理大型 GIS 分析功能，利用已有 GIS 资源。所有 GIS 操作都是由 GIS 服务器完成，具有客户端小、处理大型 GIS 操作分析功能强、充分利用现有 GIS 操作分析资源等优势。

②客户机端与操作系统平台无关。由于在客户机端使用的是支持标准 HTML 的 Web 浏览器，操作结果以静态 GIF 或 JPEG 图像形式表现，因而客户机端与操作系统平台无关。

基于 CGI 的网络地理信息系统的劣势如下：

①增加了网络传输负担。由于用户每一步操作，都需要将请求通过网络传给 GIS 服务器，GIS 服务器将操作结果形成图像，通过网络返回给用户，因而网络传输量大大增加了。

②服务器负担重。所有操作都必须由 GIS 服务器解释执行，服务器负担很重，信息（用户请求和 GIS 服务器返回图像）通过 CGI 脚本在浏览器和 GIS 服务器之间传输，势必影响信息传输速度。

③同步多请求问题。由于 CGI 脚本处理所有来自 Web 浏览器的输入和解释 GIS 服务器的所有输出，当有多用户同时发出请求时，系统效率将受到影响。

④静态图像。在浏览器上显示静态图像，因而用户无法在浏览器上直接放大、缩小及通过几何对象如点、线、面来选择查询其关注的地物。

⑤用户界面功能受 Web 浏览器的限制，影响 GIS 资源的有效使用。

基于 CGI 的网络地理信息系统典型代表为于 1996 年推出的 MapInfo ProServer（黄伟敏，1996）。

4.1.2 动态服务页面——ASP

动态服务页面（Microsoft，2009）ASP 模式是在服务器端采用 ActiveX 组件技术实现的 GIS 服务器，其核心是 GIS ActiveX 组件。系统的体系结构如图 4-2 所示。

ASP 模式工作原理如下：ActiveX 组件封装其内部实现细节并提供符合标准的操纵接口，是一个完成独立功能的程序模块。一般情况下，组件按照功能可以分为 3 个层次：GIS 组件、管理组件和用户组件。GIS 组件包含数据读写、

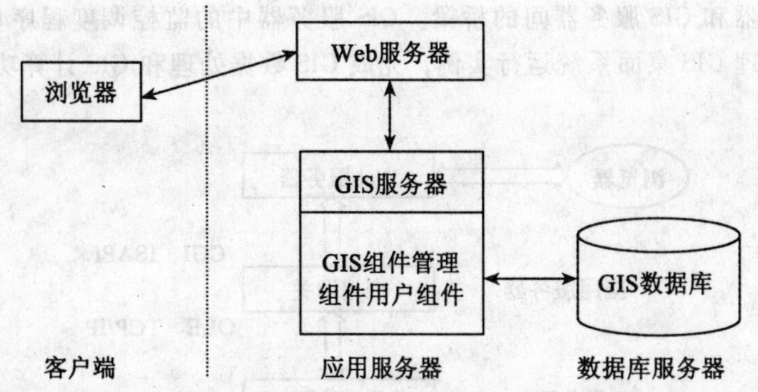

图 4-2　基于 ASP 模式的网络 GIS 体系结构

地图操纵和空间分析组件等；管理组件提供对整个应用的管理功能，包括 GIS 服务代理组件、系统性能监测和负载平衡组件、安全管理组件等；用户组件负责用户交互，响应用户操作请求功能。系统可以根据需要对这些组件剪裁或增加，以满足应用需求。用户组件可以从服务器端下载到客户端，通过 DCOM/ActiveX 直接和服务器的 GIS 组件通信，完成 GIS 数据和功能请求操作。

基于 ASP 的网络地理信息系统的优势如下：

①可在服务器根据用户需求实现可伸缩应用系统，降低系统成本，提高系统性能。

②由于组件遵循相同的 ActiveX 标准，因此组件间可以实现无缝连接，提高系统稳定性。

③“瘦”客户/“胖”服务器模式，使任何浏览器用户都可以访问 GIS 服务器的地理信息。

④系统开发可以采用任何支持 ActiveX 标准的工具，例如 FrontPage 和 InterDev，和 ASP 结合起来，使开发变得非常容易。

基于 ASP 的网络地理信息系统的劣势如下：方案只能在 Windows 平台上实现，无法跨平台部署和运行。

这类产品代表有 ESRI 于 1996 年 10 月推出的 MapObjects IMS（王津等，2001）和 MapInfo 的 MapXtreme 等。

4.1.3　GIS 桌面系统扩展

基于 GIS 桌面系统扩展模式的网络 GIS 体系结构如图 4-3 所示，底层为

GIS 服务器，其核心是已经成熟的 GIS 桌面系统，中间层是应用服务器。它是 Web 服务器和 GIS 服务器间的桥梁。GIS 服务器中的监控调度程序负责调度、维护和管理 GIS 桌面系统运行实例，完成 GIS 数据处理和 GIS 计算功能。

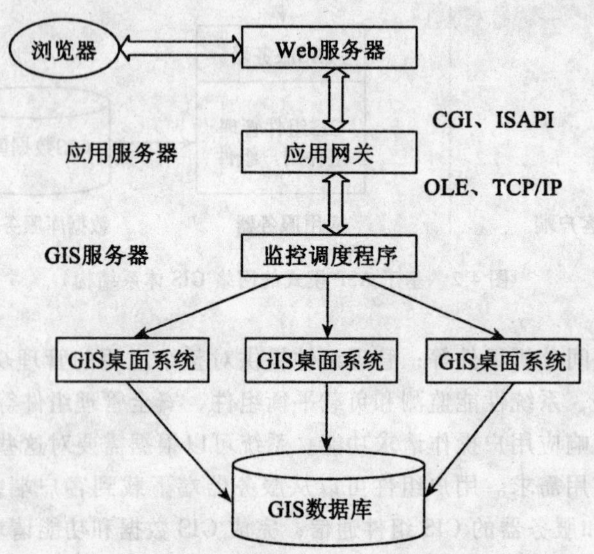

图 4-3　基于 GIS 桌面系统扩展模式的网络 GIS 体系结构

GIS 桌面系统扩展模式工作原理如下：应用服务器网关在 Web 服务器和 GIS 服务器之间建立连接，它把客户的 GIS 服务请求从 Web 服务器通过 OLE 或者 TCP/IP 技术转送到 GIS 服务器中的监控调度程序，监控调度程序选择可用的 GIS 桌面系统运行实例，完成客户请求的 GIS 计算，然后把结果返回给 Web 服务器，最后再返回给客户，从而实现所有的 GIS 功能。在应用服务器层，还可以实现 GIS 服务代理功能，协调 Web 服务器和 GIS 服务器、GIS 数据库等之间的运行，以控制 GIS 服务器的性能和状态。具体工作步骤如下：

①浏览器用 URL 和 Web 服务器建立连接。

②服务器接受请求并把 URL 转换为路径和文件名。

③启动相应的 ISAPI 网关应用程序。

④ISAPI 网关应用程序调用 GIS 服务器的监控调度程序，并转换和传递用户的地理操作参数。

⑤监控调度程序使用可用的 GIS 桌面系统运行实例，完成 GIS 计算，并把结果转换为 GIF/JPEG 图像格式文件。

⑥ISAPI 网关把结果按照 MIME 类型返回给 Web 服务器。

⑦Web 服务器把结果传递给浏览器，进行显示。

基于 GIS 桌面系统扩展模式的网络地理信息系统的优势如下：

这种类型的系统，所有的 GIS 计算全部在服务器端完成，客户端只要是标准的 Web 浏览器即可，是典型的“瘦”客户机/“肥”服务器模式。由于 GIS 服务器的核心是成熟的 GIS 地图桌面系统，因此可以利用以前的开发成果和 GIS 数据。

基于 GIS 桌面系统扩展模式的网络地理信息系统的劣势如下：

①对于每个客户机的请求都要启动一个新的完整 GIS 桌面系统实例进程，这不但浪费服务器的系统资源，也严重影响性能。虽然通过 GIS 服务代理可以缓解问题的严重性，但无法从根本上解决问题。

②系统和客户的交互性非常差，因此诸如多边形选择查询这样的地理操作都不可能实现，从而影响系统的实用性。

ESRI 的 Internet Map Server for ArcView（赵世华等，2003）、Sylvan Ascent 的 SylvanMaps 是这种系统的典型代表。

4.2 客户端构造方法

4.2.1 GIS 控件方法

ActiveX 是 Microsoft 为适应互联网而发展的标准。ActiveX 是建立在对象连接和嵌入技术（OLE）标准上，为扩展 Microsoft Web 浏览器 Internet Explorer 功能而提供的公共框架。ActiveX 是用于完成具体任务和信息通信的软件模块。GIS ActiveX 控件用于在客户端处理 GIS 数据和完成 GIS 分析。

ActiveX 控件和 Plug-in 非常相似，都是为了扩展 Web 浏览器的动态模块。所不同的是，ActiveX 能被支持 OLE 标准的任何程序语言或应用系统所使用，而 Plug-in 只能在某一具体的浏览器中使用。

基于 GIS ActiveX 控件的网络地理信息系统体系结构如图 4-4 所示。它依靠控件与 Web 浏览器灵活无缝地结合在一起，来完成 GIS 数据的处理和显示。在通常情况下，GIS ActiveX 控件包容在 HTML 代码中，并通过 <OBJECT> 参考标签来获取。

GIS ActiveX 控件模式的工作原理如下：Web 浏览器发出 GIS 数据显示操作请求；Web 服务器接收到用户的请求，进行处理，并将用户所要的 GIS 数据

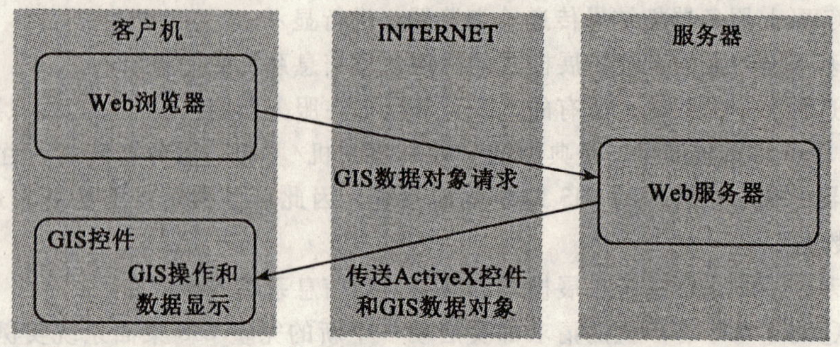

图 4-4　基于 GIS ActiveX 控件的网络地理信息系统体系结构

对象和 GIS ActiveX 控件传送给 Web 浏览器；客户端接受到 Web 服务器传来的 GIS 数据和 GIS ActiveX 控件，启动 GIS ActiveX 控件，对 GIS 数据进行处理，完成 GIS 操作。

基于 GIS ActiveX 控件的网络地理信息系统的优势如下：

①具有 GIS Plug-in 模式的所有优点。

②ActiveX 能被支持 OLE 标准的任何程序语言或应用系统所使用，比 GIS Plug-in 模式更灵活，使用方便。

基于 GIS ActiveX 控件的网络地理信息系统的劣势如下：

①需要下载，占用客户机端机器的磁盘空间。

②与平台相关，对不同的平台，必须提供不同的 GIS ActiveX 控件。

③与浏览器相关，GIS ActiveX 控件最初只使用于 Microsoft Web 浏览器。

④在其他浏览器使用时，须增加特殊的 Plug-in 予以支持。

⑤使用已有的 GIS 操作资源的能力弱，一般来说，GIS 分析能力有限。

基于 GIS ActiveX 控件的网络地理信息系统有 Intergraph 的 GeoMedia Web Map。

4.2.2　Java 小程序

GIS Java Applet 是在程序运行时，从服务器下载到客户机端运行的可执行代码。GIS Java Applet 是由面向对象语言 Java 创建的，与 Web 浏览器紧密结合，以扩展 Web 浏览器的功能，完成 GIS 数据操作处理和地图显示。GIS Java Applet 最初为驻留在 Web 服务器端的可执行代码。在通常情况下，GIS Java Applet 包容在 HTML 代码中，并通过 <APPLET> 参考标签来获取和引发。

基于 GIS Java Applet 的网络地理信息系统的体系结构如图 4-5 所示。

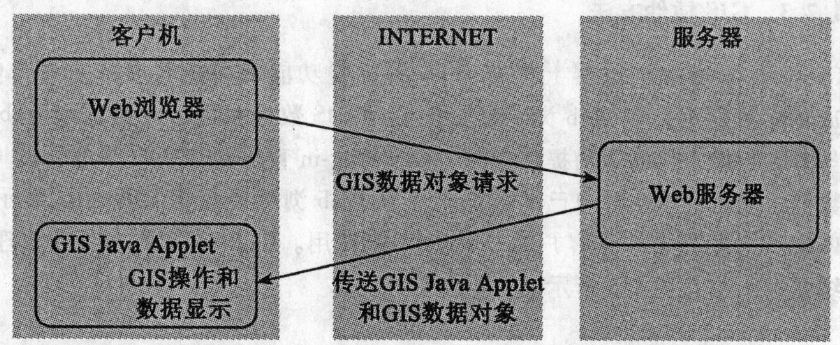

图 4-5　基于 GIS Java Applet 模式的网络地理信息系统的体系结构

GIS Java Applet 模式的工作原理如下：Web 浏览器发出 GIS 操作请求；Web 服务器接收到用户的请求，进行处理，并将用户所要的 GIS 数据对象和 GIS Java Applet 传送给 Web 浏览器；客户端接受到 Web 服务器传来的 GIS 数据和 GIS Java Applet，启动 GIS Java Applet 对 GIS 数据进行处理，完成 GIS 操作。GIS Java Applet 在运行过程中，又可以向 Web 服务器发出数据服务请求；Web 服务器接到请求进行处理所要的 GIS 数据对象传送给 GIS Java Applet。

基于 GIS Java Applet 的网络地理信息系统的优势如下：

①体系结构中立，与平台和操作系统无关，在具有 Java 虚拟机的 Web 浏览器上运行，且写一次程序，可到处运行。

②动态运行，无须在用户端预先安装，由于 GIS Java Applet 是在运行时从 Web 服务器动态下载的，所以当服务器端的 GIS Java Applet 更新后，客户端总是可以使用最新的版本。

③GIS 操作速度快，所有的 GIS 操作都是在本地由 GIS Java Applet 完成的，因此运行的速度快。

④服务器和网络传输的负担轻，服务器仅需提供 GIS 数据服务，网络也只需将 GIS 数据一次性传输。服务器的任务很少，网络传输的负担轻。

基于 GIS Java Applet 的网络地理信息系统缺陷如下：

①使用已有的 GIS 操作资源的能力弱，GIS 分析功能有限。

②大数据量矢量数据传输慢。

基于 GIS Java Applet 的网络地理信息系统有 ActiveMaps、Bigbook、GeoSurf v3. 0。

4.2.3 GIS 插件方法

GIS Plug-in 是在浏览器上扩充 Web 浏览器功能的可执行 GIS 软件。GIS Plug-in 的主要作用是使 Web 浏览器支持处理 GIS 数据并显示地图，为 Web 浏览器与 GIS 数据之间的通信提供条件。GIS Plug-in 直接处理来自服务器的 GIS 矢量数据，同时可以生成自己的数据，以供 Web 浏览器或其他 Plug-in 显示使用。Plug-in 必须先安装在客户机，然后才能使用。Plug-in 模式的网络地理信息系统体系结构如图 4-6 所示。

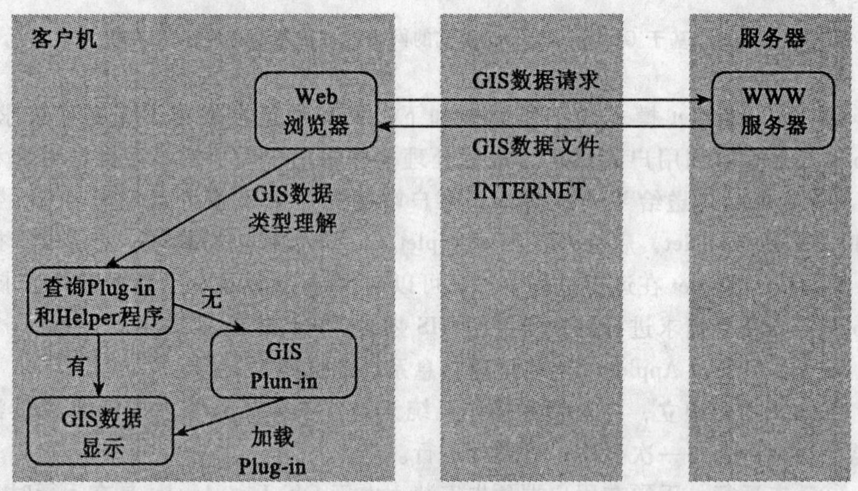

图 4-6　基于 Plug-in 模式的网络地理信息系统体系结构

Plug-in 模式的工作原理如下：Web 浏览器发出 GIS 数据显示操作请求；Web 服务器接收到用户的请求，进行处理，并将用户所要的 GIS 数据传送给 Web 浏览器；客户端接受到 Web 服务器传来的 GIS 数据，并对 GIS 数据类型进行理解；在本地系统查找与 GIS 数据相关的 Plug-in（或 Helper）。如果找到相应的 GIS Plug-in，用它显示 GIS 数据；如果没有，则需要安装相应的 GIS Plug-in，加载相应的 GIS Plug-in，来显示 GIS 数据。GIS 的操作如放大、缩小、漫游、查询、分析皆由相应的 GIS Plug-in 来完成。

基于 Plug-in 的网络地理信息系统的优势如下：

①支持与 GIS 数据的连接。由于对每一种数据源，都需要有相应的 GIS Plug-in，因而 GIS Plug-in 支持与多种 GIS 数据的连接。

②GIS 操作速度快。所有的 GIS 操作都是在本地 GIS Plug-in 完成，因此运行的速度快。

③服务器和网络传输的负担轻。服务器仅需提供 GIS 数据服务，网络也只需将 GIS 数据一次性传输。服务器的任务很少，网络传输的负担轻。

基于 Plug-in 的网络地理信息系统的劣势如下：

①GIS Plug-in 与平台相关。对同一 GIS 数据，不同的操作系统需要不同的 GIS Plug-in。如对 UNIX，Windows，Macintosh 而言，需要有各自的 GIS Plug-in 在其上使用。对于不同的 Web 浏览器，同样需要有相对应的 GIS Plug-in。

②GIS Plug-in 与 GIS 数据类型相关。对 GIS 用户而言，使用的 GIS 数据类型是多种多样的，如 ArcInfo，MapInfo，AtlasGIS 等 GIS 数据格式。对于不同的 GIS 数据类型，需要有相应的 GIS Plug-in 来支持。

③需要事先安装。用户如想使用，必须下载安装 GIS Plug-in 程序。如果用户准备使用多种 GIS 数据类型，必须安装多个 GIS Plug -in 程序。GIS Plug-in 程序在客户机上的数量增多，势必对管理带来压力。同时，GIS Plug-in 程序占用客户机磁盘空间，更新困难。当 GIS Plug-in 程序提供者，已经将 GIS Plug-in 升级了，须通告用户进行软件升级。升级时，需要重新下载安装。功能有限。

④使用已有的 GIS 操作资源的能力弱，一般需要重新开发。

基于 Plug-in 的网络地理信息系统有 Autodesk 的 MapGuide。

4.3 服务器端与客户端并重构造方法

目前服务器段与客户端并重构造方法主要有 J2EE 体系架构和 .Net 体系架构，两者在实现上非常类似。本书着重阐述 J2EE 体系结构方法。

目前 Java2 平台有 3 个版本，它们是适用于小型设备和智能卡的 Java2 平台微型版（Java2 Platform Micro Edition，J2ME）、适用于桌面系统的 Java 2 平台标准版（Java2 Platform Standard Edition，J2SE）和适用于创建服务器应用程序和服务的 Java 2 平台企业版（Java 2 Platform Enterprise Edition，J2EE）（SUN，2000）。

J2EE 是 Sun 公司提出的利用 Java 2 平台来简化企业解决方案的开发、部署和管理相关的复杂问题的体系结构。J2EE 技术以 Java 2 平台标准版 J2SE 为基础，不仅继承了标准版中许多优点如“编写一次、到处运行”等特性，同时还提供了对 EJB（Enterprise JavaBeans）、Java Servlets API、JSP（Java Server Pages）技术的全面支持。

简单地说，J2EE 是一个标准中间件体系结构，旨在简化和规范多层分布式企业应用系统开发和部署。J2EE 方案实施可显著提高系统的可移植性、安全性、可伸缩性、负载平衡和可重用性。它可以看做是一种多层、分布式中间件语法，一个企业级应用系统开发平台（表 4-1 为支持 J2EE 标准的几种流行中间件产品对照），电子化应用开发模型和一系列 Web 应用服务器广泛采用的标准，具有如下特点：独立于硬件配置和操作系统；坚持面向对象的设计原则；灵活性、可移植性和互操作性；轻松的企业信息系统集成；引进面向服务的体系结构。

正是由于 J2EE 的上述优点和电子商务企业级应用的趋势，它已经成为大型分布式应用的首选平台，像电信行业、金融行业等纷纷采用 J2EE 作为中间件应用标准来提高系统可用性、高可靠性和跨平台性。现有大型高端服务器硬件市场基本上由 IBM、SUN 和 HP 垄断，它们均采用 UNIX 系统，都有自己符合 J2EE 标准的中间件平台基础设施。然而，由于 J2EE 实施至少需要组件开发者、应用程序装配者、部署者、服务器和容器提供者 6 种不同角色，开发前期投入资金较大，并且在地理信息系统领域，熟悉 J2EE 的人员不多，故基于 J2EE 的分布式地理信息服务方面的研究不是很多。采用 J2EE 的基础设施平台，能否满足诸如基于 Internet 的分布式地理信息服务必须具备跨平台、高可靠性和可用性的特征的需求，还需要进一步研究。

因此，本节将在讨论 J2EE 的分布式地理信息服务概念的基础上，重点阐述基于 J2EE 的分布式地理信息服务的实现体系框架、部件划分和部件之间的组合调用。

表 4-1　支持 J2EE 标准的几种流行中间件产品对照表［引自 Jesse Feiler，2000］

厂商	产品	平台	对象环境	组件模型	事务环境	安全环境
BEA	Weblogic	HP-UX IBM-AIX Redhat linux SUN Solaris Windows 2000	ORB： CORBA/IIOP Java/EJB RMI/IIOP	EJB DCOM	JTS	LDAP SSL3. 0 X. 509 证书

续表

厂商	产品	平台	对象环境	组件模型	事务环境	安全环境
IBM	WebSphere	AIX Solaris Windows NT	ORB： CORBA/IIOP Java/EJB RMI/IIOP	EJB	JTS JTA	LDAP SSL3.0 X.509 证书 HTTP 服务器支持的任何安全机制
Oracle	IAS	AIX、Digital UNIX HP-UX、Irix、NetWare、SGI、Solaris 和 Windows NT	ORB： CORBA RMI/IIOP Java/EJB	CORBA EJB	对象事务服务； Java 事务服务； X/Open XA 和 TX	LDAP SSL3.0 X.509 证书
SUN	iPlanet	Windows 2000、 Windows NT Solaris	ORB： CORBA CORBA/IIOP Java/EJB	CORBA EJB	JMS JTS	LDAP SSL3.0 X.509 证书
Sybase	EAServer	AIX、Solaris、 Windows NT	ORB COM/ CORBA/IIOP CORBA CORBA/IIOP DCOM Java/EJB	COM/DCOM CORBA EJB	CORBA OTS MTS	SSL3.0 X.509 证书 Verisign 和 Entrust 证书

4.3.1 基于 J2EE 的网络 GIS 概念及其特征

基于 J2EE 的分布式地理信息服务（陈能成等，2003）是采用 J2EE 的体系框架来构造基于 Web 的多层体系结构的地理信息服务。它使用标准的 J2EE 容器（Web 容器和 EJB 容器）完成对 GIS 组件的注册、查找、唤醒、调用和销毁。浏览器和 Web 服务器之间通过 HTTP（HTTPS）协议进行通信，Web 服务器和 GIS 应用服务器通过 RMI 进行通信，GIS 应用服务器之间通过 IP 多目广播协议进行通信。GIS 组件通过空间数据连接器与数据服务器进行通信，完成数据库的存取，通过消息服务基础设施完成与原有系统的集成。GIS 组件之间耦合在一起，形成功能不等的地理信息服务，这些地理信息服务通过标准的 HTTP 协议进行通信，通过对空间数据编码进行传送。它具有如下的特征：

①轻量型的客户端。通过动态下载客户端的执行代码，基于 Javabean 的网络地理信息系统客户端与基于 ActiveX 的相比，程序代码更少，内核更小。

②跨平台的组件。使用 Java 语言开发的基于 JavaBean 技术的 GIS 客户端组件和基于 EJB 技术的服务器端组件不仅可以在微软的操作系统中运行，而且也可以在 Unix、Linux 的操作系统中运行，可以做到一次编写，跨平台运行。

③可扩展性。由于 JavaBean 遵循组件模型，因此可以与其他的软件组件交互，大大减少了用户的开发费用，缩短了开发周期。与此同时，大多数数据库厂商支持标准的 JDBC 连接协议，有利于数据库驱动程序的迁移与更新。

④弹性配置。利用 J2EE 开发的分布式 GIS 组件，既可以配置成传统的 C/S 结构的两层应用，也可以配置成基于 Web 的 B/S 结构的两层结构，甚至可以配置成三层或者多层的应用。

⑤广泛的组件类型支持。包含 GIS 会话组件和 GIS 数据组件。GIS 会话组件完成 GIS 业务处理逻辑，GIS 数据组件可以代表存储、处理和传送的数据实体。

⑥大量的厂商支持。由于 J2EE 有例如 IBM、SUN、ORACLE、BEA 等大量厂商的支持，因此用户选择的范围更加广泛。

⑦异构环境的支持。J2EE 能够开发部署在异构环境中的可移植程序。基于 J2EE 的分布式地理信息服务不依赖任何特定操作系统、中间件和硬件平台，只要设计合理，开发一次就可部署到各种平台。

⑧应用安全性。提供了多种应用安全策略，包括最终用户身份认证、节点连接的安全认证、应用程序的安全认证、管理界面的访问权限控制、数据加密/解密功能和安全事件报警等。

⑨可靠性。提供一个坚固的系统运行环境，具有强大的故障恢复能力、系统重新启动和恢复能力、数据可靠的传输能力。

如图 4-7 所示，基于 J2EE 的分布式地理信息服务体系主要由客户端、Web 服务器、GIS 应用服务器、空间数据服务器、服务连接层和基础设施服务 6 个部分组成。

客户端——又可以分为浏览器客户端、专用客户端、信息设备客户端和没有用户界面的地理信息服务，负责完成 GIS 数据的表达逻辑。客户端可以是基

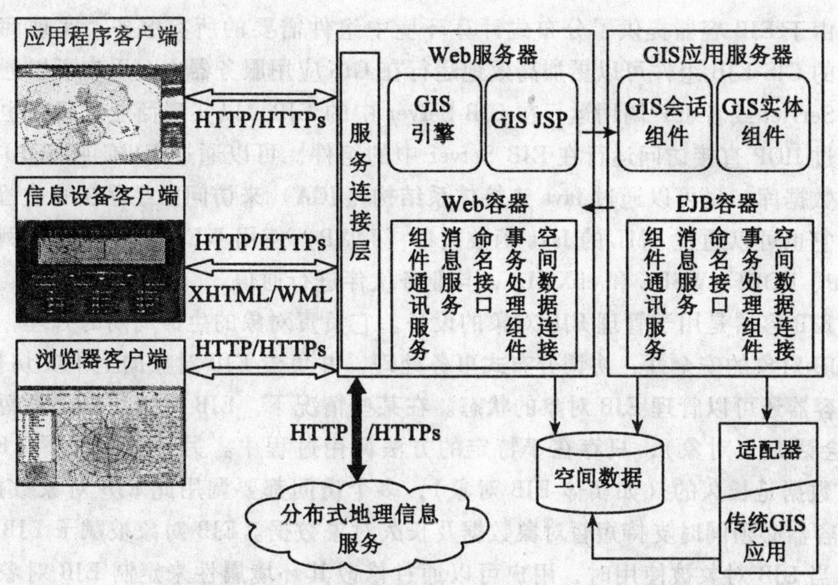

图 4-7　基于 J2EE 的分布式地理信息服务体系结构图

于浏览器的 HTML Viewer、Java1.1 Applet Viewer、Java 2 Applet Viewer，也可以是基于 JDK1.2 的应用程序，还可以是 WAP 浏览器和服务程序。其中 HTML Viewer 只支持栅格数据（JPEG、GIF）和影像数据流；Java1.1 Applet Viewer 支持栅格数据（JPEG、GIF）、影像数据流和矢量数据流；Java1.2 Applet Viewer 和基于 JDK1.2 的应用程序支持栅格数据（JPEG、GIF）、影像数据流、矢量数据流、DEM 数据和三维数据。并且所有的表现均是基于 JavaBean 组件的方式提供，用户可以根据需要定制自己的客户端。

Web 服务器——负责 WWW 功能。Web 服务器可以有多种选择。如果采用 HTML Viewer 或 ASP + Java Applet Viewer 的方式，那么可以采用微软公司的 Internet Information Services（IIS）服务器；如果采用 JSP + Java Applet Viewer + Servlet 的方式，那么就必须使用有 Servlet 或 JSP 功能的服务器，例如 IBM Websphere、SUN iPlanet 服务器、Apache 服务器和 IIS + Tomcat 等 Web 服务器。

GIS 应用服务器——一种基于 JAVA2 企业级版本的应用，部署在一个提供企业级应用服务所必需的基础服务（例如事务、安全和持久性服务）的容器中，作为服务运行于后台，由 GIS Servlet 引擎、会话组件和实体组件组成，完成 GIS 业务逻辑，包括投影变换、空间数据存储、空间查询和空间分析等服务。

由于EJB容器提供了分布式计算环境中组件需要的所有服务，实现商业逻辑的GIS EJB组件可以更加高效地运行在GIS应用服务器中，用户可以通过Java Servlet或者JSP调用运行在EJB Server中的EJB，以实现商业逻辑，也可以通过IIOP直接访问运行在EJB Server中的组件。可以通过JDBC或SQLJ连接到数据库，也可以通过Java连接体系结构（JCA）来访问已经存在的遗留系统。它也可以通过XML的Java函数接口（JAXP）使用WEB服务技术（例如SOAP、UDDI、WSDL和ebXML），与业务伙伴进行通信。

EJB容器是用于管理EJB对象的设备。它负责对象的生命周期的管理，实现EJB对象的安全性，协调分布式事务处理，并负责EJB对象的上下文切换。EJB容器还可以管理EJB对象的状态。在某些情况下，EJB对象数据是短暂的（如会话EJB对象），只存在于特定的方法调用过程中。另一些情况下，EJB对象数据是长久的（如实体EJB对象），多个访问都要调用此EJB对象数据。EJB容器必须同时支持短暂对象数据及长久对象数据。EJB对象被赋予EJB容器，当EJB对象被使用时，用户可以通过修改其环境属性来定制EJB对象的运行状态特性。比如，开发者可以使用EJB容器用户接口提供的工具，来修改EJB对象的事务模式及安全属性。EJB对象一经使用，EJB容器就负责管理EJB对象生命周期、EJB对象安全特性和协调事务处理。

空间数据服务器——存储空间数据，可以采用文件形式，也可以采用数据库形式对影像、矢量、DEM和属性数据进行管理。

基础设施服务——在上述体系框架中，WEB服务器和GIS应用服务器都包含了空间数据连接、事务处理组件、命名接口、消息服务和组件通信服务基础设施。其中空间数据连接是基于JDBC的空间数据连接器，负责与空间数据部件打交道，创建、管理和销毁连接；事务处理组件负责服务器端GIS EJB组件的事务的开始、回滚和结束等服务，可以分为容器管理和组件自身管理的事务；命名接口负责定义服务资源的唯一标志，这种服务资源包含系统配置、数据库所在位置、连接池名称、组件名称和服务名称等。

服务连接层——业务伙伴能够通过Web服务技术与J2EE应用程序进行连接。Servlet又称为面向请求/响应的Java对象，能够从业务伙伴中接收到Web服务的请求。Servlet使用服务连接层中的函数来执行Web服务的操作。

1. 服务器端组件

服务器端组件又称为中间件，本节首先介绍J2EE已有的基础设施，围绕用户开发的服务器端组件如何加入到基础设施和如何与空间数据连接两个问题进行讨论。

符合 J2EE3.0 标准的应用服务一般含有命名服务、事务管理、安全管理、消息中间件这些基础设施。通常而言，自己开发的中间件通过部署工具加入到符合 J2EE 标准的应用服务器。例如，iPlanet 提供了部署工具把 EJB 组件打包成 *.jar 文件和把 Servlet 打包成 *.war 文件，在此基础上把这两个文件加入到 *.ear 文件进行发布，发布的中间件作为服务驻留在服务器端，可以直接使用应用服务器提供的基础设施。除此之外，可以自己实现 J2EE 标准的应用服务器来支持自己开发的中间件。

对于服务器端组件，可以通过 JDBC 连接到数据库。例如 Oracle 提供了 3 种类型的 JDBC 驱动程序：Thin（100% 纯 Java 驱动程序）、Fat（基于 OCI 的驱动程序）和基于服务器端内部的驱动程序。所有采用 JDBC 访问数据库的过程均可以归结为以下的几个步骤：注册和登记驱动程序、连接数据库、执行查询得到结果集、分析结果集的内容和关闭连接。

在本书中所采用的空间数据包含数据库和文件两种存储方式。对于数据库存储，则直接采用数据库厂商提供的驱动程序连接到空间数据；对于文件方式的存储，直接编写读取数据到能够解析的内存格式的空间数据读取组件，例如对于 ShapeFile 文件格式，直接写解析这种格式的 Java 接口。图 4-8 所示为矢量服务中访问空间数据的方法。其中矢量会话组件负责接受 GIS 引擎的请求，把请求分类定位到空间数据组件 JNDI 集合接口中的某一特定的 JNDI，根据中间件提供的命名服务找到相应的空间数据访问组件，空间数据访问组件通过 JDBC 驱动程序、ODBC-JDBC 桥和扩展的 JDBC 驱动程序中的一种访问空间数据。其中 JDBC 驱动程序由数据库厂商提供，ODBC-JDBC 桥由中间件厂商提供（例如 Symantec 的 DBAnywhere），扩展的 JDBC 驱动程序由自己编写，主要访问以文件格式存储的空间数据。

2. GIS EJB 组件

GIS EJB 组件包含会话组件和实体组件。

①GIS 会话组件。GIS 会话组件实例作为单个的 GIS 客户执行的对象，作为 GIS 实体组件对象的客户端，完成 GIS 实体组件对象的解析和生成服务，执行空间数据查询逻辑，根据 GIS 客户的请求生成特定的地图信息集合等服务。如图 4-9 所示，一个 GIS 会话组件可以访问多个不同类型的 GIS 实体组件，完成一次会话逻辑。

②GIS 实体组件。对空间数据库中的数据提供了一种对象的视图。如图 4-10所示，一个 GIS 实体组件实例能够模拟数据库表中一行相关的数据（例如

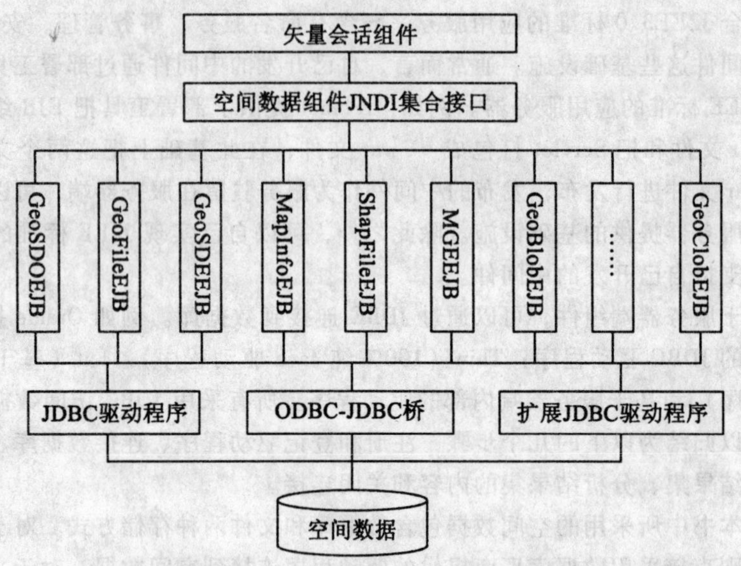

图 4-8　矢量数据服务中服务器端组件访问数据库设计示意图

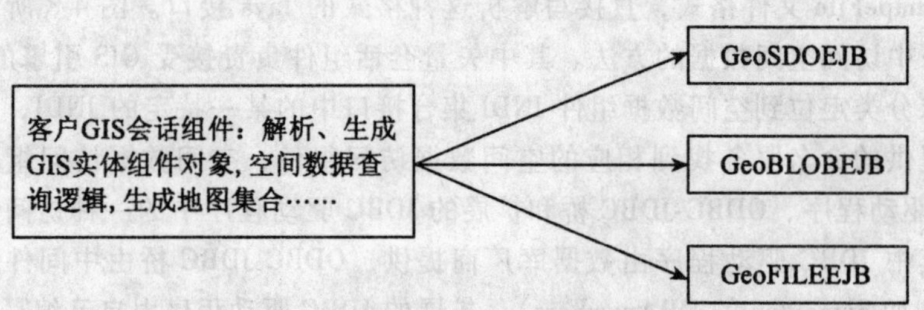

图 4-9　服务器端 GIS 会话组件功能视图

SDOGeometry），通过数据库连接器（例如 JDBC 或 SQLJ）连接数据库，并且有相应的方法来添加、修改和删除数据库中的记录，完成空间信息存储、空间坐标转换、地理数据提取、地理坐标配准等地理信息服务。多个客户能够共享、同时访问同一个 GIS 实体组件，通过事务的上下文来访问或更新下层的数据。这样，数据的完整性就能够被保证。

在实际的设计中，我们采用 3 组不同类型的会话组件和若干组实体组件。图 4-11 所示的会话组件包含 DEM 会话组件、矢量会话组件和影像会话组件。

DEM 会话组件、矢量会话组件和影像会话组件均设计成无状态会话组件，

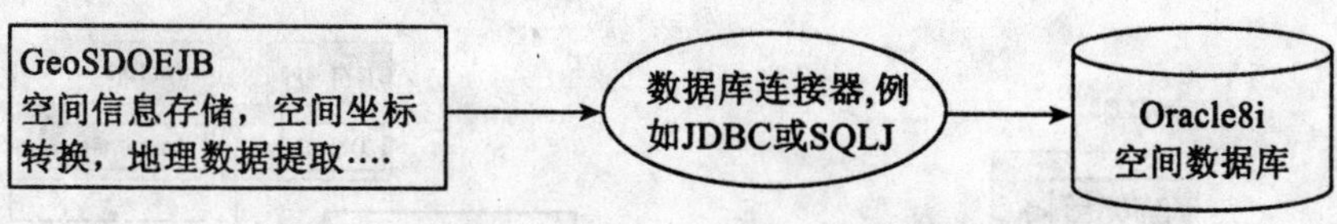

图 4-10　服务器端 GIS 实体组件功能视图

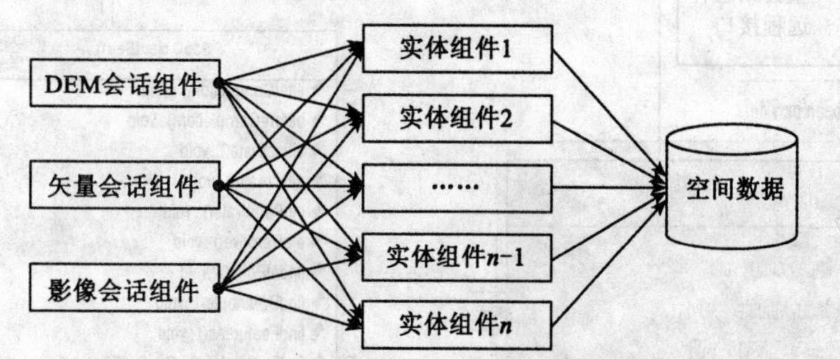

图 4-11　服务器端 GIS 组件构成示意图

包含本地接口、远程接口和会话组件实现类。在一种方法调用中，无状态会话组件可以维持调用客户的状态，当方法执行完，状态不会被保持；在调用完成后，无状态会话组件被立即释放到缓冲池中，所以具有很好的伸缩性，可以支持大量用户的调用。本地接口继承 javax. ejb. EJBHome，由 EJB 生成工具生成，EJB 容器通过 EJB 的本地接口来创建 EJB 实例；远程接口继承 javax. ejb. EJBObject，定义会话组件中要被外界调用的方法，由 EJB 生成工具生成；在 EJB 类中，编程者必须给出在远程接口中定义的远程方法的具体实现。EJB 类中还包括一些 EJB 规范中定义的必须实现的方法，这些方法都有比较统一的实现模板，编程者只需花费精力在具体业务方法的实现上。图 4-12 所示为矢量会话组件，包含组件实现类 gisbean. provider. SdoObjectBean、远程接口 gisbean. provider. SdoObject 和本地接口 gisbean. provider. SdoObjectHome。其中远程接口定义了包含获取数据和查询的 10 种方法，相应的 SdoObjectBean 实现了这些方法。

3. GIS 引擎

Java Servlets 是服务器端的 Java 程序，Web 服务器通过运行 Java servlets 程序采用与 CGI 类似的方法来生成动态内容响应客户机的请求。Servlet 可以认为是一个没有用户界面的运行在服务器端的 Applet 程序。这些 Servlet 程序能够

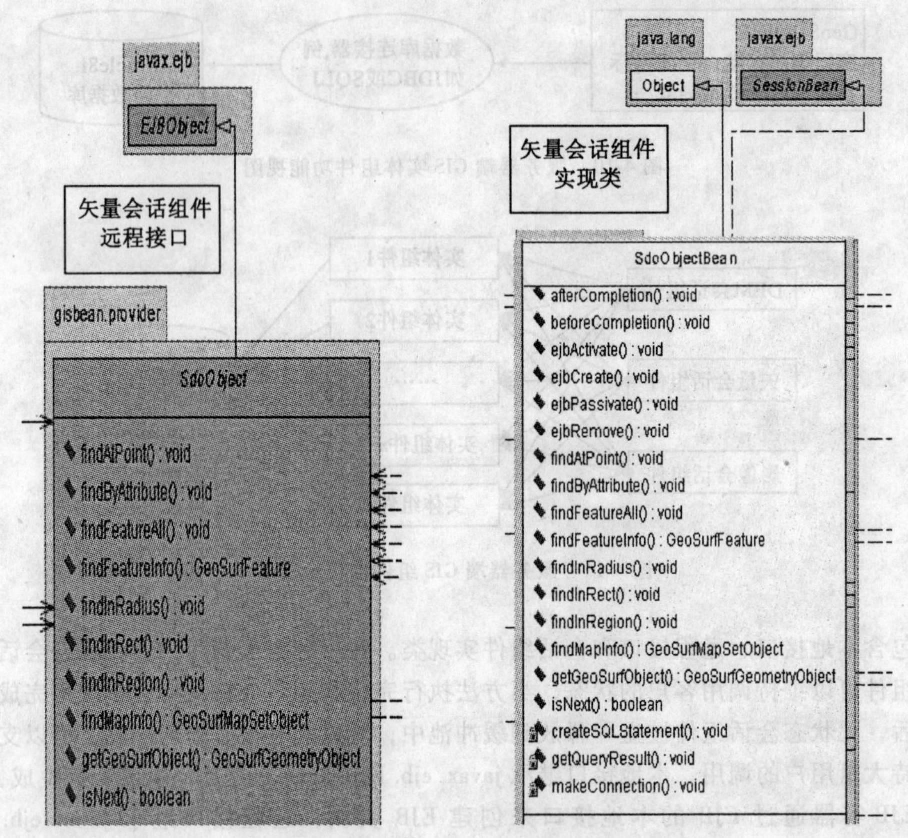

图 4-12　矢量会话组件实现示意图

通过 URL 请求的方式被调用。Servlet 处理应用程序的表现逻辑，与此同时提供页面到页面的导航连接，它们同时提供会话管理和简单输入验证，并且能够和业务逻辑进行绑定。

GIS 引擎服务作为服务器的插件运行在 Web 服务器上，负责转发 GIS 客户端的 HTTP 协议层上的请求和 GIS 应用服务器上的响应，完成 Web 服务器与 GIS 应用服务器的交互。对于终端用户来说，它是客户机的服务器；对于 GIS 应用服务器来说，它是应用服务器的客户。图 4-13 概括了 GIS 引擎服务与 GIS 浏览器客户机之间的连接通信。

GIS 引擎服务可以通过一系列协议连接到 Web 服务器，或直接通过 HTTP 连接到 GIS 浏览器。一个 GIS servlet 通过使用不同的协议，例如远程方法调用

(RMI)、超文本传输协议（HTTP）、NetScape 服务器端 API 函数（NSAPI）和 Internet Explorer 服务端 API 函数（ISAPI）连接到多个 Web 服务器上。连接方法定义了如何请求从外部世界进入服务器。每种连接方法维护通道的一个有序列表，通道作为 GIS Servlet 到连接目的地的一个逻辑接口，都有一个标识并指向通道 ID，每个通道可以是可用的或不可用的。当不可用时，连接被拒绝，不能传递到任何 GIS servlet；当可用时，连接可以到达目的地 GIS servlet。

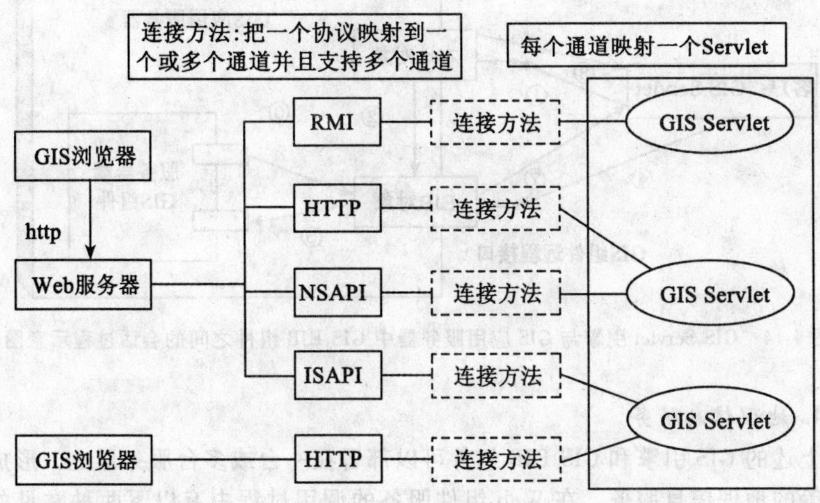

图 4-13　GIS Servlet 引擎服务与 GIS 浏览器客户机之间的连接通信示意图

GIS Servlet 引擎服务作为 GIS EJB 组件的客户端，负责调用和获取地理数据、地理分析处理结果和查询结果集。它通过调用 GIS EJB 组件对象中的方法来完成与 GIS 应用服务器中的组件之间的交互，因此 GIS EJB 组件本地对象必须包含组件所带的每一种业务逻辑方法。在生成 GIS 组件时，会相应地产生一个远程接口，对 GIS 组件添加公有方法时会同步地在远程接口中复制这些公有方法。GIS EJB 组件的远程接口遵循特定的规则。图 4-14 代表了 GIS Servlet 引擎与 GIS 应用服务器中 GIS EJB 组件之间的会话过程：

①GIS Servlet 通过 Java 命名目录访问接口 JNDI 查找到 GIS 组件对象的本地接口。

②通过找到的 GIS 组件对象的本地接口创建远程对象。

③返回 GIS 远程对象的引用给 GIS Servlet。

④GIS Servlet 通过 RMI 调用 GIS 远程对象中的方法。

⑤在 GIS Servlet 调用远程接口的方法时，容器负责映射远程对象的方法到具体的服务器端 GIS 组件中的方法。

⑥返回服务器端 GIS 组件中的方法。

⑦通过方法返回处理值。

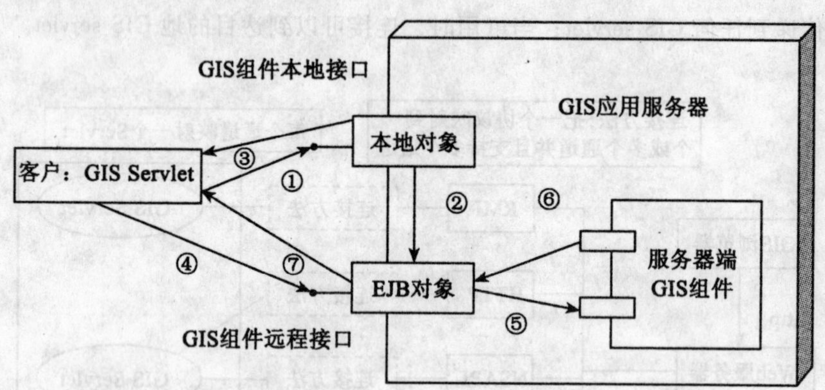

图 4-14　GIS Servlet 引擎与 GIS 应用服务器中 GIS EJB 组件之间的会话过程示意图

4. 地理信息服务

上述的 GIS 引擎和 GIS EJB 组件可以部署在一台或多台服务器上，形成功能不等的地理信息服务。在 Web 组件服务的调用过程中有以下两种常见的调用模式：基于 RPC 的分布式地理信息服务模式和消息的分布式地理信息服务模式。

一个基于 RPC 方式的分布式地理信息服务模式通过使用一个无状态的会话组件来实现，是一种基于同步的服务调用机制。对于客户应用程序来说，它可以被看做是一个远程的对象。如图 4-15 所示，服务使用者和服务提供者之间的交互通过特定于服务的接口来实现，具体过程如下：

①地理信息服务消费者把消息通过 HTTP/HTTPS 协议提交给 J2EE 服务器，通过这个消息调用一个基于 RPC 的地理信息服务。

②GIS Servlet 引擎处理 RPC 的地理信息请求，使用请求信息来唯一定位相应的无状态的 GIS 会话组件。GIS Servlet 引擎解析地理信息服务请求，绑定请求到特定的 Java 对象。通过这个对象，调用定位的无状态的 GIS 会话组件。通常情况下，这个组件执行 Web 服务的所有工作，也可以把任务分解给其他组件。

③被调用的 GIS 组件发送返回值，也有可能把结果值直接返回给基于 RPC

的 Servlet 引擎服务。

④RPC GIS Servlet 引擎把返回值重新封装成一个响应，并且通过 HTTP/HTTPS 的 post 操作把这个响应发送给服务消费者。

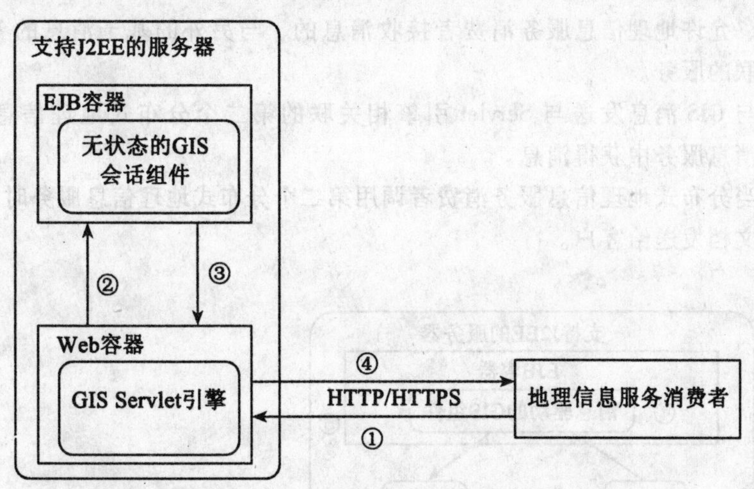

图 4-15　基于 RPC 方式的分布式地理信息服务调用过程示意图

基于消息的分布式地理信息服务模式支持单向通信，是一种异步的服务模式。客户机应用程序要么发送一个文档给分布式地理信息服务，要么从分布式地理信息服务中获得一个文档。基于消息的一个分布式地理信息服务只能完成发送或接收的一种功能，因此在设计基于消息的分布式地理信息服务时，必须至少有两个分布式地理信息服务：一个用于接收客户应用程序的请求文档，另一个用于把请求处理的结果包装成文档发送给客户。如图 4-16 所示，它包含了 GIS 消息接收 Servlet 引擎、GIS 消息发送 Servlet 引擎、地理消息服务和基于消息驱动的 GIS 组件。具体调用流程如下：

①地理信息服务消费者通过 HTTP/HTTPS 协议把地理信息消息请求提交给基于 J2EE 的服务器。

②GIS 消息接受 Servlet 引擎为基于 J2EE 服务器的 Web 应用程序的一部分，通过地理信息服务消费者调用服务，启动后能够把结果对象放置在相应的地理消息服务器中。

③消息驻留在地理消息服务器中进行排队等候，直到相应的基于消息的 GIS 组件获取这个消息。

④消息驱动的 GIS 组件从地理消息服务中获取消息。这个 GIS 组件可以完成分布式地理信息服务的所有关键业务逻辑，也可以把任务进一步分解给其他的 GIS 组件。

⑤消息驱动的 GIS 组件把处理后的结果文档，发送给另外一个配置成 Web 应用的、允许地理信息服务消费者接收消息的、与另外的基于消息的 Web 服务相关联的服务。

⑥与 GIS 消息发送与 Servlet 引擎相关联的第二个分布式地理信息服务，从地理消息服务中获得消息。

⑦当分布式地理信息服务消费者调用第二个分布式地理信息服务时，这个服务把文档发送给客户。

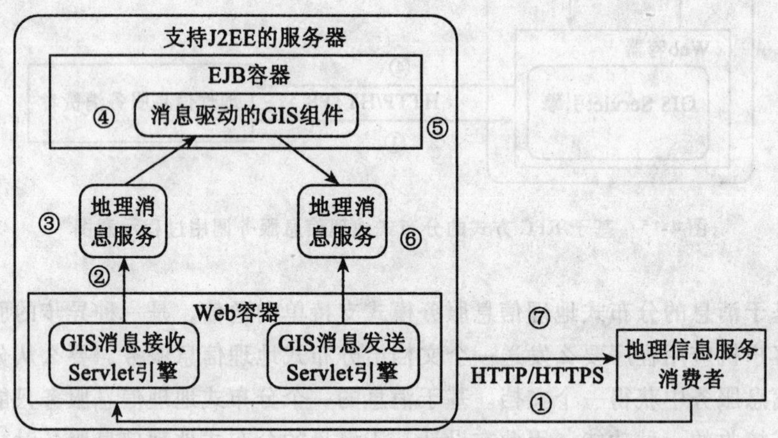

图 4-16 基于消息驱动的分布式地理信息服务调用过程示意图

4.3.2 基于 J2EE 的网络 GIS 关键技术

1. 空间数据连接池

1）地理空间数据连接池

GIS 实体组件是共享组件，用于数据库建立连接，进行 SQL 操作，取出空间数据，断开数据库连接。最基本的实现方法如图 4-17 所示。GIS 实体组件通过数据库驱动程序直接访问空间数据库，特点是直接通过数据库管理器获取和释放数据库连接，主要问题是连接的打开和关闭。由于 GIS 实体组件是共享组件，因此对每个客户机请求都要进行几次获取和释放数据库连接的操作。数据库资源管理器进程创建和摧毁对象需要花费时间，特别影响 GIS 应用服务器的性能。

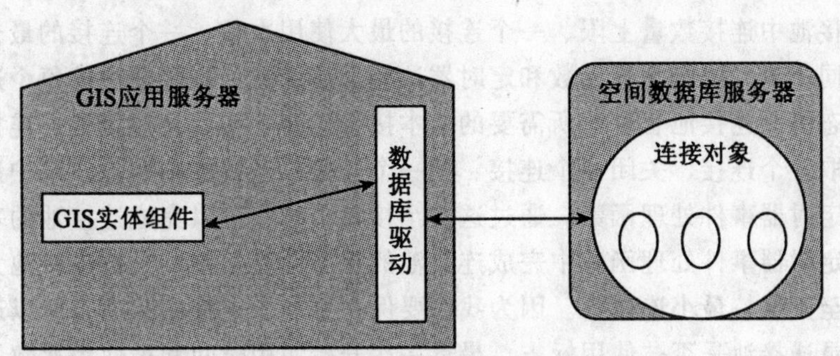

图 4-17　通过驱动程序直接访问数据库的方法

改进的方法是在 GIS 应用服务器上内置共享的连接池管理器（陈能成等，2002a）。如图 4-18 所示，它允许请求客户机透明共享资源池的多个连接对象，在这种情况下，因为池管理器预先在启动时创建连接对象，所以，GIS 会话组件可以使用连接对象，而不会导致数据库资源管理器上的系统开销。GIS 应用服务器在其内存空间实现池管理器，并根据需要动态改变池的大小，从而优化空间数据库资源的使用。当程序中需要建立数据库连接时，只需从内存中取一个来用而不用新建。同样，使用完毕后，只需放回内存即可。而连接的建立、断开都由连接池自身来管理。

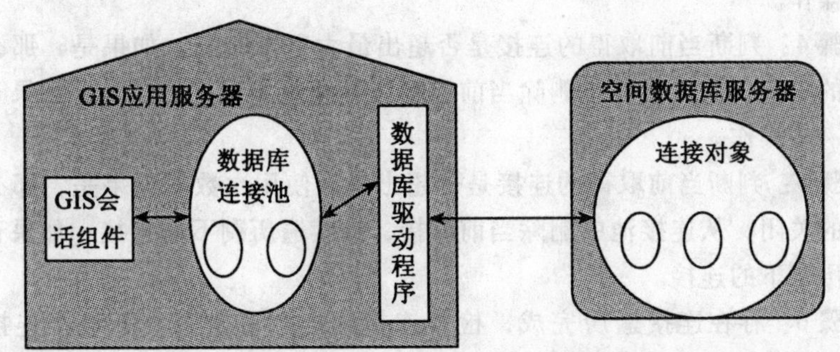

图 4-18　GIS 应用服务器上内置共享的连接池管理器方法

与此同时，我们还可以通过设置连接池的参数来控制连接池中的连接数、每个连接的最大使用次数，等等。通过使用连接池，将大大提高程序效率，还可以通过其自身的管理机制来监视数据库连接的数量、使用情况等。下面我们以一个名为 ConnectionPool 的实例来分析连接池的实现。连接池中连接数量下限、连接池中连接数量上限、一个连接的最大使用次数、一个连接的最长空闲时间、同一时间的最大连接数和定时器这些属性定义了连接池中的每个连接的有效状态值。连接池管理器所需要的基本接口包含：初始化连接池、连接池的销毁、取一个连接、关闭一个连接、把一个连接从连接池中删除、维护连接池大小、定时器事件处理函数。通过这几个接口，已经可以完成连接池的基本管理，在定时器事件处理函数中完成连接池的状态检验工作，维护连接池大小时连接池至少保持最小连接数。因为我们要保存每一个连接的状态，所以还需要一个记录连接池是否被使用标志、最近一次开始使用时间和被使用次数属性的数据库连接对象。连接池的自我管理，实际上就是通过对每个连接的状态、连接的数量进行定时的判断而采取相应操作。如图 4-19 所示，其管理流程如下：

步骤 1：连接池定时器定时触发事件给连接池管理器，连接池管理器通过内省机制判断是否存在连接，如果否，执行步骤 7；如果是，从连接池中取得一个连接，执行下一步。

步骤 2：判断当前取得的连接是否关闭。如果关闭，那么就从连接池中删除，继续遍历剩下的连接；如果没有关闭，则执行下一步。

步骤 3：判断当前取得的连接是否空闲。如果不空闲，那么判断连接是否超过最大使用时间。如果否，继续遍历剩下的连接；如果是，那么就执行连接的关闭，从连接池中删除当前连接，继续遍历剩下的连接；如果空闲，则执行下一步操作。

步骤 4：判断当前取得的连接是否超出最大空闲时间。如果是，那么就执行连接的关闭，从连接池中删除当前连接，继续遍历剩下的连接；如果否，则执行下一步操作。

步骤 5：判断当前取得的连接是否超出最大使用次数。如果是，那么就执行连接的关闭，从连接池中删除当前连接，继续遍历剩下的连接；如果否，则继续遍历剩下的连接。

步骤 6：存在连接遍历完成，检查连接数据数量是否小于最小连接数据量。如果是，则执行下一步。

步骤 7：创建新的连接，使总的连接数达到最小连接数据量。定时器开始计时。如此循环反复，保证连接池管理器实现自我管理。

它的致命的缺点是：GIS 组件必须导入特定于供应商的实现类，以使用资

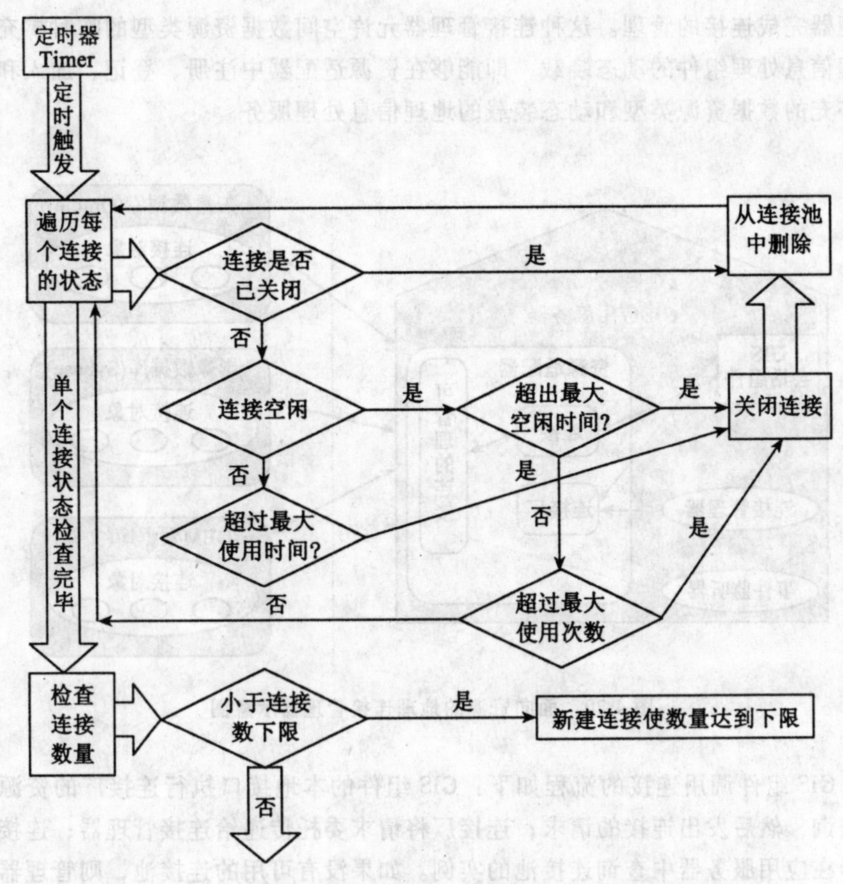

图 4-19 连接池管理器的自我管理过程示意图

源的连接合用设施。很明显，这种做法降低了 GIS 组件的可移植性，不利于 GIS 应用服务器的发展。理想的做法是内置一个可用于任何空间数据资源类型和所有连接管理功能（包括合用）的通用连接接口，称为基于资源的空间数据连接管理器。

面向资源的地理连接管理器示意图如图 4-20 所示。在这种方法中，包含了 GIS 会话组件、资源适配器、连接管理器、事件监听器和资源存储 5 个部分。其中 GIS 会话组件完成客户与 GIS 应用服务器的会话逻辑；资源适配器包含了连接、连接厂和可管理的连接 3 个部分，用于空间数据资源和空间数据资源处理组件的管理；连接管理器用于完成资源连接的管理（连接的创建、调用、销毁和删除）；事件监听器监听资源的增加、修改和删除消息，触发连接管理器完成连接的管理。这种连接管理器允许空间数据资源类型的临时扩充和地理信息处理组件的动态装载，即能够在资源适配器中注册、登记、加入和发现扩充的数据资源类型和动态装载的地理信息处理服务。

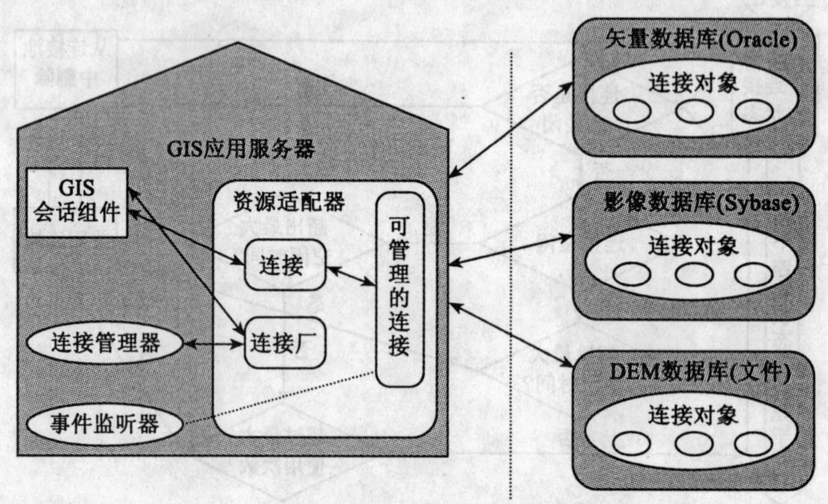

图 4-20　面向资源的地理连接管理器示意图

GIS 组件调用连接的流程如下：GIS 组件的本地接口执行连接厂的资源命名查询，然后发出连接的请求；连接厂将请求委托传递给连接管理器；连接管理器在应用服务器中查询连接池的实例。如果没有可用的连接池，则管理器使用可管理的连接厂来创建一个物理（不合用的）连接。

2）连接池实现

如图 4-21 所示，连接池实现由 3 个主要的类 ConnectionObject、ConnectionRunner 和 PoolObject 共同完成。类 ConnectionObject 代表加入连接中的对象，包含空闲时间、使用时间等属性；类 ConnectionRunner 代表连接池的一个线程，用于销毁连接池中的一个物理连接；类 PoolObject 代表一个连接池对象，用于添加、修改、取代和删除连接对象。除了根据时间触发的自我管理外，连接池也可以根据用户的会话请求创建、取得和销毁连接。

如图 4-22 所示，连接管理器由 4 个主要的类实现。其中 DBConnectionManager 类支持对一个或多个由属性文件定义的数据库连接池的访问，是客户程序可以调用方法访问本类的唯一实例；DBConnectionMonitor 类是一个守

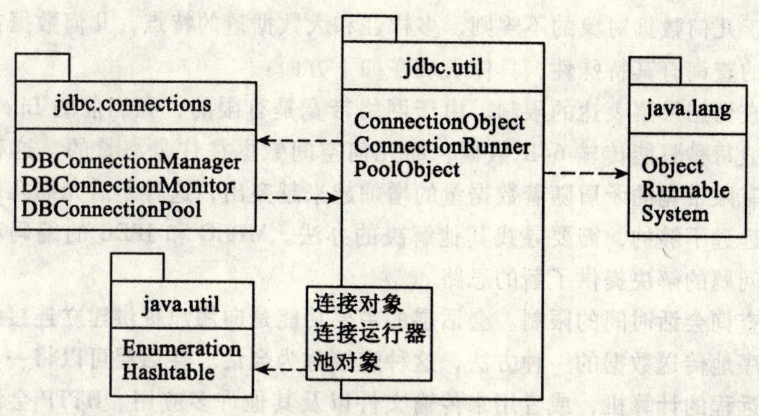

图 4-21　连接池实现类 UML 示意图

护线程，用于监视连接池，每隔一分钟检查一次连接池，若有空闲连接超时或有异常抛出，则关闭该线程；DBConnectionPool 类定义了一个连接池，它能够根据要求创建新连接，直到预定的最大连接数为止，在返回连接给客户程序之前，它能够验证连接的有效性；LogWriter 类实现连接池管理的日志读写操作。

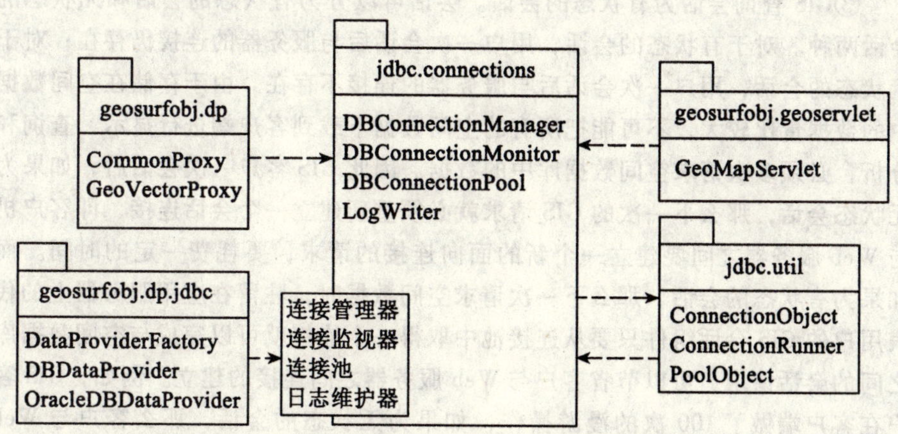

图 4-22　连接管理器实现 UML 示意图

2. 海量矢量数据远程查询技术

1）海量数据远程查询的特点

海量数据的远程查询（陈能成等，2002b）包含空间几何对象和属性的查询。属性查询由于是规则的 SQL 查询，通常采用 ASP 和 JSP 查询方法就能胜任；由于几何数据对象的不规则、多样性和大数据量的特点，几何数据在网络环境下的查询有其特殊性，具体表现在如下方面：

①查询结果集表达的限制。由于网络带宽是有限的，在当前的 Internet 环境下一般每秒只能传输 64K 数据，而几何空间数据往往是海量的，这种海量数据与有限带宽的矛盾随着数据量的增加越来越突出，这种矛盾光靠几何空间索引是远远不够的，需要寻找其他解决的办法。MPEG 和 JPEG 的编码和传输方式为问题的解决提供了新的思路。

②查询会话时间的限制。会话层的主要功能是向用户提供建立连接并在连接上有序地传送数据的一种方法，这种连接称为会话。会话层可以将一个终端登录到远程的计算机，或者用来传输文件以及其他许多应用。HTTP 会话使用面向连接的会话模型。在同一时刻，一个运输只能对应一次会话。它具有提供给表示层的服务、数据交换、对话管理、同步、活动管理和例外报告的功能。空间对象的请求可以用两种规则完成：一种是请求某一个地物类（在数据库中可能相应地为一个表）的所有几何对象集合；另一种是请求某一范围内的所有地物类的对应的几何对象集合。无论是哪一种请求，都可以认为是一次完整的会话。基于因特网的会话时间是有限制的，不可能无限长。

③GIS 查询会话为有状态的会话。会话可以分为有状态的会话和无状态的会话两种。对于有状态的会话，用户一次会话后与服务器的连接仍存在；对于无状态的会话，用户一次会话后与服务器的连接不存在。由于存储在空间数据中的数据量比较大，不可能把所有的空间数据下载到客户端进行显示、查询和分析，必须多次请求空间数据库中的数据。因此 GIS 客户一次会话后，如果为无状态会话，那么下一次的 GIS 请求就必须重新建立一个会话连接，即客户机与 Web 服务器之间要建立一个新的面向连接的请求，要耗费一定的时间。而如果为有状态的会话，那么下一次请求空间数据时，驻留在应用服务器上的代表用户的 GIS 会话组件只要从连接池中取得一个连接就可以完成与空间数据库之间的会话请求，可以节省客户与 Web 服务器之间连接的建立。例如，GIS 客户在客户端做了 100 次的漫游操作，如果为无状态的会话，那么客户与 Web 服务器之间就要建立 100 次的连接；如果为有状态的会话，那么客户与 Web 服务器之间只需建立 1 次的连接。

海量空间数据远程查询是一个复杂的事务过程，它的事务往往具有时间长和时间变化大的特点。典型地讲，事务是指存取数据库的操作，对应地，GIS 事务是存取空间数据库的操作，包含插入、修改、删除、回滚和读取等基本操作。基于网络的数据请求是客户机和服务器之间会话通信的过程，由于海量数据通常存储在数据库中，因此海量数据远程查询实质上是一个会话、处理和执行事务的过程。所有对空间数据库的存取都是在事务的环境中完成的。由于对空间实体之间的关系缺乏完整的描述框架，在GIS空间数据模型与组织方面存在不少问题。事务处理时空间实体的封锁粒度甚难把握，基本上采用图层封锁的办法，难以组织有效的原子事务和嵌套事务机制，直接影响了GIS复杂应用的操作难度（陈斌和方裕，2001）。对于存储在空间数据库中的实体对象，由于空间对象往往是海量的，因此存储空间对象时花费的时间比较长，为长事务。同时，由于空间实体对象不定长，数据量相差比较大，事务处理的时间相差比较大，为变长事务。例如，把8层原始E00数据导入到Oracle8i Spatial Option（SDO）中，相应地有22个几何对象表，每一层的事务处理时间与会话时间的对照表，如表4-2所示。其中，数据量大小指的是原始E00数据量；读取时间指的是GIS应用服务器从oracle读取对应层的几何对象数据时间的总和；解析时间指的是把Oracle 8i的SDOGEOMETRY对象解析成特定格式数据对象的时间总和。读取时间与解析时间构成了事务处理的时间，会话时间指的是客户发请求到服务器响应的时间总和，客户显示时间指的是地理信息数据在客户的显示花费的时间。

表4-2　　空间对象读取事务处理与会话之间时间对照表

原始E00数据名	Oracle中的层数	层几何特征	几何对象个数	数据量大小（K）	读取时间（ms）	解析时间（ms）	客户会话、显示时间（ms）
RESPY	3	线、面(2)	32	16	20	20	20
ATNLK	2	点、线	254	53	281	180	210
HYDLK	2	线、点	703	142	450	190	291
BOUNT	5	线、面(4)	99	237	531	1641	210
RESPT	1	点	2318	470	801	321	770
ROALK	3	线(2)、点	1996	1816	1222	1273	761
HYDNT	4	线(2)、面(2)	4361	3728	4156	4146	1451
TERLK	2	线、点	4026	5016	2877	3926	1463

查询具有不透明性。由于一个查询操作要经过客户机、网络、防火墙、Web 服务器、GIS 应用服务器和数据库服务器，因此查询操作很可能不能如期完成。尤其是在网络阻塞时，问题更加突出，有可能发生中断。

2）海量数据远程查询机制设计

①空间数据查询设计

例如，在某一个地图窗口中查找某一个矩形区域的几何对象和属性的过程如下。

步骤 1：客户端用户得到矩形区域的坐标和要查询的地物类名称。

步骤 2：客户端用户根据矩形区域的坐标和要查询的地物类名称，得到落入当前矩形区域的几何对象 OID 集合，把这些信息绑定到 HTTP 协议，生成数据请求发给 Web 服务器。

步骤 3：Web 服务器接收到请求，并根据一定的规则把数据请求发送给 GIS 应用服务器。

步骤 4：GIS 应用服务器根据地物类名称、矩形区域坐标和客户已经具有几何信息的 OID 集合，从 Oracle 空间数据库中取出符合规则的数据，并根据一定的存储方式打包发送给 Web 服务器。

步骤 5：Web 服务器把 GIS 数据响应结果绑定到 HTTP 协议，作为应答发送给客户端。

步骤 6：客户端接受响应，并且根据一定的会话规则，把数据解析成客户应用程序能够理解的格式，在客户端进行表现和显示。

图 4-23 所示，是把 HTTP 协议作为内部传输协议，针对 GIS 系统的特点进行扩充，构造了一种适合 Internet 网络环境下的“有状态”的传输协议。在系统的拓扑结构上添加的代理服务层主要包括客户端信息代理子模块和服务器端的 Web 服务代理模块两部分，它们都遵守代理协议规范。通过代理服务层把客户端浏览器和 GIS 应用服务器联系起来，前者提交请求、接受结果数据，后者处理请求、发送对应查询返回的结果，由代理服务主要记录用户端和数据库端的当前状态以及将客户提交的请求和服务器返回的请求转换为规定的内部传输格式，对 HTTP 协议进行了优化。而这一切对于用户是透明的，用户所看到的只是对图层数据操作、提交查询和返回结果。在服务器端，Web 代理层对传输信息进行解释和判断分析，组织成 GIS 应用服务器所能识别处理的信息格式，由 GIS 应用服务器接收该信息并调用相应的模块，把得到的空间信息传给代理层，由代理层把得到的空间信息和附加代理信息一同发回浏览器；浏览器的代理子系统通过分析处理，代理信息了解服务器和空间数据的有关情况，并

作出相应的反应。这种代理服务机制可以尽量减少网络中数据的传输量，使系统降低对网络带宽的要求，更合理地发挥 Client/Server 体系结构的优势，提高应用系统的处理能力和响应速度。

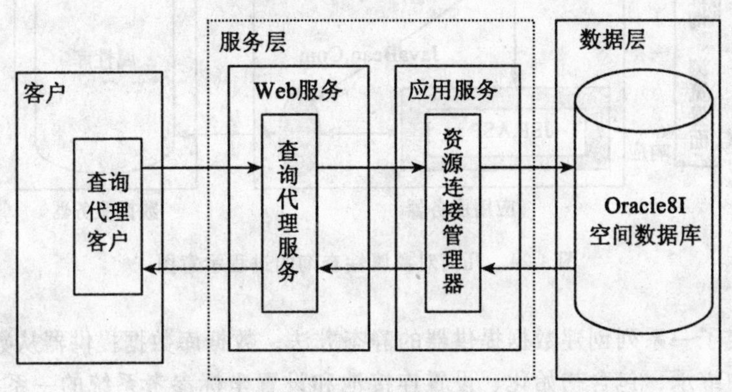

图 4-23　基于查询代理空间数据远程查询的过程示意图

②几何对象属性查询设计。

属性查询、动态页面浏览服务，是一个动态网页生成的过程。目前，动态网页生成的模式主要有 3 种：ASP，PHP 和 JSP。下面，主要从（JSP + Servlet）的方式阐述属性查询、动态页面浏览服务的设计。如图 4-24 所示，利用 Oracle8i 海量数据库系统管理数据，用 Servlet 等高性能服务端程序作为后台总控程序，JSP 在前台运行，Servlet 接受用户的输入，分别调用不同的 JSP 程序向客户端反馈信息。JSP/Servlet 通过 HTTP 协议连接在服务端和客户端传递数据，它并不使用 JDBC 技术直接访问数据库系统，而是把参数传递给事先编好的 JavaBeans 和 EJB 组件，由它们对数据库进行操作，通过中间件应用服务器访问 Oracle8i 数据库中的属性信息。终端用户通过用户验证后进入属性信息的查询界面。查询方式可以为选择查询、条件查询和组合查询。在此界面中输入查询的基本信息，点击提交的命令，把信息提交到 Web 应用服务器，应用服务器启动属性查询、动态页面浏览服务组件，访问和获取元数据库中符合查询条件的数据，生成 JSP 或 ASP 文件，返回到客户端进行显示。

3）海量数据远程多级查询实现

矢量数据查询代理服务可以由一些简单的接口和类来实现。如图 4-25 所示，在 GeoSurf 的 Oracle Spatial 查询代理服务部件中，包含了数据提供厂、数据库数据提供器和 Oracle 数据库数据提供器三个层次。数据提供厂是一个实

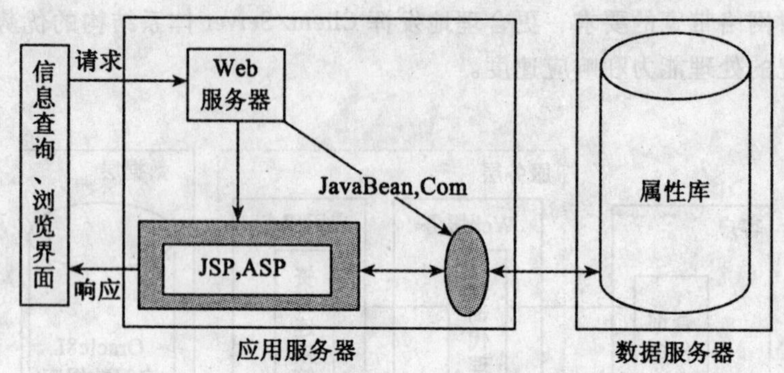

图 4-24　几何对象属性查询的过程示意图

例，规定了一系列创建数据提供器的静态方法；数据库数据提供器从数据提供器接口中继承，包含初始化、设置连接池和设置坐标参考系统的一系列方法；Oracle 数据库数据提供器实现了数据库数据提供器中的方法。

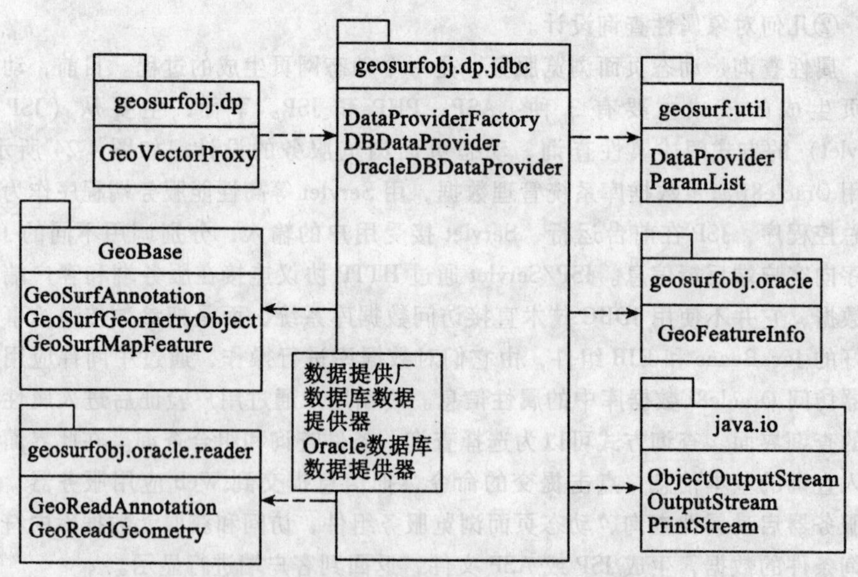

图 4-25　矢量数据查询代理服务实现 UML 示意图

3. 海量影像数据多级缓冲技术

现有的地理信息 Web 服务系统在支持海量空间数据分发、多源异构空间数据（影像、矢量和 DEM）访问和多层体系结构部署方面能力不强，主要原因之一为服务效率不高。为了提高在线海量影像数据服务质量（陈能成等，2007），本书从多级比例尺数据库存储、多通道数据处理和 Web 缓冲三个角度探讨多级缓冲技术在海量影像数据在线服务中的应用。

1）多级比例尺影像数据库存储

影像的比例尺与空间分辨率一一对应，多级比例尺的存储就是通过一定的索引机制，在数据库中建立起同一个地区分辨率从高到低的数据表。这种数据表称为工程，数据表的逻辑组合称为超工程。应用服务器访问数据库时，根据分辨率、坐标范围去查找工程中对应的记录，重新采样，生成影像数据结果集。

假设影像的原始数据为 0.847m，通过抽取得到 2.5m、5m、10m、25m、50m 和 100m 六个不同地面分辨率的影像数据，存储在 Oracle 数据库中，根据不同的组合建立如下的七个影像数据库金字塔超工程，依次为超工程 1（0.847）、超工程 2（0.847、100）、超工程 3（0.847、10、100）、超工程 4（0.847、5、25、100）、超工程 5（0.847、2.5、10、25、100）、超工程 6（0.847、2.5、5、25、50、100）和超工程 7（0.847、2.5、5、10、25、50、100）。取范围为{(3.8415728E7，2558264.0)（3.8431016E7，2569028.0)}，从服务器端下载分辨率依次为 10m、15m、20m、30m、40m、50m 和 60m，相应的数据量为 607K、282K、161K、107K、76.3K、43.3K、28.4K 和 20.4K 的 JPEG 编码图像，不同金字塔层数对影像第一次请求下载时间影响如表 4-3 所示。

表 4-3　不同存储方式下影像数据从读取到发送平均时间对照表

超工程	10m	15m	20m	25m	30m	40m	50m	60m
1	93156	94485	61641	60563	59547	59469	59187	61219
2	66781	60453	60328	61219	61578	60484	62688	187
3	3532	2031	1219	1015	968	844	796	125
4	5219	1094	516	344	282	156	109	93
5	3563	1969	609	344	250	141	125	78
6	5610	1078	547	390	266	282	125	110
7	3844	1922	890	391	281	266	109	109

根据响应时间和数据库缓冲类别可以得到不同分辨率的折线图。如图4-26所示，如果在数据库存储中，只有原始的分辨率影像，那么第一次请求响应时间在60～95s；如果在数据库分别存储地面分辨率为0.847m和100m的影像，那么第一次请求响应时间在60～70s；如果在数据库分别存储地面分辨率为3～7个分辨率的影像，那么第一次请求响应时间在0～5s。因此多级分辨率的存储对于影像数据的实时在线浏览提供了可能。在此工程中，7层金字塔的数据是原始分辨率数据的1.213倍，即存储只增加20%左右，而响应时间却降到原来的1/30，反映了以空间换时间的数据库存储，大大提高了效率，使得海量影像数据在线浏览成为可能。

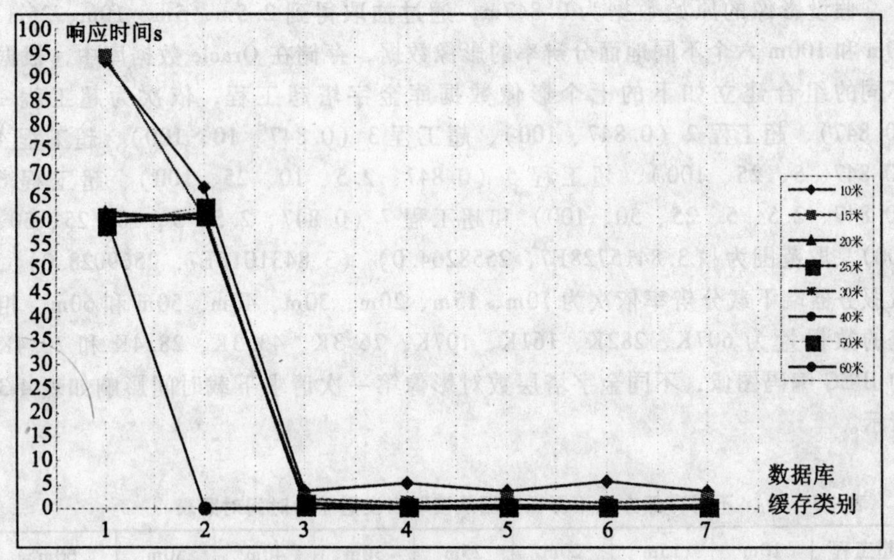

图4-26　多级比例尺数据库对在线影像下载第一次请求响应时间的影响示意图

2）应用服务器多通道多线程影像数据缓冲池处理技术

应用服务器中的影像数据服务提供影像库元数据的查询、几何范围查询、图幅查询和多种形式影像数据的分发功能，逻辑上可分为三层：数据层、影像服务层和客户应用层，根据提供服务层次的不同，服务层可以细分为服务接口层、通信层和影像服务层。

服务接口层为影像应用客户提供统一的调用接口。在设计时采用UML建模语言，实现了接口的统一描述，分别实现了C和Java语言的接口。

通信层是影像数据服务子系统服务层客户服务结构的基础设施层。它用于支持多用户线程或进程，通过系统提供的服务接口层并发地向影像服务层请求影像服务。通信层实现上主要考虑影像传输的效率，其次是影像数据服务子系统的分布性和可移植性（UNIX、LINUX 和 WINDOWS）。利用操作系统提供的 SOCKET 机制，可以保证客户进程和影像服务进程间通信的效率，同时为客户进程和服务进程部署在不同主机上的分布式应用提供可扩展空间。

影像服务层是影像数据服务子系统提供可靠地理影像服务的设施层。它使用影像金字塔的形式组织影像数据库，并为提高数据使用效率提供影像数据的缓冲机制。它以每客户一个线程的方式响应客户的服务请求。每个服务线程从通信层获取客户的请求消息和发送客户响应消息，从系统的数据层获取客户请求消息对应的影像数据。

影像数据块缓冲结构用于管理系统从影像数据库中获取的影像数据块。此结构实现数据块的快速查询并且建立多线程间对结构的同步访问机制。影像块缓冲由两个层次组成：一个是管理实际影像数据块的缓冲，成为影像工程数据块缓冲；另一个是管理影像工程数据块缓冲的全局缓冲。每个影像工程对应一个数据块缓冲，这些结构使用影像工程名唯一标识，所有影像工程的数据块缓冲结构由一个缓冲堆结构-全局缓冲进行管理。

考虑到多线程的同步缓冲区数据访问包括读缓冲区数据和添加数据块到缓冲区，在缓冲区结构和缓冲区管理结构缓冲堆中需要加入数据访问的互斥成员。在缓冲堆结构中使用一个堆成员管理有影像工程名索引的缓冲区结构。同时在两者结构中对可缓冲最大数和缓冲占有最大空间进行定义，以便于定制和扩展缓冲区的应用。

每个影像金字塔都对应一个影像缓冲结构进行影像数据的缓冲管理，根据影像数据库工程的组织方式，影像缓冲区机制为影像超工程的所有影像工程建立对应的缓冲队列，从而可根据不同影像工程调整数据缓冲队列的空间和大小。实现时的具体配置如下所示，包含通道、系统线程和缓冲池的配置。

```
<main_control>
        <channel_conf>
            <channelname>9009</channelname>
            <channelqueuelenght>10</channelqueuelenght>
            <minchannelqueuelenght>5</minchannelqueuelenght>
        </channel_conf>
        <systhread_conf>
```

```
            <threadnumber>5</threadnumber>
            <maxthreadnumber>20</maxthreadnumber>
            <conitemnumber>8</conitemnumber>
            <stopinterval>1</stopinterval>
        </systhread_conf>
        <sysbuffer_conf>
            <maxvector>16</maxvector>
            <maxsbuffernodes>32</maxsbuffernodes>
            <maxmbuffernodes>32</maxmbuffernodes>
            <maxsbuffermems>0</maxsbuffermems>
            <maxmbuffermems>0</maxmbuffermems>
            <bufferenable>1</bufferenable>
        </sysbuffer_conf>
    </main_control>
```

3）Web 服务器影像数据结果集缓冲

通常而言，基于 J2EE 的应用服务器和 Web 服务器提供了 JSP 和 Servlet 级别的结果缓冲机制。使用服务器端的结果缓冲机制能够有效地提高服务器的执行性能。它的思想是对一定时间内的用户请求分门别类，对于相同的请求直接使用缓冲中的结果集，而不是采用代码重新生成结果。这种机制对多用户访问情况特别有效。其思想可用如图 4-27 所示的流程表达：客户向地图引擎发出数据下载的请求，在 Web 服务器端根据检校准则对照请求，如果与缓冲结果集中的请求一致，则从服务器端的缓冲结果集中取出一个结果作为客户的应答；如果与缓冲结果集中的请求不一致，则把请求转发给应用服务器端的 Servlet 引擎，Servlet 引擎根据用户的请求处理后返回结果给客户并且把结果保存在服务器端的缓冲结果集中。

在一个地图引擎中，检校原则不可能像文本请求那么简单，它往往是一个复杂的组合。例如在一个影像下载服务中，典型的表达式为"http://geoserver/NASApp/imagedbserver/Image ProviderServlet? sx = 3.8415728E7&sy = 2558264.0&ex = 3.8431016E7&ey = 2569028.0 &dr = 30"，其中"?"前半部分为引擎的名称，后半部分为引擎的参数，包含左上脚、右下脚（X，Y）坐标和地面分辨率。我们假定请求的区域范围一定，把影像地面分辨率作为检校的参数，影像下载引擎设计成"http://geoserver/NASApp/imagedbserver/imageCache? dr = ?"，缓冲时间设计成 900s，缓冲大小设计成 100K，以地面

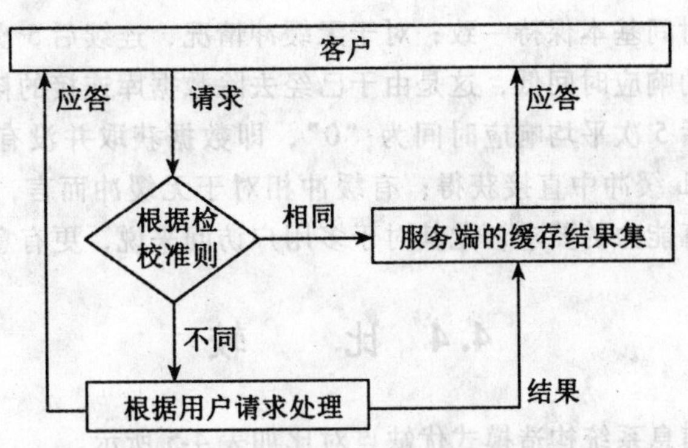

图 4-27　Web 缓冲结果集原理示意图

分辨率 dr 作为检校原则，则缓冲创建的条件为连续的，如下所示。

```
<Caching>
    <cache-mintimeout>900</cache-mintimeout>
    <cache-size>100</cache-size>
    <cache-option>TIMEOUT_CREATE</cache-option>
</Caching>
```

其中，“Caching”标签代表缓冲的开始，“cache-timeout”代表缓冲时间，“cache-crite”代表缓冲的检校原则，“cache-option”代表缓冲创建的方式选项。

取 5 个不同分辨率的请求依次为 30m、25m、20m、15m、10m 作为参数，获得的影像数据量依次为 76.3K、107K、161K、282K 和 607K（JPEG 编码），没有缓冲和有缓冲时，分别获得从接受请求到发送数据完毕的时间，那么第一次请求和连续 5 次操作的平均时间如表 4-4 所示。

表 4-4　　影像数据从读取到发送平均时间对照表

缓冲		1	2	3	4	5
无	第一次请求	1375	1524	1578	2906	3765
	连续后 5 次平均	260	360	516	1750	2568
有	第一次请求	1234	1444	1500	2672	3563
	连续后 5 次平均	0	0	0	0	0

从实验结果可以得出以下四个结论：对于第一次请求的响应，有无 Web 缓冲时，处理时间基本保持一致；对于无缓冲情况，连续后 5 次平均响应时间比第一次请求的响应时间低，这是由于已经去除数据库连接的耗时；对于有缓冲情况，连续后 5 次平均响应时间为“0”，即数据获取并没有经过引擎的处理，而是从 Web 缓冲中直接获得；有缓冲相对于无缓冲而言，能够大大降低应用服务器计算能力的要求，尤其对于多用户访问来说，更有意义。

4.4 比 较

网络地理信息系统构造模式优缺点对比如表 4-5 所示。

表 4-5 网络地理信息系统构造模式优缺点对比

类 型	工作模式	优 点	缺 点
基于 CGI 的网络 GIS	CGI	客户端很小，充分利用服务器的资源	JEPG 和 GIF 是客户端操作的唯一形式，互联网和服务器的负担重
基于 ASP 的网络 GIS	ASP	性能较高，二次开发较为容易	只能在 Windows 平台上实现，无法跨平台部署和运行
GIS 桌面扩展的网络 GIS	ISAPI	客户端很小，充分利用桌面 GIS 功能	服务器端资源消耗最大，复杂图形交互功能较差
基于 Plug-in 的网络 GIS	Plug-in Help 程序	具有动态代码的模块，比 HTML 更灵活，可直接操作 GIS 数据	与平台和操作系统相关，不同的 GIS 数据需要不同的 Plug-in 支持，必须安装在客户机的硬盘上
基于 ActiveX 控件的网络 GIS	ActiveX 控件	具有动态代码的模块；通过 OLE 与其他程序、模块和互联网通讯；是一种通用的部件	需要下载、安装，占用硬盘空间，与平台和操作系统相关；不同的 GIS 数据需要不同的 ActiveX 控件支持

续表

类　型	工作模式	优　点	缺　点
基于 Java Applet 的网络 GIS	Java Applet	在支持 Java 的互联网浏览器上运行，与平台和操作系统无关；服务器任务小，网络负担轻	对于处理较大的 GIS 分析任务的能力有限；大数据量矢量数据传输速度慢
基于 J2EE 的网络 GIS	服务器与客户机并重	在支持 Java 的互联网浏览器和服务引擎执行，与平台和操作系统无关；服务器任务小，网络负担轻	对服务器的性能要求高

表 4-6 为网络地理信息系统不同构造模式在执行能力、相互作用、可移植性和安全等方面的比较。

表 4-6　　模式评价

		CGI	ASP	桌面扩展	Plug-ins	Applet	ActiveX	J2EE
执行能力	客户机	很好	很好	很好	好	好	好	好
	服务器	差	差	差	好	很好	很好	很好
	网络	差	差	差	好	好	好	好
	总体	一般	一般	一般	好	好或很好	好或很好	最好
相互作用	用户界面	差	差	差	好	很好	很好	很好
	客户端功能	一般	一般	一般	好	很好	很好	很好
	本地数据	否	否	否	是	否	是	是
可移植性		很好	差	差	差	好	一般	好
安全		很好	很好	很好	一般	好	一般	好

执行能力表现在客户机、服务器、网络三个方面。衡量执行能力的主要标

准是数据信息吞吐量和响应时间。数据信息吞吐量由单位时间内的完成工作总量来衡量；响应时间为从用户发出请求开始到接受到系统响应的时间差，包括客户机处理时间、网络传输时间和服务器处理时间。网络 GIS 整体执行能力依赖这三个部分的综合指标。客户机、服务器、网络的执行能力由工作量和响应速度决定。

客户机工作量由在客户机处理总量决定。客户机执行速度依赖于硬件和运行数据程序量的大小。基于 CGI 模式、ASP 模式和 GIS 桌面扩展的网络 GIS 在客户机处理操作很少，因而客户机执行能力很好；基于 Plug-in 模式、Java Applet 模式和 ActiveX 控件模式的网络 GIS 在客户机处理操作多，执行速度慢。与 Java Applet 模式和 ActiveX 控件模式相比，Plug-in 启动时间较长。

与客户机类似，服务器工作量由在服务器处理总量决定。服务器执行速度依赖于硬件和软件配置及软件设计。在服务器端，基于 CGI 模式、ASP 模式和 GIS 桌面扩展模式的网络 GIS 服务器负担很重，因为所有 GIS 操作都在服务器上执行。基于 Plug-in 模式、Java Applet 模式和 ActiveX 控件模式的网络 GIS 在服务器执行的 GIS 操作很少，服务器负担较轻。

网络 GIS 网络执行效率依赖于网络速度和通信软件效率。影响网络执行的三个主要因素为网络速度、网络终端之间的网络软件和网络流量。基于 CGI、ASP 和 GIS 桌面扩展模式的网络 GIS 的传输负担重。基于客户机的网络 GIS 的传输负担轻。Java applet 由字节码组成，代码少，容易在网络上传输。

从总体效果看，基于 CGI、ASP 和 GIS 桌面扩展模式的网络 GIS 执行能力一般；基于 Plug-in、Java Applet 和 ActiveX 控件模式的网络 GIS 执行能力好。基于 .Net 和 J2EE 模式的网络 GIS 由于采用服务器与客户机并重模式，具有最好的执行能力。

相互作用能力由用户界面、功能支持能力和本地数据支持能力来决定。基于 CGI、ASP 和 GIS 桌面扩展模式的网络 GIS 虽然能有效使用已有的 GIS 软件功能，但客户机端依赖于 HTML，用户界面功能较差，客户端 GIS 功能受到限制；同时，不可能具有本地数据支持能力。相反，基于 .Net、J2EE、Plug-in、Java Applet 和 ActiveX 控件模式的网络 GIS，可以具有很好的用户界面和较强的客户端 GIS 功能支持能力。基于 Plug-in 模式和 ActiveX 控件模式的网络 GIS 具有本地数据支持能力；基于 Java Applet 模式网络 GIS，在图形和地图创建和显示方面比 HTML 更加灵活，但不具有本地数据支持能力。

在可移植性方面，基于 J2EE、CGI 模式和 Java Applet 模式的网络 GIS 客户机端与平台无关，Internet 上用户都可以使用，具有很好的可移植性。而基于 Plug-in 模式和 ActiveX 控件模式的网络 GIS 客户机端与平台相关，可移植性受到限制。

在安全性方面，基于 CGI、ASP 和 GIS 桌面扩展模式的网络 GIS，没有代码在客户机上运行，很安全。Java applet 是以字节码动态下载并在客户机上运行的，Java 有自己的安全框架，相对安全，用户不允许在客户机上使用 Java Applet 创建、修改、删除本地文件或文件目录，也不允许在客户机上使用 Java Applet 直接读取本地文件，不可能有软件病毒通过 Java applet 来摧毁客户机的本地内存和文件系统，基于 Java Applet 模式网络 GIS 安全性很好。而基于 Plug-in 模式和 ActiveX 控件模式的网络 GIS 是以二进制码在客户机上运行的，用户有可能从 Internet 上下载运行未知软件，使客户机的系统崩溃，Plug-in 和 ActiveX 控件有权获得客户机的平台权限，这将给客户机系统带来威胁。

第5章 分布式空间数据组织与访问

5.1 空间数据特点

在分布式地理信息服务中处理的地理信息具有分布式、多源、异构、异质和特定用户显示界面等特点，具体表现在如下几个方面：

地理信息本身就具有地域分布特征，涉及两个方面的分布。第一是平面上的分布，相当于地图的二维分布。例如一幅中国地图，包含了全国的省、直辖市、自治区。按照万维网超链接的概念，将中国地图作为主页（或称为主图），它包含了国家和各省、直辖市、自治区的重要的基本的信息。将地图上各省、直辖市、自治区空间位置作为超链接的关键字，通过关联的网络地址，连接到各省、直辖市、自治区的网页，用户可以查询到下一级地图网址的信息。这样一直往下查找，可以查询到某个乡镇一级的信息。这是从地图平面上，由粗到细，通过超链连接，检索和查询不同地方、不同级别的信息。第二种是垂直方向的分布。基于同一种比例尺的地图，可能有不同层次的地理信息。例如一个城市地理信息系统，它包含房地产管理和地下管线等多层地理信息，而不同层次的地理信息可能由不同的部门进行数据采集和维护。所以它们的数据库服务器也可能是分布式地设在不同的部门，具有不同的网络地址。

地理信息存储格式不同，表现出多源的特点。由于地理信息的存储缺乏标准，因此地理信息存储的格式迥然不同。例如 Arc/Info 使用的是 E00 数据格式，MapInfo 使用的是 MIF/MID 数据格式，AutoDesk 使用的是 DXF 数据格式等。

地理信息存储方式不同，表现出异质的特点。在一个地下管线信息系统中，基础地形数据例如等高线采用 Oracle 8i Spatial Data Option（SDO）存储，航空影像数据采用 SQL Server 的 BLOB 字段存储，管线信息采用 Sybase 存储，文本信息采用文件方式管理等。

中间件应用服务平台不同。部署分布式地理信息服务的平台不同，其包含的操作系统平台和硬件平台也不同。操作系统平台可能为 SUN Solaris 操作系统、Linux 操作系统和 Windows 操作系统。

分布式地理信息服务的客户端不同，支持的地理信息格式不同。对于 PC 机客户端而言，主要有三种类型：专用的地理信息浏览器、通用浏览器加上地理信息显示插件和通用浏览器。专用的地理信息浏览器的客户应用程序可以从远程通过网络访问数据库服务器、应用服务器和 Web 服务器的地理信息资源并且把本地的空间数据融合在一起，例如 ESRI 的 ArcExplorer；通用浏览器加上地理信息显示插件类型通常是在 Netscape、Internet Explorer 和 Mosaic 等 WWW 浏览器的基础上加上特定的地理信息的显示插件，使用 HTTP 协议从远程 Web 服务器上取得空间数据并且通过地理信息插件显示和操纵地理数据，例如 MapInfo 的 MapXtreme for Java Edition 3.1；通用浏览器是指诸如 Netscape、Internet Explorer 和 Mosaic 等在内的 WWW 浏览器，通常只显示栅格和影像数据，例如 MapInfo Proserver。

如何把这些分布式、不同存储方式、不同存储格式和不同客户表现的信息叠加到一起在同一个或多个分布式地理信息服务下进行解析、处理和生成结果，这实际上是一个分布式、多源、异构和异质空间数据在分布式地理信息应用服务中间件中的组织、管理、共享访问问题。

对于一个特定的分布式地理信息服务，其数据流程表现出分布式存储、集中式处理和不同格式分发的特点。本章着重阐述分布式地理信息服务中分布式地理信息的访问方法及中间件服务中的地理空间数据组织和处理。

5.2 空间数据流程

分布式地理信息服务中的信息流通常要经过以下三个角色：数据提供商、分布式地理信息服务提供商和服务消费者。数据提供商提供最原始的空间或与空间位置有关的数据，例如以 E00 格式数据或 MapInfo 格式数据保存的交通数据或气象数据等；分布式地理信息服务提供商对从数据提供商获得的原始数据进行组织与处理，把原始数据转化成消费者能够理解的知识；服务消费者能够识别服务提供者提供的知识，例如我的位置、如何到达、统计信息和专题信息等。

如图 5-1 所示，分布式地理信息服务空间数据流程可以分解为如下几个步骤：

①服务消费者向分布式地理信息服务提供商发出特定的知识请求。

②分布式地理信息服务提供商处理请求，把请求分类、数据请求转发给数

据提供商。

③数据提供商处理数据请求，把数据发送给分布式地理信息服务提供商。

④分布式地理信息服务提供商根据用户的请求把数据处理后，形成知识响应给消费者。

⑤消费者根据响应做进一步的处理。

如此，周而复始，完成一个业务。

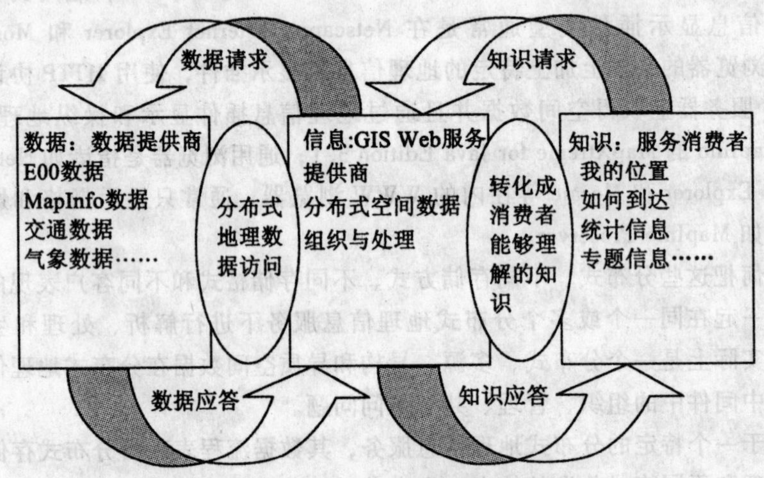

图 5-1　分布式地理信息服务中的信息流程图

5.3　分布式空间数据访问

分布式地理信息的形式有两种：一种是多数据源以分布式形式存在；另一种是多种地理信息处理方法分布式存在，即地理信息的分布式计算。地理信息互操作性将这两种形式描述成异构数据源互操作性和异构地理信息处理环境互操作性（Wilson，1998）。对于分布式地理信息服务中分布式地理信息的访问，可以采用三种方法，即分布式数据源方法、分布式中间件方法和地理信息自主服务方法。

5.3.1　分布式数据源方法

地理信息数据格式可以分为以下四大类：

①文件型数据格式，如 ArcInfo、MapInfo 和 MGE 等。

②几何对象用文件形式存储、属性用关系数据库形式存储的地理信息数据格式，如 GeoStar 文件格式等。

③以对象关系数据库形式存储的地理数据格式，如 Oracel Spatial Data 等。

④以对象数据库存储的地理数据，如 SmallWorld 等。

分布式地理数据的获取，即多种数据源获取方法，如图 5-2 所示。分布式地理信息服务提供商直接通过 Internet 获取多种数据源，如 ArcInfo，MapInfo，MGE，GeoStar 等格式地理信息数据；分布式地理信息服务器运行的服务，必须有识别和处理多种数据源的部件。这种方法的优点是直接使用 Internet 的通讯协议，如超文本传输协议 HTTP（hypertext transport protocol），文件传输协议 FTP（file transport protocol）等，以及 Web 服务器的功能等［Lemon，1997；Hall 等，1998］。

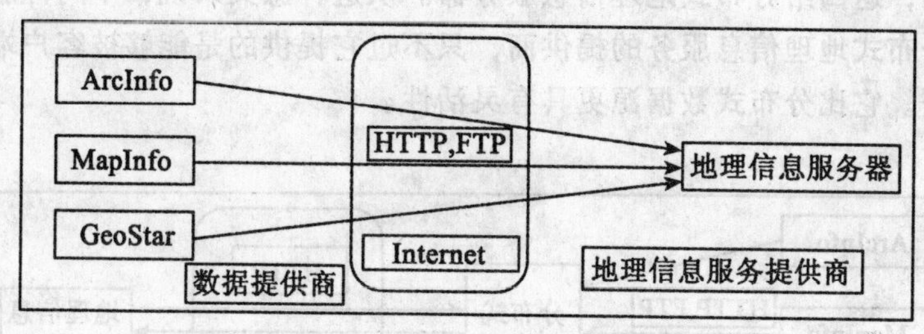

图 5-2　分布式数据源获取方法

使用分布式地理信息数据获取方法，对地理信息发布部门而言，只须提供地理信息数据服务，无须关心分布式地理信息服务提供商如何使用，以及能否使用等。但是，对于每一种数据源，在分布式地理信息服务器上运行的系统都必须有相应的部件对其进行识别和管理。如果在分布式地理信息服务器上运行的系统没有相应的部件，即使地理信息数据在 Internet 上存在，也无法使用。如果要求分布式地理信息服务提供商对所有的地理信息数据格式都能进行识别和处理，的确很困难。目前的商用地理信息软件有许多种，如 ArcInfo、MapInfo、MGE 和 GeoStar 等，每一种商用地理信息系统软件自身又有多种数据格式，如 ArcInfo 数据格式有 Shapefile、E00、Arcview Coverage for NT 和 Coverage for Workstation 等。因此，这种分布式数据源方法只能解决部分问题，满足地理信息生产部门的部分要求。为了适应分布式地理信息服务对多源数据访问的要求，本书提出地理信息分布式中间件方法。

5.3.2 分布式中间件方法

分布式中间件方法是在分布式地理信息数据源与分布式地理信息服务提供商之间，增加数据服务商中间件的处理方法，如图 5-3 所示。分布式中间件主要在两个方面起作用：一是将多种地理信息数据源解释成为分布式地理信息服务提供商能够识别和直接使用的信息；另一种是对分布式地理信息数据进行各种实时分布式处理和分析，即实现地理信息的分布式计算，并将处理结果返回给分布式地理信息服务提供商使用。实质上，分布式数据源方法是分布式中间件方法的一种特殊形式。分布式数据源方法将数据源解释和理解的部件，放在分布式地理信息服务提供商上运行和使用，而不是像分布式中间件直接在中间件服务器上运行这些部件。分布式中间件方法把数据获取处理和数据的增值服务分离开来，中间件服务器只负责读取原始格式的空间数据，对地理空间信息进行编码，返回给分布式地理信息服务器。从这种意义来说，中间件服务器也是一个分布式地理信息服务的提供商，只不过它提供的是能够被客户端理解的地理数据。它比分布式数据源更具有灵活性。

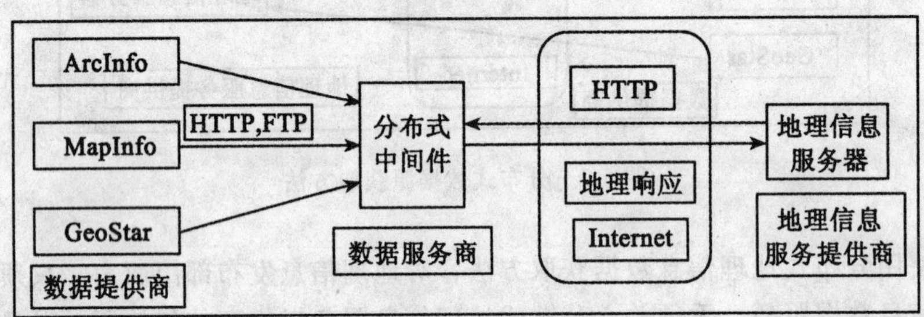

图 5-3 分布式中间件方法

使用分布式中间件方法，对分布式地理信息数据进行处理和管理，具有许多优点。首先，分布式地理信息服务器无须知道数据的格式和形式，直接使用分布式中间件处理的结果即可，并且，与多种地理信息数据源相关的部件不需要在分布式地理信息服务器上使用，这样使在分布式地理信息服务器运行的代码相对减少，减轻了处理地理信息任务的负担；其次，地理信息的处理与分析，可以以分布式形式在相关服务器上运行，充分利用与共享已有地理信息系统的分析功能和服务器的资源，实现地理信息的分布式计算。

其缺点是对于每一种格式的地理数据，都必须有相应的部件来处理。

5.3.3 地理信息自主服务法

无论是分布式数据源还是中间件方法，客户（分布式地理信息服务提供商和数据服务商）都必须理解数据提供商生产的数据。对于格式公开的数据，这是可行的；但对于格式保密的数据，则分布式数据源和中间件方法都无能为力。而且，随着数据源的增多，数据格式五花八门，分布式数据源和中间件方法将会增加投资成本。基于此，本书提出了地理信息自主服务方法。

虽然地理数据存储格式无法规定，但是对于地理数据交换格式的标准却可以用法律的形式定义下来。例如 GML3.0 已经成为 ISO 的地理空间数据的交换标准。因此，如图 5-4 所示，对于每一个 GIS 厂商，他们可以建立自己的地理数据引擎服务，这种引擎服务对于公众数据转换是免费的，而数据内容是可以收费的。分布式地理信息服务把基于 XML 的通用地理请求发送给由厂商自我维护的地理数据引擎服务，引擎服务处理完请求，把请求结果包装成标准格式的地理数据，返回给分布式地理信息服务提供商。

图 5-4　地理信息自主服务法

对一个站点而言，分布式地理信息的组织与一般的地理信息相同（龚健雅和袁相儒，1998）。地理信息数据提供者和维护者可能在数据库服务器上建立了一个工程，或者一个工作区。这些数据根据各自的软件进行组织。下面以 GeoStar 为实例，介绍一个工作区的空间数据组织。假设广州地理所作为一个网络节点，其数据库服务器装有广东省行政区图，该地图中包含有行政区划、道路、水系、地名注记等主要地物层。图 5-5 所示为 GeoStar 的工作区和分层信息的树形结构。

该图与 GeoStar 的工程、工作区和地物层的概念完全一致。事实上 GeoStar 家族的 Internet GIS——GeoSurf，最基本的数据格式就是 GeoStar NT 版的数据

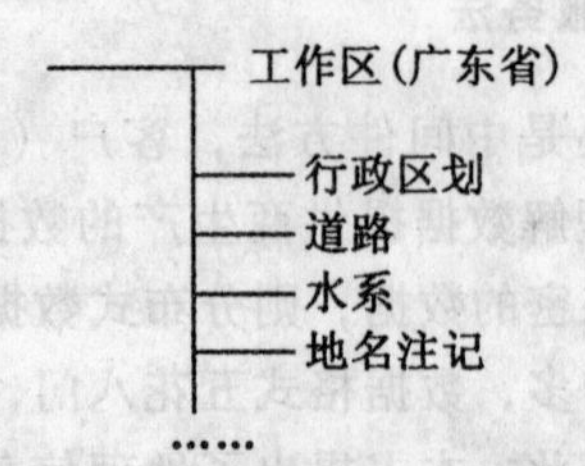

图5-5 GeoStar 的工作区和分层信息的树形结构

格式。因此，我们可以在佛山、东莞、深圳等地建立各地区自己的工作区。关键的问题是如何将不同地区、不同软件建立的地理信息系统空间数据库连接起来。

为了从省一级能导航到各地区一级的地理信息工作区，要求各地区的空间数据服务主管部门，提供该空间数据库所在的服务器的域名地址、建库所用的软件、图的范围以及所采用的投影等信息。对省一级的工作区而言，将各地区的地理信息工作区作为子对象，通过建立一种关系表，创建一种超链接。一般来讲，在省一级地图，表示有各市、地区一级城市的范围、名称等。因而可以将城市的名称或多边形作为超链接的节点，从而建立一个超链接的关系表，如表 5-1 所示。

表 5-1　　分布式地理信息的超链接

对象标识	描述	地理范围	父对象域名地址	数据获取软件/部件	子对象域名地址	数据获取软件/部件
12	佛山	(x1,y1,x2,y2)			Xx. xx. xx. xx	ArcInfo 数据获取部件
13	深圳	(x1,y1,x2,y2)			Xx. xx. xx. xx	GeoStar 数据获取部件
13.	东莞	(x1,y1,x2,y2)			Xx. xx. xx. xx	MapInfo 数据获取部件
15	湛江	(x1,y1,x2,y2)			Xx. xx. xx. xx	GeoStar 数据获取部件
…	…	…	…	…	…	…

如果在省一级地图上双击深圳的位置，系统就可以根据该节点联系到其子节点的域名地址及空间数据的数据结构，启动相应的数据获取软件或者部件，得到与深圳有关的更详细的信息。但是，有时用户认为市一级的地图仍然不够详细，需要得到乡镇甚至管理区一级的信息。此时可以建立次一级的空间数据库，然后与上面一样，提供有关信息，在市一级的地图上建立县区一级的超链接。表 5-2 所示为深圳市一级地图所关联的子地图。这样，我们可以根据这种超链接关系，逐步查找更详细的信息。

表 5-2　　次一级分布式地理信息的超链接

对象标识	描述	地理范围	父对象域名地址	数据获取软件/部件	子对象域名地址	数据获取软件/部件
201	福田区	(x1,y1,x2,y2)	xx. xx. xx. xx	GeoStar 数据获取部件	Xx. xx. xx. xx	ArcInfo 数据获取部件
202	罗湖区	(x1,y1,x2,y2)	xx. xx. xx. xx	GeoStar 数据获取部件	Xx. xx. xx. xx	GeoStar 数据获取部件
203	保安区	(x1,y1,x2,y2)	xx. xx. xx. xx	GeoStar 数据获取部件	Xx. xx. xx. xx	MapInfo 数据获取部件
204	…	…	…	…	…	…

上一节阐述了分布式地理信息服务中分布式地理数据的获取方法，数据获取的目的是为了对数据进行处理，生成用户需要的地理信息，即为地理数据处理服务。在处理之前，要对分布式地理信息进行组织。从上述分布式地理信息的实例可以看出，分布式地理信息为来自于不同站点的地理数据、媒体数据和文档数据等的集合，表现出多源、异构和分布式的特点。为了对处理服务提供有机的空间数据组织，本书引入超地图数据模型，并且采用面向对象的观点对其进行扩展。

5.4　基于超地图模型的空间数据组织与处理

本节首先介绍已有的超地图（hyperMap）概念、发展现状、原理和功能。为解决分布式地理信息服务中空间数据的组织、处理和表达，提出了分布式地理信息服务中分布式超地图的新概念，并将其应用到栅格地图和矢量地图服务中。

5.4.1 超地图概念及其发展

地图（map）是空间数据和信息的可视化表达。它帮助用户更有效地了解空间关系。从地图上，用户可以找到有关距离、方向和面积大小等信息。地图通常为用户提供空间数据信息，或以地理为参考的空间数据。在许多应用系统中，超媒体视为非空间数据的综合应用。许多应用领域，如地球科学、规划（城市再发展规划）、环境管理以及旅游业等，都需要将地图与非空间数据结合。在这些领域中，地图扮演一种附加角色，仅为超媒体数据提供界面和接口功能。这种相结合的方法，引出了超地图的概念。单个超媒体与地图结合，便构成了超地图。超地图不仅允许用户通过专题对数据进行导航式浏览，而且还可以通过空间位置和关系，对数据进行浏览操作（Clark，1997）。

Laurini 和 Millerent-Rafford 首次于 1990 年提出超地图的概念。他们认为，超地图是具有地理数据获取功能的多媒体超文档。地理数据获取，指通过地理坐标获取。他们提出超地图概念的目的是希望能对与某一地区相关的所有超文档进行浏览。这个区域可以通过点击地图或通过定义查询窗口中的某一对象及范围来表达。所以，超地图不仅能做专题查询，而且还可以做地图查询。使用超地图概念，为对环境的理解提供更有效的、容易使用的方法（Laurini，1992）。

根据 Clark，Laurini 和 Millerent-Raffort 的文章，超地图可以定义为具有地理参考的超媒体，包含了单个媒体与地图之间的连接。在超地图中，地图显示是用户获取数据的中心和焦点。在显示区域内选择一个查询窗口，系统中所有与选择区域有关的信息数据，如文档、声音、视频图像、动画等，可以被用户所使用。用户选择一个查询窗口，包含了建筑物及周边地区。通过超链接，与建筑物相连接的以各种形式存在的各式各样的信息数据被连接上，如更详细的地图、区域的地下管道系统计划、个别建筑物中的地板计划、建筑物的图片、在建筑物中日常生活的一段视频剪辑录像等。所有的文档内部之间以及与其他文档之间，又有连接相连。甚至可以与该区域以外的地图及对象相连接。以地图为起点，空间连接和专题连接的类型和形式是多种多样的。

根据 Kraak 对超地图的描述，超地图与多媒体、超文本、超文档、超媒体之间的关系如图 5-6 所示。多媒体分为在屏幕上可显示的和不能显示的两类。超文本仅仅与文本相关。在超文本中包含能在屏幕上显示的多媒体如图像、声音等，形成超文档；在超文档的基础上，包含了在屏幕上不能显示的多媒体，形成了超媒体；对超媒体进行扩充，使其拥有地理参考数据即空间坐标，便形成超地图。

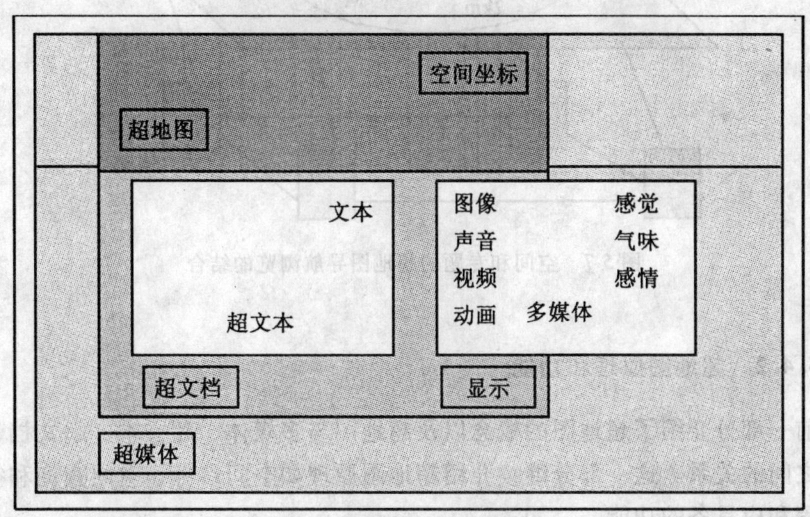

图 5-6　超地图与多媒体、超文本、超文档、超媒体之间的关系

超地图不仅适用于具备空间坐标的超媒体系统，而且还适用于许多基础的动态地图。如可点击地图，在数据库中，可点击地图为其他文档提供索引功能。点击地图上的对象，与该对象相连接的文档便显示出来。在通常情况下，这些层次上面向系统的可点击地图，灵活性十分有限。

超地图的应用主要体现在空间浏览和专题浏览上，如图 5-7 所示。某一旅游者要使用超地图查出距旅店 2 公里范围的所有博物馆的位置。系统查出了三个满足旅游这要求的博物馆，一个是玩具博物馆，一个是科技博物馆，一个是艺术博物馆。假设旅游者希望了解艺术博物馆，点击艺术博物馆，便可得到有关艺术博物馆的详细介绍，包括文本、图形、多媒体等，而且在小镇上与此博物馆相关的展览情况，作为超地图的内容之一，也显示在图上。这些展览的确是旅游者查询区域以外的内容，但是也在旅游者感兴趣的范围之内。换句话说，当查询区域内的艺术博物馆被点击时，超地图不仅显示艺术博物馆的详细情况，而且还显示与艺术博物馆有关的其他艺术展览。查询其他艺术展览，将可能改变旅游者的实际旅游计划。

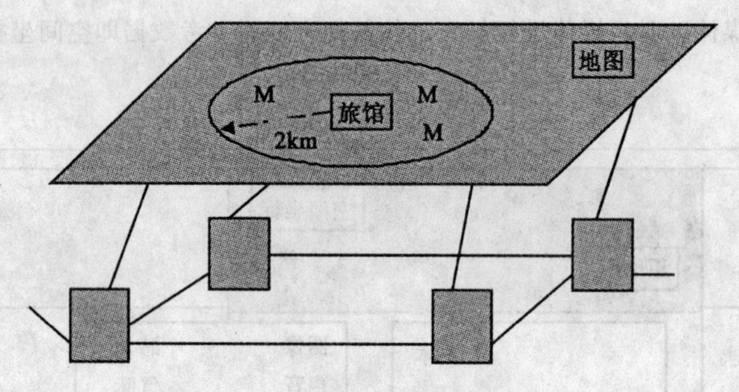

图 5-7　空间和专题的超地图导航浏览的结合

5.4.2　超地图原理和功能

前一部分介绍了超地图的概念以及超地图与多媒体、超文本、超文档、超媒体之间的关系。这一部分继续介绍超地图原理如空间参考、空间查询和空间组织等和应具备的功能。

1. 超地图空间参考

空间参考包括超地图节点与文档之间的空间连接关系，地图与制图工具之间的空间连接关系。超地图定义如下：

$$\text{Hypermap} = \{N(x, y, z, m), L\} \tag{5-1}$$

其中N（x, y, z, m）为超地图的节点，（x, y, z）表示空间坐标，m表示包含文本在内的多媒体对象；L为节点N（x, y, z, m）之间的连接，是一种非顺序连接，即超链接。

节点N（x, y, z, m）是一种语义概念的抽象。具有一个或多个地理参考。N（x, y, z, m）可以是具有空间坐标的地图或地图符号对象，也可以是文本或多媒体。N（x, y, z, m）之间通过L连接。由于N（x, y, z, m）具有空间坐标，因而从定义上与超媒体区分开来。

一个节点N（x, y, z, m）可以描述成一个测量点、一个地区、一个次一级的地区，或者是点与区域的综合等，如多文档节点、多线节点、多面节点、综合文档节点等。在通常情况下，可以将空间划分为0D基本对象（点对象）、1D基本对象（线对象）、2D基本对象（面对象）、3D基本对象（体对象）等，D为维空间。在超地图中的基本假设是：一个文档可以与任何一个基本对象连接，基本对象也能与任意文档连接，同时也可以是多对多连接。所以，超地图的空间参考是通过基本对象与文档、多媒体对象的超链接来实现的。图 5-8 表示城市节点 N（x，y，z，m）与基本空间对象之间的关系。

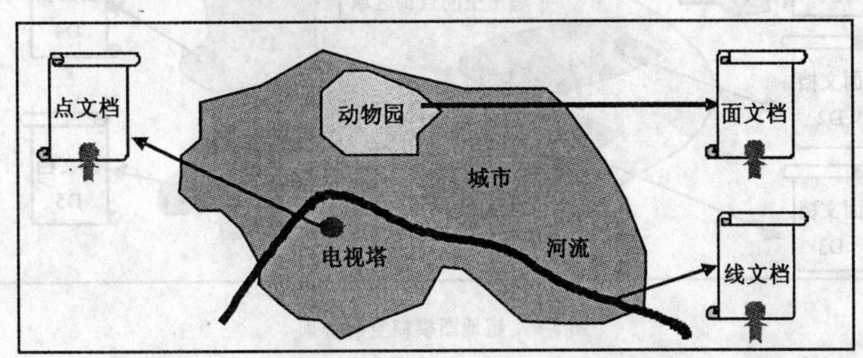

图 5-8　节点 N（x，y，z，m）与基本对象之间的关系

2. 超地图空间查询

在超地图中，空间查询有三种类型，即点查询、线查询和面查询。在超地图中的导航式浏览，必须通过空间参考连接将空间查询与传统的超文档扫描结合起来。空间查询是通过鼠标操作来完成的。在进行空间查询时，出现模糊查询是必然的。如图 5-9 所示，通过点击鼠标进行超地图区域空间查询，文档 D2、D3 完全在查询区域内，D1 完全在查询区域之外，而 D4、D5 却只有一部分在查询区域内。

假设超地图的空间查询区域为 Rh，文档的区域为 Rd，Rh 和 Rd 的交集为 Rhd：

$$Rhd = Rh \cap Rd \tag{5-2}$$

Rhd 的面积为 Ahd，Rd 的面积为 Ad，模糊空间查询的模糊度为 D：

$$D = Ahd / Ad * 100\% \tag{5-3}$$

如果 D = 1，即文档 Rd 在 Rh 之内，如 D1，D2；如果 D = 0，即文档 Rd 在 Rh 之外，如 D1；如果 0 < D < 1，即文档 Rd 只有部分在 Rh 之内，如 D4，D5。对用户而言，描述模糊查询是非常困难的。虽然对模糊查询的定义比较容易，但对模糊查询操作结果的理解却很困难。

3. 超地图组织

超地图按照地图金字塔结构组织。地图金字塔结构完全基于图像金字塔结

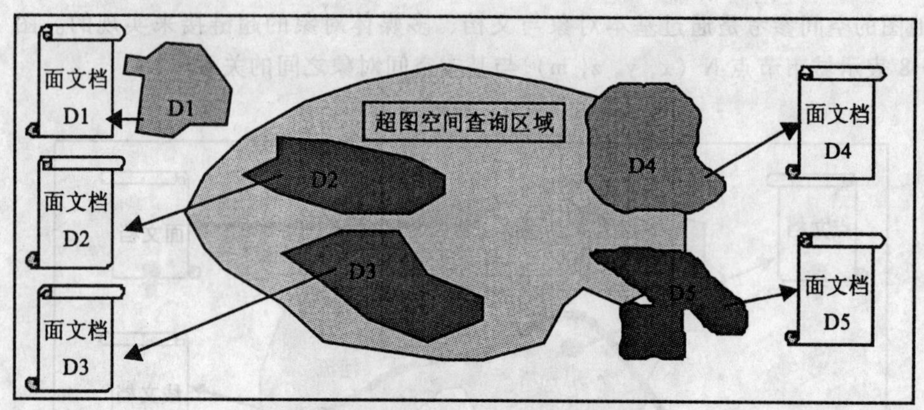

图 5-9　超地图模糊空间查询

构和 R 数结构原理的［Guttman，1984］。假设文档空间区域可以由一个矩形来限定，如果文档空间区域是非矩形形状的，可以用一系列的矩形有限趋向接近来限定，直至达到要求的限定精度水平。使用地图金字塔结构组织超地图，可以得到如下结果：

①金字塔底部是由小比例尺的地图构成。

②每一种比例尺地图与金字塔的一个层对应。

③上一层的地图包含它们的子图，并按照 R 树组织。

④同一层相邻地图彼此相连接。

⑤地图可以覆盖或倾斜。

4. 超地图功能

超地图通过空间数据的特征，对空间数据库进行获取。因此超地图必须将这种获取转换成一系列的功能。通过使用功能操作，用户可以使用位置、属性和时间序列等导航式浏览方法，获取和控制超地图系统。超地图应具备的基本功能如下：

①通过空间超地图导航式浏览和获取文档。该功能允许用户获取基于地理位置的文档。用文档表示的地理位置由地理标识来表达。地理标识可以是单一坐标或者是一限定的矩形区域，如图 5-10 所示。

实现这一功能有几种方法。第一种是在地图上点击任意位置，用点击的位置坐标与地理标识进行匹配。如果点击的位置坐标与地理标识能够匹配，或者满足地理标识所限定的矩形区域，则显示结果。点击的位置坐标的容差范围由

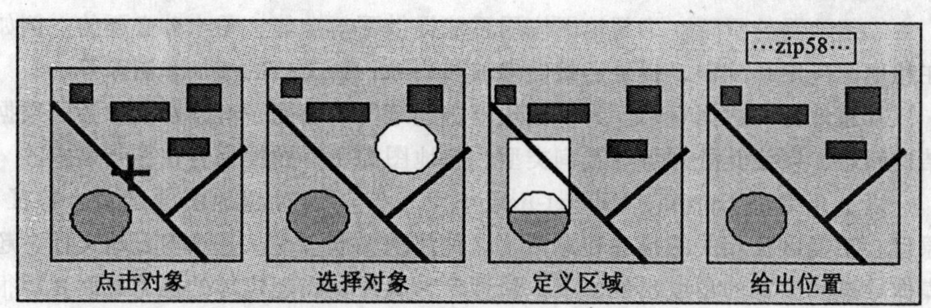

图 5-10　超地图空间导航式浏览

用户围绕光标位置所定义的区域决定。第二种是选择地图符号。单个地图符号有点、线、面等。点击这些地图符号，实现超地图导航式浏览。在实际操作时，可以创建符号缓冲区，扩大查询面积。如果地图标识与符号相关或落在符号的缓冲区内，则显示结果。第三种是定义感兴趣的区域。第四种是提供位置坐标。

②通过专题超地图导航式浏览和获取文档。主要是通过超文本链接和关键字来实现。如图 5-11 所示。

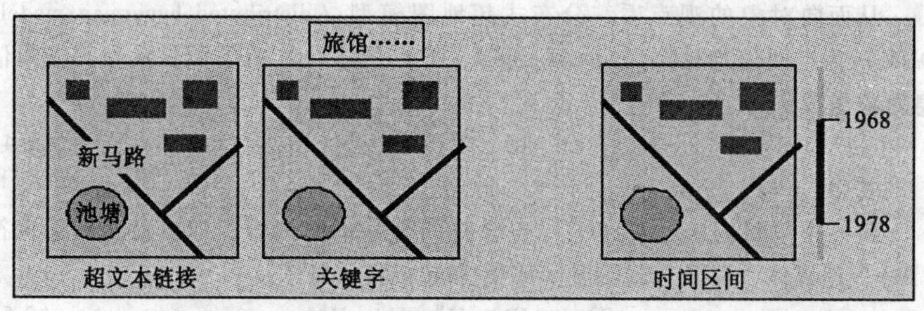

图 5-11　超地图专题和时间序列导航式浏览

③通过时间超地图导航式浏览和获取文档。时间序列导航式浏览为查询与某一时间序列或时间序列区间相关的文档提供可能。每个文档不仅拥有地理标识和属性标识，而且还具有时间标识。超地图应用系统需要定义不同精度的时间标识。

④在查询和显示时，使用过滤器。使用查询过滤器和显示过滤器，可以提

高超地图查询和显示的效率。

⑤超地图的更新。为超地图应用系统提供更新功能，是十分必要的。例如在超地图应用系统中，提供连接的增加和删除、新文档的增加和删除等。

⑥超地图的数据存储。为了实现以上超地图的功能，必须解决插图的数据结构问题，以使其处理各种查询类型。超地图的所有数据保存在一张表中。

以上介绍了 Laurini，Mifferet-Raffort，Kraak 等人对超地图的定义、特征、原理、功能以及相关的描述和总结。这种超地图概念是从超文本、超文档、超媒体导航式浏览的角度出发，引入地理参考属性，在超媒体的浏览方面具有很强的功能。使用这种超地图概念，可以为用户提供功能强大的超地图系统。以下将从面向对象的观点来阐述超地图，以及超地图在分布式地理信息处理服务中的表达和应用。

5.4.3 分布式超地图概念

由 Clark 等定义的超地图概念仅仅是带有空间信息的超媒体。显然，它还不能用于分布式地理信息服务中数据管理、组织服务和用来表达空间信息单元的关系和操作。基于此，本书提出应用服务器中的分布式超地图模型（袁相儒和陈能成等，2000），用于组织、管理异构地理信息，同时为分布式地理信息服务消费者提供一定标准的地理空间信息。

从面向对象的观点看，分布式超地图模型（distributed hypermap model，DHM）为空间信息对象（spatial object，O^S）的集合，由下面一系列的空间信息对象组成：

$$H = \{O_1^s,\ O_2^s,\ O_3^s,\ \cdots,\ O_i^s,\ \cdots\} \tag{5-4}$$

其中：$i=1, 2, 3, \cdots$。

每一个空间信息对象（O^S）包含有四个基本的内容，即对象唯一标识符（ID），超媒体（H^M），超图形（H^G）和超链接（H^L）：

$$O^S = \{ID^S,\ H^M,\ H^G,\ H^L\} \tag{5-5}$$

其中：ID^S 是对象的唯一标识；H^M 代表非几何属性，例如多媒体信息（A^M）；H^G 代表几何属性，例如空间属性（A^S）。H^M 和 H^G 一起组成为 O^S 的内部状态。H^L 为 O^S 的方法集合，定义了 O^S 对象内部之间、对象之间以及超地图内部之间、超地图之间的非顺序连接关系和操作方法集合。

空间信息对象 O^S 满足对象的定义，其由三部分构成：对象标识符 ID、内部状态 S 和方法集合 M［Booch，1996］。因此有：

$$ID\ (O^S) = ID^s$$

$$S(O^S) = H^M \cup H^G$$
$$M(O^S) = H^L$$

对于超地图的定义，作以下几点假定：

①对于某一个确定的超地图 H_i 中所有的空间信息对象 O^S，具有相同的时间和比例尺特征，即对于特定 H_i 中所有的空间信息对象，O^S 的属性都是基于某一时间的。其中：$i=1, 2, 3, \cdots$。

②由超地图 H 表示的空间信息，属性由超媒体 H^M 集中表达，例如为多媒体属性；空间属性、几何特征或空间关系由超图形 H^G 集中表达。

空间信息对象 O^S 本身是一个复合对象。H^M，H^G，H^L 本身也是对象并且都包含了对象标识符 ID、内部状态 S 和方法集合 M：

$$HM = \{IDHM, SHM, MHM\}$$
$$HG = \{IDHG, SHG, MHG\}$$
$$HL = \{IDHL, SHL, MHL\}$$

在式（5-2）中定义的多媒体属性 A^M 包含文本、图形、图片、图像、录像、视频、音频全息图片、互动电影、注释电影、三维虚拟现实、感觉、气味、触觉和感情等内容。多媒体属性 A^M 可以分为可显示属性和不可显示属性。其中可显示属性又有数值的属性和非数值的属性之分。与此同时，多媒体属性 A^M 可以表示为：$A^M = \{A^D\{A^{DN}, A^{DU}\}, A^U\}$。

其中：A^D 代表可显示的多媒体属性；A^U 代表不可显示的多媒体属性。对于不可显示属性，目前尚没有确切的表达形式。A^{DN} 为可显示数值的属性，可以进行统计分析、专题制图等操作；A^{DU} 为可显示非数值的属性，主要可以进行表现，如图像显示、音频和视频播放、三维虚拟现实表现等。

H^G 用来表达空间信息对象 O^S 的空间属性（A^S），例如表达 0 维、1 维、2 维和 3 维的信息。

超链接 H^L 为空间信息对象 O^S 的方法集合，定义了对象 O^S 内部之间、对象 O^S 之间以及超地图 H 内部之间、超地图 H 之间的非顺序连接关系和操作方法集合。这种方法集合通过 H^L 的内部状态 S^{HL} 表现，S^{HL} 由类别标识（TypeID）、类别类型（Type）、类别特征（TypeFeature）和属性特征（AttributeFeature）组成，可以表达为：S^{HL} = {TypeID，Type，TypeFeature，AttributeFeature}。

类别标识 TypeID 由 5 个标志组成，即四维 4D、多尺度 Multi scale、元数据 Metadata、数据目录 Content 和数据仓库 Clearhousing：TypeID = {4D，Multiscale，Metedata，Content，Clearhousing}。

类别类型 Type 一般由 3 个标志组成：数据文件 DataFile、部件 Component 和 JDBC，Type = {DadaFile，Component，JDBC}。

其中：当 Type = DataFile 时，表示直接获取远程数据文件，如 Web 服务上数据提供商提供的原始数据文件；当 Type = Component 时，表示启动远程的部件服务器上的部件，并由部件获取数据；当 Type = JDBC 时，表示启动远程的 JDBC 服务器的服务，并由 JDBC 服务器连接远程的数据库，通过 SQL 语句获取数据。

类别特征 TypeFeature 主要包含有时间特征 F^t_{Next} 和 F^t_{Prev}、多尺度特征 F^s_{Sup} 和 F^s_{Sub}、SQL 语句特征 F_{SQL}、当前值特征 $F_{Currence}$、元数据特征 $F_{Metadata}$、数据目录特征 $F_{Content}$、数据仓库特征 $F_{ClearHousing}$ 和 F_{Other} 等。例如，可以表达为：TypeFeature = $\{F^t_{Next}, F^t_{Prev}, F^s_{Sup}, F^s_{Sub}, F_{SQL}, F_{Currence}, F_{Metadata}, F_{Content}, F_{ClearHousing}, F_{Other}\}$。

属性特征 AttributeFeature 主要说明超连接 H^L 的属性，如名称 Name，位置 Location 和协议 Protocol，可以表达为：AttributeFeature = {Name，Location，Protocol}。

其中：属性特征的名称 Name 说明数据文件名称、部件服务器名称和 JDBC 服务器的名称，例如指示下一个超地图 H 的名称；属性特征的位置 Location 指示下一个超地图 H 所在的位置，即在远程的位置，由 IP 值表示，如 202.112.113.240；属性特征的协议 Protocol 指示连接下一个超地图 H 的方式，协议包括 TCP/IP、IIOP（Internet Inter ORB Protocol，ORB 即对象请求代理，Object Request Broker）和 JDBC 等。

在上述新模型中，超地图由超媒体、超图形和超链接构成。超图形包括了所有的图形属性，超媒体则定义了超地图的多媒体信息。超媒体和超图形通过超链接相连，形成一个整体。超地图 H 为超媒体 H^M、超图形 H^G 和超链接 H^L 的并集：$H = H^M \cup H^G \cup H^L$。

超地图与超媒体、超图形和超链接之间的关系如图 5-12 所示。

分布式超地图模型中定义的超地图关系是指同一个超地图内部关系和两个或多个超地图之间的关系。同一个超地图内部关系体现在超媒体之间、超图形之间以及超媒体和超图形之间的关系。同一个超地图内部关系通过超连接 H^L 内部状态 S^H 的类别特征 TypeFeature 来描述：TypeFeature = $F_{Currence}$。

一方面，超媒体 H^M 内部之间的关系，主要由多媒体属性 A^M 来表现。例如，多媒体属性的综合、空间分析以及数值性多媒体属性的统计制图等；另一方面，超图形 H^G 内部之间的关系，主要表现在空间信息表达，如 0D、1D、2D、3D 等及空间关系（如叠置，缓冲区）。与此同时，空间属性表现为地图

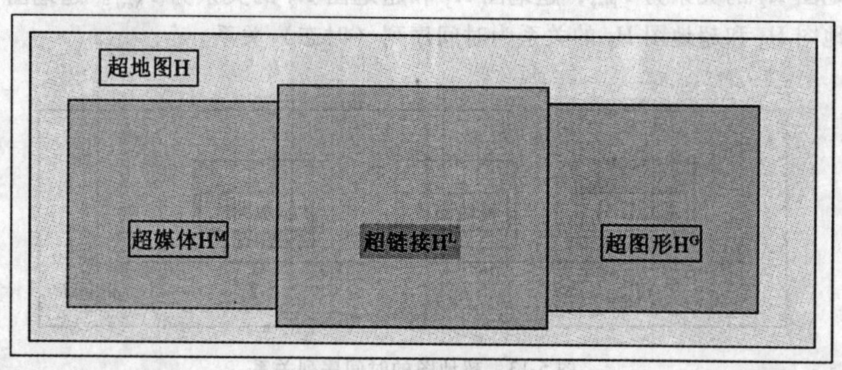

图 5-12 超地图的概念图

空间属性可视化和综合、几何空间查询（如点、线、多边形和缓冲区查询）。

超媒体 H^M 和超图形 H^G 之间的相互关系，即多媒体属性和空间属性之间的关系，主要表现在多媒体属性和空间属性之间的相互查询，如几何查询、SQL 查询、专题制图和地图综合（由多媒体属性对空间属性进行综合或由空间属性对多媒体属性进行综合）等。

假设有两个超地图 H_i，H_j，其中：H_i 为当前的超地图，H_j 为 H_i 下一个超地图，$i \neq j$，那么，超地图 H_i 和超地图 H_j 的相互关系有：

①部分和整体关系（$\sum$）。如果 H_j 为 H_i 的整体，则 $H_j \sum H_i$；反之，$H_i \sum H_j$。如果 H_j 为 H_i 的整体，$H_j \sum H_i$，那么，由 H_i 到 H_j，即 $H_i => H_j$ 是通过 SQL 语句，或通过元数据、数据目录和数据仓库，由当前超地图 H_i 获得下一个超地图 H_j 的过程。

②地图概括关系（$\prod$）。H_j 为 H_i 的概括，$H_j = \prod H_i$，或者 H_i 为 H_j 的概括，$H_i = \prod H_j$。因此有：

$$\text{TypeFeature} = \begin{cases} F^S_{Sup} & \text{if} \quad H_j = \prod H_i \\ F^S_{Sub} & \text{if} \quad H_i = \prod H_j \end{cases}$$

③时间序列（时态）关系（$\Uparrow$）。H_j、H_i 为两个时间点上的超地图，它们的特征通过以下公式表达：

$$\text{TypeFeature} = \begin{cases} F^t_{Prev} & \text{if} \quad i > j \\ F^t_{Next} & \text{if} \quad i < j \end{cases}$$

如图 5-13 所示，超地图 H_1、超地图 H_2、超地图 H_3 对应的时间分别为 T_1，T_2，T_3，并且 $T_1 < T_2 < T_3$。如果超地图 H_2 为当前超地图，则超地图 H_1 和

超地图 H_2 的关系为 F^t_{Prev}，超地图 H_3 和超地图 H_2 的关系为 F^t_{Next}。超地图 H_1、超地图 H_2 和超地图 H_3 的关系为时间序列（时态）关系。

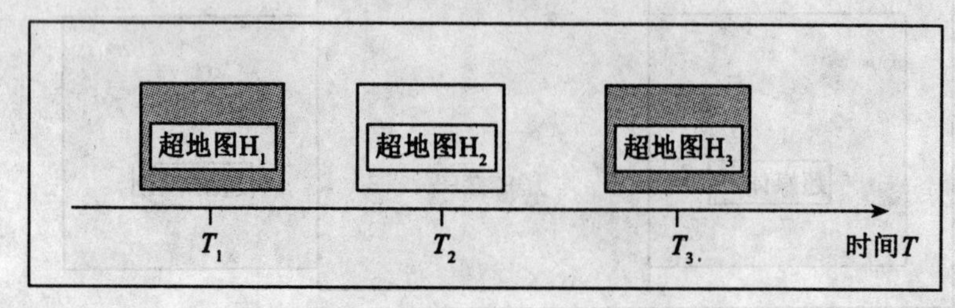

图 5-13　超地图的时间序列关系

④武断连接关系（Θ）。超地图 H_j 和超地图 H_i 之间没有任何直接关系。从 H_i 到 H_j 的过程，是一种武断连接的操作过程。超地图之间的横向浏览过程（H_i => H_j），可以视为一种武断连接 $H_i \Theta H_j$。有：TypeFeature = F_{Other}。

5.4.4　基于超地图模型的地理空间数据组织

在分布式地理信息服务的处理服务中，有许多来自于不同数据源的空间数据，我们把这些空间数据源分为三类：一是基于标准格式的数据源，例如 GML 格式的数据源；一是厂商原始的外部交换空间数据，例如 MapInfo 的 mif/mid 格式数据源；一是非空间数据厂商提供的空间数据，例如移动定位服务中的位置信息。可以把它们看做三个相互独立又相互联系的超地图，假设为 H_1、H_2 和 H_3，因此分布式地理信息服务的处理服务可以看成这几种不同类型超地图的操作，其操作的结果认为是三个超地图的集合，用 H 表示。因此，基于超地图模型的地理空间数据组织可以用图 5-14 来表达。分布式地理信息服务分布在不同的网络节点，在同一个节点内部可以对多个超地图进行包括联合、交叉、差分、投影、选择、乘方和连接的处理，形成新的超地图。

假设在服务器端采用分布式数据源方法获取了两个超地图 H_1 和 H_2，H'代表经应用服务器处理得到的超地图，那么有：

$H' = H_1 \cup H_2$。超地图 H_1 和 H_2 联合操作是指在超地图 H_1 或 H_2 的空间对象的并集。一个空间对象 O^S 在联合操作中只能选择一次，即使这个空间对象 O^S 为超地图 H_1 和 H_2 共有。

$H' = H_1 \cap H_2$。超地图 H_1 和 H_2 交叉操作是指在超地图 H_1 和 H_2 的空间对象的交集。

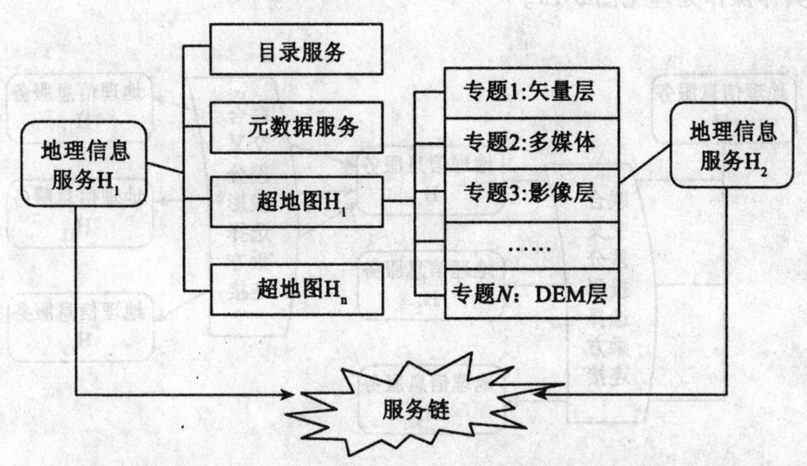

图 5-14　分布式地理信息服务节点基于超地图的地理空间数据组织

$H' = H_1 - H_2$。超地图 H_1 和 H_2 差分操作是指在超地图 H_1 中而不在 H_2 的空间对象的集合。

$H' = \pi O_1^S, O_2^S, \cdots, O_n^S$（H）。表示超地图的投影操作。投影操作是通过在超地图 H 中的有限空间对象产生另一超地图 H′的过程。表达式 πO_1^S，O_2^S，…，O_n^S（H）值代表仅由超地图 H 中的有限空间对象 O_1^S，O_2^S，…，O_n^S 决定的超地图 H′。

$H' = \sigma_C$（H）。表示超地图的选择操作，应用于超地图 H，产生带有超地图 H 的空间对象 O^S 的子集的新超地图 H′。H′是在 H 满足特定条件 C 空间对象的集合。

$H' = H_1 \times H_2$。H′表示超地图的笛卡儿积。超地图 H_1 和 H_2 的笛卡儿积指序偶的集合，序偶的第一成员超地图取遍 H_1 中元素，第二成员取遍超地图 H_2 中的元素。任何对象与超地图 H_2 中的所有对象的系列，并且这种系列具有传递性、对称性和自反性。

$H' = H_1 \otimes H_2$。指把在超地图 H_1 和 H_2 中有共同特性的空间对象提取出来，按一定的规则笛卡儿积形成的对象系列。更精确地说，假设 A_1，A_2，…，A_n 为超地图 H_1 中的空间对象 O_1^S 和超地图 H_2 中的空间对象 O_2^S 的共同属性，那么 H_1 与 H_2 中具有共同属性的空间对象的笛卡儿积就称做 $H' = H_1 \otimes H_2$。自然连接促使我们用特定的规则来形成空间对象系列。

具体操作处理见图 5-15。

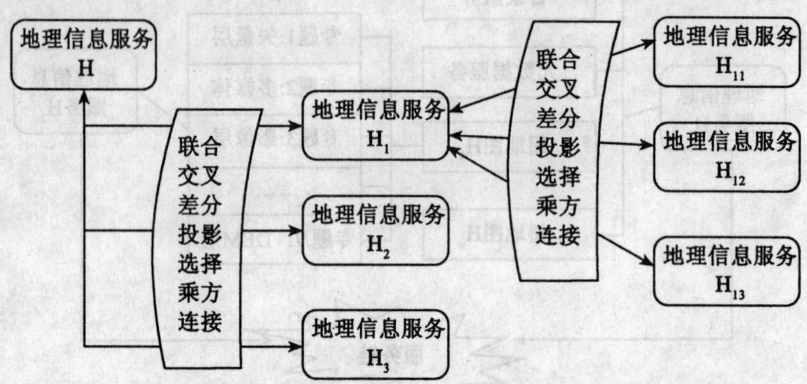

图 5-15 基于超地图模型的地理空间数据处理服务

5.4.5 实例

假设：$H = H_1 \cup H_2 \cup H_3$ 和 $H_1 \cap H_2 = \varnothing$，$H_2 \cap H_3 = \varnothing$，$H_1 \cap H_3 = \varnothing$。其中：$H_1$ 代表名称为 Mexico 的超地图；H_2 代表名称为 Canada 的超地图；H_3 代表名称为 USA 的超地图。其客户端超地图导航如图 5-16 所示，合并操作结果如图 5-17 所示。

在此模型中涉及的数据目录和空间索引方法可以用超地图投影操作算子表示，见下式：$H' = \pi O_1^S, O_2^S, \cdots, O_n^S(H)$。

对于数据目录方法，O_1^S，O_2^S，…，O_n^S 指带有超媒体 H^M 的空间对象集；对于空间索引方法，O_1^S，O_2^S，…，O_n^S 指带有超图形 H^G 的空间对象集。

在此模型中涉及的 SQL 查询和几何方法可以用超地图选择操作算子表示，如下式：$H' = \sigma_C(H)$。

对于 SQL 查询方法，条件 C 由带有超媒体 H^M 的空间对象集来定义；对于几何方法，条件 C 由带有超媒体 H^M 和 O_1^S，O_2^S，…，O_n^S 的空间对象集来定义。

超地图的显示，即通过多媒体属性和空间信息的显示表达超地图的信息。如表、图像、声音等属性的显示，点、线、面实体的表达，放大、缩小、漫游等操作。

距离分析是通过建立超图形 H^G 和空间属性 A^S 的内在联系而完成的。统

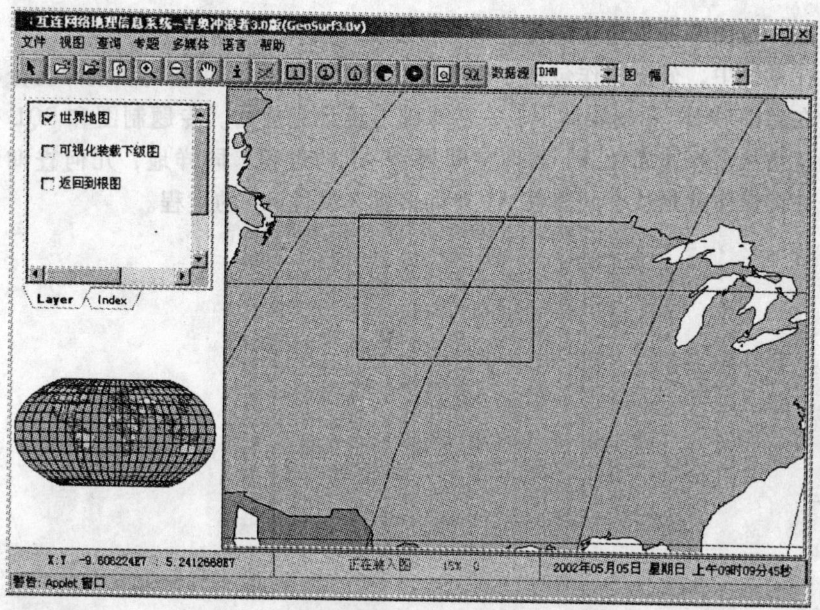

图 5-16　从世界超地图导航到美国超地图

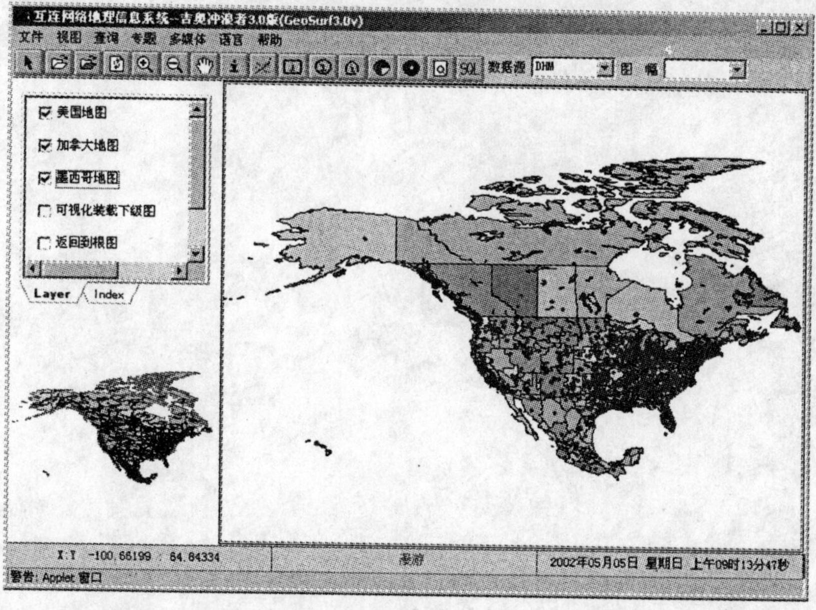

图 5-17　美国、加拿大和墨西哥超地图的合并操作客户端界面图

计图和专题图部件是通过超媒体 H^M 和多媒体属性 A^M 来构造的。

在系统中，分析操作包括专题制图、SQL 查询、几何查询和缓冲区分析等都是在超图形 H^G 和超媒体 H^M 关系基础上设计完成的。专题制图和 SQL 查询操作就是从多媒体属性 A^M 查询空间属性 A^S 的过程。同样地，几何查询和缓冲区查询操作就是从空间属性 A^S 查询多媒体属性 A^M 的过程。

第 6 章　分布式空间数据可视化

可视化（visualization）是指人脑中形成对某件事物（人物）的图像，是一个心智处理过程，促进对事物的观察及概念的建立等。从 20 世纪 80 年代开始，随着计算机软件、硬件技术的进步，可视化技术有了高速的发展。特别是多媒体技术、网络技术和虚拟现实技术的发展，为空间信息的可视化提供了更加广阔的发展空间。

6.1　表达模式

根据 OGC 互联网地图接口实现规范的定义，基于 Web 的空间信息可视化包含了查询、生成、扩展和显示四个最基本的过程。查询又称为过滤，是指从原始数据中得到符合客户机查询条件的数据集合；生成又称为生成显示系列，即把查询得到的数据集合组合生成一个显示元素的序列；扩展又称为成形，即将显示元素系列生成最终要显示的地图结果；最后将准备好的地图送往显示设备进行最终显示（OGC，2000）。

互联网上的空间信息表现经历了一个从简单到复杂、从呆板到丰富、从自发到自觉、从静态到动态的发展过程。如图 6-1 所示，它包含以下四个最基本的阶段：最开始为静态的栅格地图，发展到动态的栅格地图；其次从栅格地图发展到栅格地图加矢量地图的表现方式；然后从二维的表现方式发展到矢量、影像加上 DEM 的三维表现方式；最后，从三维的表达发展成为虚拟地理环境，不仅包含了视觉，还包含了听觉、嗅觉等感受，具有交互、沉浸、主动的特点。

图 6-1　互联网空间信息可视化的四个阶段

从互联网空间信息应用的实践和发展来看，在客户端的表达内容如表 6-1 所示，它包含：栅格地图、矢量地图、三维地图和虚拟地理环境。

表 6-1　　**客户端空间信息表现比较**

显示	原始数据	查询	生成	扩展	服务模式	实现技术	内容
栅格地图	文件	服务端	服务端	服务端	瘦服务/瘦客户	Html、CGI、PHP、ASP、Servlet	文本、图片、声音和多媒体
	数据库	服务端	服务端	服务端	胖服务/瘦客户		
矢量地图	文件	服务端	服务端	客户端	胖服务/中等客户	Java2D、SVG、ActiveCGM	符号、颜色、填充模式
	数据库	服务端	服务端	客户端	胖服务/中等客户		
三维地图	文件	服务端	服务端	客户端	瘦服务/胖客户	Java3D、OpenGL、Chromeffects	纹理、光照、材质
	数据库	服务端	服务端	客户端	胖服务/胖客户		
虚拟地理环境	文件	服务端	服务端	客户端	瘦服务/胖客户	VRML、X3D	造型、纹理、动画和视点
	数据库	服务端	服务端	客户端	胖服务/胖客户		

6.1.1　栅格地图

栅格地图是互联网地理信息系统中最常用的可视化形式，其方法有多种：一种是将地图图像预先生成，并使地图图像包含符号信息，即静态地图图像；另一种是允许用户有一定的权限来控制地图图像的表现，如选择显示的特征类型、改变地图图像符号等操作。地图图像既可以是静态图像，也可以是动态图像。用户能进行放大、缩小、漫游等操作。它的预先生成往往在服务器端完成，通常调用通用的函数接口（例如 NSAPI 或 ISAPI），或者直接采用服务器端的动态网页技术（例如 ASP、JSP、CGI、PHP、Servlet 等）生成通用的栅格地图图像例如 JPEG、GIF；在客户端仅仅只是显示，由于通用浏览器都支持标准的栅格地图，因此不需要扩展浏览器的功能，属于瘦客户模式。在服务器端，数据的存储通常使用文件和数据库两种方式：文件的原始存储方式可能是矢量数据或栅格数据，矢量数据存储方式通过服务器端的地图查询、生成和扩展服务提供给客户机需要的栅格或影像地图。

6.1.2 矢量地图

矢量地图（刘荣高等，2001；李青元等，2001）是传统地理信息系统最常用的可视化方式。由于通用浏览器不支持矢量图形，因此只有通过扩展浏览器的功能，例如通过 PugIn、ActiveX、Java、SVG 就可以在浏览器中显示 DXF，ActiveCGM 等矢量地图。与栅格地图相比，矢量地图具有精美、精确和精细的特点。除此之外，矢量地图能够方便地放大、缩小、漫游和根据图层显示，但是由于矢量数据传输的数据量比较大，因此首次下载的时间较长，解决的方法是建立多比例尺的矢量数据库。由于浏览器客户端的资源参差不齐，因此在符号表达时不可能像传统的地理信息系统那样完备。在服务器端，对于存储在文件中的矢量数据，通常通过一个空间数据引擎中间件把不同格式的原始数据，在线转换成客户端浏览器地理信息软件能够读取的文件流或者对象流，然后在客户端扩展和显示；对于存储在数据库中的矢量数据，首先通过一个空间数据查询中间件得到选择的空间数据集合，然后再通过一个空间数据引擎解析成客户机能够识别的数据格式，通过数据流传输给客户机扩展和显示。两者均属于胖服务/中等客户模式。

6.1.3 三维地图

能够在通用 Web 浏览器上直接显示、查询和分析动态三维地图（陈静，2004）的软件并不多见，这主要是受技术和网络带宽的影响。虽然 Web3D 的技术层出不穷，流行的有 Java3D、Viewpoint、Cult3d、pulse3D、shout3D、blaxxun、shockwave3D 和 Atmosphere B3D 等，但是用来创建三维地图的流行的技术仅仅只有 SGI 公司的 OpenGL、SUN 公司的 Java3D 和微软公司的 Chromeffects 等。OpenGL 的实质是作为图形硬件的软件接口，是一组三维的 API 函数，通过对这些 API 函数进行编程，作为插件或 ActiveX 扩展浏览器的功能，支持三维图形；Java3D 是 SUN 公司对 OpenGL 或 DirectX 函数库的 Java 实现，通过在客户端安装 Java2 和 Java3D 插件，软件编程人员通过调用 Java3D 的函数库编写 Java Applet，客户通过动态下载 Applet，完成三维图形的显示和操纵；Chromeffects 技术主要依赖于 XML 语言将三维图形与网页联系在一起，利用 Chromeffects 技术，我们可以将整个网页放在三维形体（如一个立方体）上面，而且三维形体可以旋转，从而显示更多的网页。

6.1.4 虚拟地理环境

虚拟地理环境是一个带有地理坐标的 VR 场景，通常通过 VRML 和一些三维建模工具来实现。VRML 是一种描述交互式三维世界和对象的文件格式，允许作者去描述三维对象并把它们组织到所构想的虚拟场景和世界中（李德仁等，2000；龚健华等，2001）。VRML 和宽带网络的出现使构造网络用户间交互与共享的虚拟世界的梦想成为可能。通常，一个 VRML 文件定义组成等级的一套结点，VRML 虚拟场景就是描述和解释这些出现在 VRML 文件中的完全有顺序的等级现象的一种方式。VRML 虚拟场景描述的内容可分为两类：实体对象的描述和实体间动态行为（交互动画）的描述。一般场景中的实体对象从两个层次进行描述，实体间的动态行为（交互动画）的描述是建立在事件的触发机制上的，通过对时间的跟踪来实现事件的合理调度，进而根据需要改变实体的状态，从而体现出实体间的动态联系，包含触发阶段、逻辑阶段、时间阶段、引擎阶段和目标阶段。与其他三维工具所描述的模型世界相比，VRML 虚拟场景所具有的独特魅力在于：描述的世界是一个逼真的世界；整个探索过程由用户控制而不是计算机；描述的世界是一个交互的世界；二维、三维对象，动画和多媒体融合成了一种媒体，使信息描述更加形象化，有利于信息的最终理解和接收。

6.2 二维地图表达

6.2.1 基于 Java2D 技术的二维表达

1. 概念

Java2D（Sun，2009）是 SUN 公司在 Java1.1 绘制模型的基础上，从 Java1.2 后，针对网络环境下绘图的需要，全新开发的高质量图形图像程序包，包含了绘图环境（Graphics2D）、几何模型、画法属性、影像处理、坐标变换等特性。它是 JDK1.2 的重要组成部分，由 java. awt、java. awt. image、java. awt. color、java. awt. font、java. awt. geom、java. awt. print、java. awt. image. renderable 和 com. sun. image. codec. jpeg 包组成，能完成点、线、面等几何形体和自定义二维复杂形体的绘制。

2. 基本功能

Java 2D 提供了实现非常复杂图形的机制，这些机制同 Java 平台的 GUI 体系结构很好地集成在一起。尤其是，Java 2D 为开发人员提供了下列功能：

①渲染质量的控制。没有 Java 2D，绘制图形时就无法进行抗锯齿，而分辨率也变得最小，只有一个像素。

②裁剪、合成和透明度。它们允许使用任意形状来限定绘制操作的边界。它们还提供对图形进行分层以及控制透明度和不透明度的能力。

③绘制和填充简单及复杂的形状。这种功能提供了一个 Stroke 代理和一个 Paint 代理，前者定义用来绘制形状轮廓的笔，后者允许用纯色、渐变色和图案来填充形状。

④图像处理和变换。Java 2D 同 Java 高级图像 API（Java Advanced Imaging API（JAI））协作，支持用大量图形格式处理复杂的图像。Java 2D 还提供了修改图像、形状和字体字符的变换能力。

⑤高级字体处理和字符串格式化。允许像操作任何其他图形形状一样操作字体字符。除此以外，可以如文字处理程序一样，通过 String 中的字符应用属性和样式信息来创建格式化文本。

⑥改进的绘图环境。在 Java1.1 绘图环境 java.awt.Graphics 类的基础上，设计了新的绘图环境 java.awt.Graphics2D，兼容原有的功能，并在画笔、字体方面的支持做了重大改进。

另外，它还有可扩展的几何模型、可变换的字体、增强的影像处理和新增的坐标变换功能。

3. 几何模型

java.awt.geom 包包含可以绘制任何形状的“GeneralPath”类。它可以由许多不同种类的子路径构成，例如线段和曲线等。同时定义了许多基本几何图形，包括 Arc2D、CubicCurve2D、Line2D 等。这些类有两种坐标精度，分别是浮点型和双精度类型。此外，CAG（constructive area geometry）操作可以对基本图形做布尔运算而产生新图形，包含并（union）、交（intersection）、差（subtraction）和 Exclusive OR（XOR）等运算。AffineTransform 类则提供图形对象缩放、旋转和卷积等形式的坐标转换功能。

Java 2D API 提供了几种定义，诸如点、直线、曲线和矩形等常用几何对象的类。这些新几何类是 java.awt.geom 包的组成部分。为保持向后兼容性，以前版本的 JDK 软件的几何类（例如 Rectangle、Point 和 Polygon）仍在 java.awt 包中。

Java 2D API 几何类（例如 GeneralPath、Arc2D 和 Rectangle2D）实现 java.awt 定义的 Shape 接口。Shape 提供说明、检查几何路径对象的公共协议。

新接口 PathIterator 定义了从几何形状检索元素的方法。用几何类可以很容易地定义和处理几乎所有二维对象。Jave 2D 几何对象及其用途如表 6-2 所示。

表 6-2　**Java2D 几何对象及其用途表**

几何对象	用　途
Arc2D Arc2D. Double Arc2D. Float	表示用外切矩形、起始角、角度和闭合类型定义的圆弧。用来指定圆弧，包括浮点和双精度两种方式：Arc2D. Float 和 Arc2D. Double
Area	表示支持布尔操作的区域几何形状
CubicCurve2D CubicCurve2D. Double CubicCurve2D. Float	表示（w）坐标系中一段三次方程曲线。用来指定三次曲线，包括浮点和双精度两种方式：CubicCurve2D. Float 和 CubicCurve2D. Double
Dimension2D	封装宽和高，所有存储两维的对象的抽象父类
Ellipse2D Ellipse2D. Double Ellipse2D. Float	表示用外切矩形定义的椭圆，用来指定椭圆，包括浮点和双精度两种方式：Ellipse2D. Float 和 Ellipse2D. Double
FlatteningPathIterator	返回 PathIterator 对象的整平视图，可用来为自身不能进行插值计算的 Shapes 提供整平操作
GeneralPath	表示由直线及二次、三次曲线形成的几何路径
Line2D Line2D. Double Line2D. Float	表示（x，y）坐标空间的线段，用来指定直线，包括浮点和双精度两种：Line2D. Float 和 Line2D. Double
Point2D Point2D. Double Point2D. Float	代表（x，y）坐标空间中某个位置的点，用来指定点，包括浮点和双精度两种方式：Point2D. Float 和 Point2D. Double
QuadCurve2D QuadCurve2D. Double QuadCurve2D. Float	表示（x，y）坐标空间中一段二次方程曲线，用来指定二次曲线，包括浮点和双精度两种方式：QuadCurve2D. Float 和 QuadCurve2D. Double

续表

几何对象	用　途
Rectangle2D Rectangle2D. Double Rectangle2D. Float	表示由（x，y）位置和（w，x，h）维定义的矩形，用来指定矩形，包括浮点和双精度两种方式：Rectangle2D. Float 和 Rectangle2D. Double
RectangularShape	为处理有矩形边界的形状提供公共处理例程
RoundRectangle2D RoundRectangle2D. Double RoundRectangle2D. Float	表示由（x，y）位置、（w，x，h）维及角弧的宽和高定义的圆角矩形，用来指定圆角矩形，包括浮点和双精度两种方式：RoundRectangle2D. Float 和 RoundRectangle2D. Double

4. 编程接口

java. awt 包含了一些新增的 2D API 类和接口。其中 Graphics2D 类继承自 java. awt. Graphics 类，是描绘 2D 图形的对象。如同前版本的 JDK 所使用的绘图模式一样，当有对象要被描绘时，paint 或是 update 方法会自动根据适当的图形上下文来获得图形设备的描述，完成绘图的工作。所谓的图形上下文是与图形设备相关状态属性的集合。在 Graphics2D 中新增了许多状态属性，例如 Stroke、Paint、Clip、Transform 等。

在 Java2D 编程中，主要步骤包含如下：第一个步骤是产生 Graphics2D 对象；其次是设置状态属性，例如想要对一几何对象做渐进式的填色，可以设定属性 Paint 为 GradientPaint；最后调用 Graphics2D 所提供的 Rendering 方法，比如 fill 或 draw，完成图形的绘制。

5. 在网络 GIS 应用

由于其良好的扩充性、优越的跨平台性、丰富的功能和动态代码运行机制，目前 Java2D 已经在网络 GIS 的客户端表达中占有重要的位置。例如，流行网络 GIS 软件都有基于 Java2D API 的客户端浏览工具，可以用于地图要素的绘制、符号的表现、动态注记（如图 6-2）（朱欣焰等，2004）、专题图制作和统计图（如图 6-3）的生成。

6.2.2 基于 SVG 技术的二维表达

1. 概念

SVG 规范是万维网联盟（W3C）为适应 Internet Web 应用的飞速发展而制

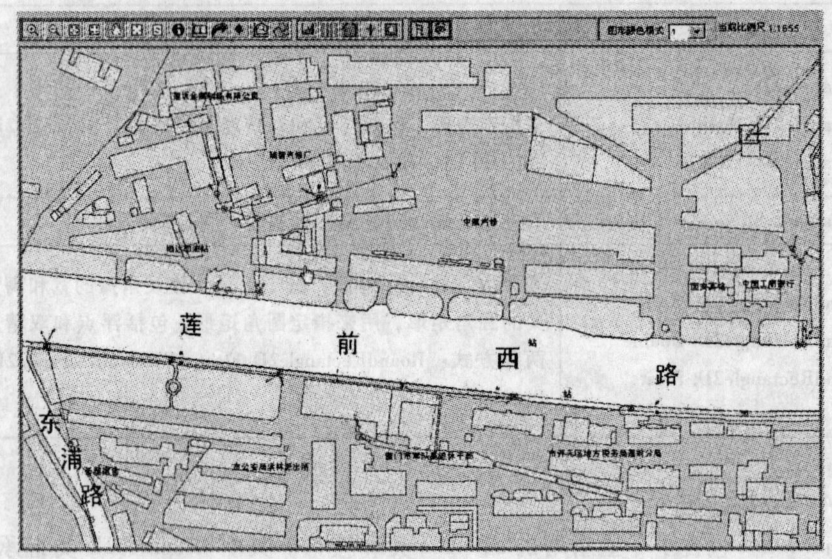

图 6-2　Java2D 用于电力网络 GIS 动态注记表现图

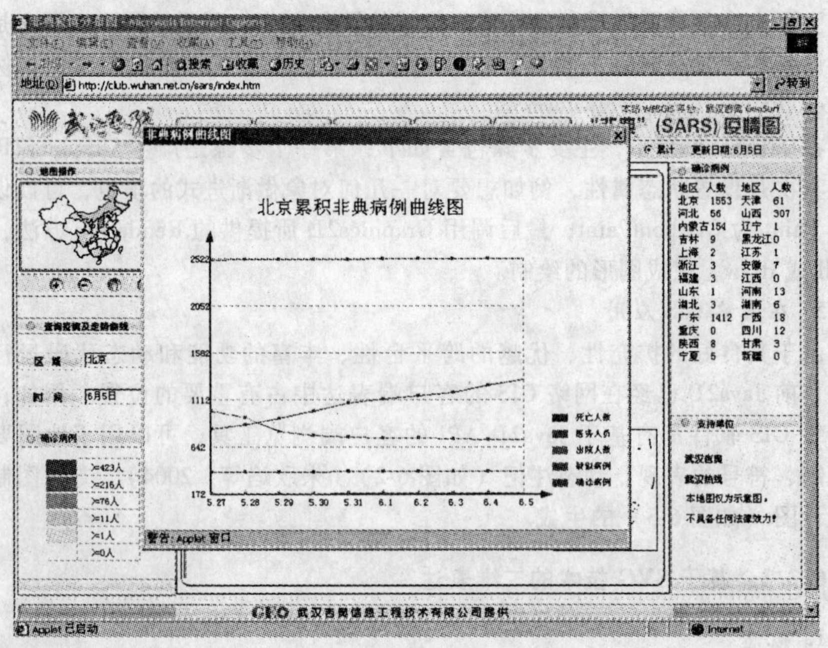

图 6-3　Java2D 用于非典网络 GIS 制作统计图

定的一套基于 XML 语言的可缩放矢量图形语言描述的规范。SVG 是用来描述二维矢量图形和矢量/栅格混合图形的标记语言，其全称是可缩放矢量图形（scalable vector graphics）。其中，“可缩放”（scalable）一词在图形图像技术上指的是它不局限于固定的分辨率和大小，譬如可在不同分辨率的屏幕上以相同的大小显示，也可以在同一个网页中以不同的大小，或观全局，或观细节；而在网络技术上，则指的是这一规范能够与其他规范相融合，从而能满足更广泛的用户需求，并适合于更广泛的应用方式。“矢量”（vector）是指规范中描述了直线、曲线、形状等几何图形是如何按指令绘制的，而无须像 PNG、JPEG 等图像格式那样逐像素进行描述。“图形”（graphics）是指它提供了对矢量和矢量/栅格混合图形的描述，因而填补了大多数基于 XML 的标记语言规范对复杂图形描述的空白（邓凯，2002）。

W3C 对 SVG 的解释是：SVG 是一种使用 XML 来描述二维图形的语言。它允许三种形式的图形对象存在：矢量图形、栅格图像和文本。各种图形对象能够组合、变换，并且修改其样式，也能够定义成预处理对象。文本是 XML 名字空间中的有效字符，这些字符能被作为 SVG 图形的关键字保留在搜索引擎中。SVG 的功能包括嵌套变换、路径剪裁、透明度处理、滤镜效果以及其他扩展，同时，SVG 图形支持动画和交互，也支持完整的 XML 的 DOM 接口。任何一种 SVG 图形元素都能使用脚本来处理类似于鼠标单击、双击以及键盘输入等事件。并且因为同 Web 标准兼容的缘故，SVG 还能够在同一个 Web 页面里凭着继承自 XML 的名字空间等特性来完成一系列交互操作（周文生，2002）。

2. 规范

现阶段的网络 GIS 是建立在传统的 Web 语言——HTML（超文本标识语言）基础上的。HTML 是一种文本显示语言，随着 Web 上信息多样化的发展，其不利于表现空间数据的弊端也逐渐暴露出来。首先 HTML 页面擅长数据的表现，但不能准确地描述数据的内部结构和相互关系，不利于复杂空间数据的查询和整合。HTML 页面所表达的信息是静态的，不能根据用户的实际要求进行动态变化和表达。HTML 仅仅给出空间信息的显示信息，没有给出描述对象的其他信息，属性操作由服务器处理，大大地增加了网络流量。尤其是 GIS 处理海量数据，又受到 Internet 的网络带宽及其他路由的限制，更降低了网络效率。此外，HTML 语言不支持矢量图形。这两大缺陷成为限制 Web 应用的障碍。

为了解决 HTML 没有可扩展性的问题，1998 年 4 月，来自 Adobe、IBM、

Netscape 以及 SUN 公司的几支队伍向 W3C 提交了基于 XML 的 PGML (precision graphics markup language，精确图形标记语言）的语言规范；同年 5 月，HP、Micromedia、Microsoft 和 Visio 等公司也向 W3C 公司提交了同样基于 XML 的 VML（vector markup language，矢量标记语言）规范。W3C 公司综合二者之长，组织了最早的 SVG 工作小组，并于 2000 年 8 月正式公布了 SVG 图像格式建议书，即 SVG1.0 规范。目前，SVG1.2 草案已经出台，2.0 草案正在分析之中。

PGML 是由 Adobe 创建的 XML 词表，它基于 Adobe 的 PostScript 映射技术。虽然 PGML 是描述矢量图形的丰富词表，但是 Adobe 仍创建了一个名为 SVG 的并发词表，它依赖于 PGML 并在许多方面超越了它。PostScript 是一种用于打印的与具体设备无关的可编程语言。SVG 与 PostScript 类似，都是基于文本形式，能够很好地描述可缩放的文字和图像，只是用 PostScript 形成的文件很大，不适合网络上传输。VML 是由 Microsoft 创建的 XML 词表，它支持格式化和样式化矢量图形，但是其当前版本不能直接支持动画。SVG 是 PGML 和 VML 思想的合并，它提供了有关矢量图形的更为现代的表达方法，直接支持动画、填充、高级排版等，SVG 将会成为 Web 上的矢量图形标准。

3. 特征

1）基于 XML 标准

XML 是公认的拥有无穷生命力的下一代网络标记语言。与 HTML 一样，XML 也源自 SGML（standard generalize markup language，标准通用标记语言）。它拥有 HTML 语言所缺乏的巨大的伸缩性和灵活性。XML 不再像 HTML 一样有着一成不变的格式，它实际上是一种元标记语言，使用者可以定义无限个标记来描述文件中的任何数据元素，从而突破 HTML 固定标记集合的约束，使文件的内容更丰富、更复杂、更容易组成一个完整的信息体系（王冲等，2003）。SVG 的含义源于此，它是一种基于 XML 语言的纯文本的图形格式。SVG 提供了丰富的矢量几何图形元素和一种通用的“路径”（path）元素来创建复杂的图形，还提供了丰富的渲染效果。

2）由文本构成图形

SVG 最奇妙之处在于它是一种文本格式的图形。也就是说，我们可以不用任何图形图像处理工具，仅仅用记事本就可以生成一个 SVG 图形（周文生，2002）。这对图像处理的工作者来说可能会感到不可思议。其实仔细想想也可以理解，矢量图形一般是以算法指令来描述的，而 SVG 就是采用了这样的指令方式。建立在文本基础上的 SVG 图形中的所有的描述语句都可以直接观察到，所以非常容易进行二次修改与更新，“可升级”的特点在这里可以得到恰当的体现。例如一个实心圆的矢量图形可以这样生成（图 6-4）：以坐标（50，50）为圆心，画一个半径为 40 像素的圆，用蓝色填充，SVG 采用了这样的指令：

```
<SVG width = "500"  height = "500"   >
    <CIRCLE style = "fill: blue"  cx = "50"  cy = "50"  r = "40"   >
</SVG>
```

图 6-4　圆的代码示意图

3）灵活的文件格式

以前的图像都以位图的形式保存，因而图像形成以后不能单独对之进行修改；在 PNG 格式中这一点有所改进，文本可作为一个独立的层存在；SVG 更灵活地扩展了图像的文件格式，由三个部分组成：矢量图形、图像和文字。这样 SVG 不仅仅可以应用于矢量图形、文字对象，同样可以制作出任何其他图像格式能达到的效果。

由于文件格式是文本形式的，可以很容易地在以后任何时候进行修改。而且在页面运行的过程中，也可以对很多部分做及时的修改，其中的图形描述还可以重复使用（侯宇等，2002）。

4）支持交互性

图像和交互在以前是两个分开的概念。例如在一个网页中，按钮仅仅是一个图像，按钮的交互部分是由网页中的 Script 语句来实现。SVG 的出现突破了这个限制。它支持 SMIL（synchronized multimedia integration language），使得在图片内进行交互成为可能，这是以往的图像所不能做到的。

5）内嵌动态字体

有过 DHTML（动态 HTML）经验的用户都知道，DHTML 中可使用用户系统中没有的字体，在用户浏览时，根据需要通过 Web 即时下载。这对于英文系统来说是可以理解的，因为一种英文字体的文件大小一般在几十 K 左右。而对于中文系统来说，这种方法便不可取，因为任何种类中文字体的文件量都在 2～3M 以上，用户不可能为了观看几个汉字而浪费大量的时间和精力。

SVG 采用了一种科学的方法来解决动态字体的问题，它内嵌了文字的字体形状，用户不需要完全下载所有的字体文件。这对于中文用户来说是相当便利的（周强中等，2003）。

6）矢量图形

矢量图形由线框和填充物等组成，它由计算机根据矢量数据进行计算，然后绘制而成。矢量图形相对于位图有以下特点：一是文件的大小与图形的复杂程度有关，而与图形的尺寸无关；二是图形的显示尺寸可以无极缩放，变化后不影响图形的质量。所以在图形复杂程度不大的情况下，矢量图形具有文件量小、可无极缩放的优点。

正是矢量图形的这些特征，使得它尤其适合网上传播，许多公司都开发出用于网上传输的矢量格式，如 Macromedia 公司的 SWF 格式。但是，由于矢量图形都是由各公司自行开发，所以没有统一的标准。而 SVG 的出现将迅速改变这一状况，其原因有两点：一是制定 SVG 标准的是 W3C 公司，这使得 SVG 像 HTML、XML 一样成为浏览器默认的支持格式；二是由于众多厂商的支持，使得制作 SVG 的工具软件将大大增多，功能增强。

4. 数据模型

SVG 提供了如图 6-5 所示的基本图形元素：直线（<line>）、路径（<path>）、圆（<circle>）、图标（<symbol>）、文字（<text>）、图像（<image>）等。另外，路径元素 <path> 与这些元素所描述的形状在本质上是一样的，只是这些基本形状是路径的特例。这些基本形状也可以进行勾边、填色或作为剪切路径使用，具有与路径相同的特性。所有 GIS 定义的简单几何体都可以通过这些基本形状与路径得以显示表现，只是要注意 SVG 中没有点元素，但可以用带有填充色的圆来表示点元素。

网络 GIS 中的标注信息，也可以用 SVG 文本来显示。SVG 中的一行文本可以被编排成普通的直线形，也可以按照某一路径编排，比如把一行文本沿公路、河流等线状地理特征标注。此外，SVG 支持各种字体和字号。这些 SVG 标注可以被复制、粘贴，并且可以被查找搜索，通过搜索这些标注，可以发现被标注的地理特征。这些图形对象可以通过设置不同的属性、显示样式来达到不同的显示效果。图形对象在 SVG 文件中以 XML 标签的形式存在，地图对象属性以标签的属性来存取，通过 SVG DOM 对象的方法来存取对象及属性。

同时 SVG 中还提供了组的管理（<g>标签）、定义（<defs>）及引用等功能。<g>标签可以作为管理图层的标签使用，<defs>标签可以在其间定义图例、地图的符号或预定义地图对象的显示样式等。下面给出一个例子，说明 SVG 如何用标记描述如图 6-6 所示的矢量图形。

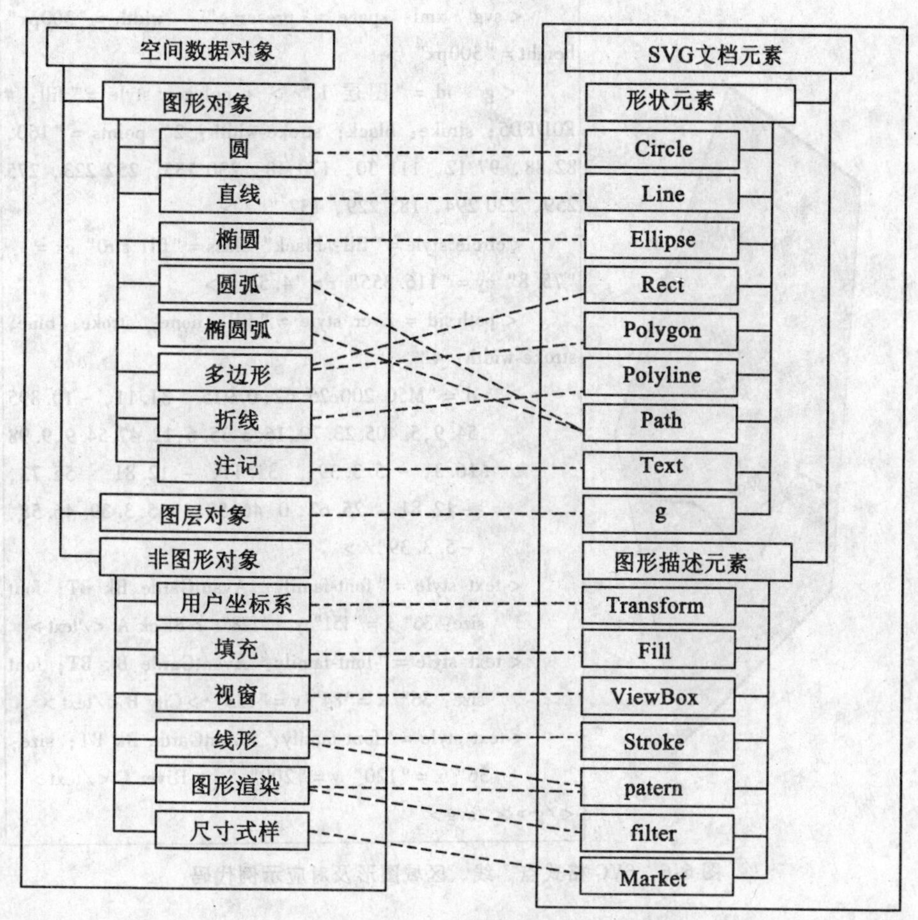

图 6-5 地图对象与 SVG 元素间的对应关系

其中，第 1 行的 <svg> 和第 22 行的 </svg> 标记定义了 SVG 图形的容器。第 3 行的 <g> 和第 22 行的 </g> 定义了一个图层。第 4 行到第 21 行分别描述了区域 Block A、城市 City B 和河流 River C。通过各种标记中的 style 属性，可以控制地图对象的颜色、线宽和区域填充颜色等属性。

5. 在网络 GIS 应用

1）电子地图

在 SVG 可以实现空间数据的组织的同时，可以对各图形元素施以填充，勾勒边界，使用滤镜效果等，通过 XSL（extensible stylesheet language）或 CSS

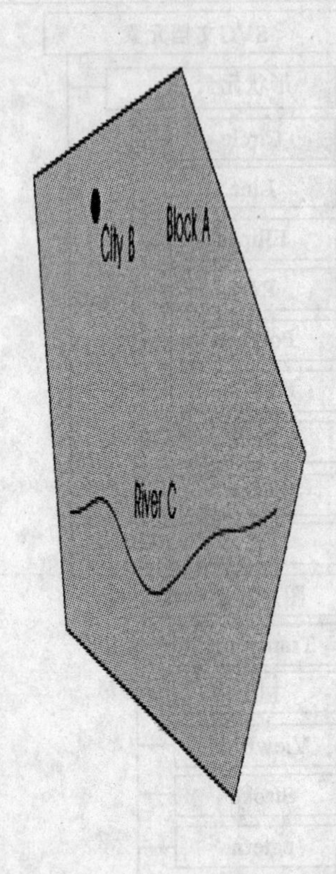


```
< svg   xml: space = " preserve"    width = " 300px"
height = " 300px"  >
    < g   id = " 图层 1"  > < polygon style = " fill: #
F0DFD5; stroke: black; stroke-width: 2" points = " 160,
82 88, 97 12, 111 30, 170 48, 230 135, 252 223, 275
259, 230 294, 183 229, 132 "  / >
    < circle style = " fill: black"  class = " fill str0"  cx =
" 75. 8"  cy = " 116. 355"  r = " 4. 5"  / >
    < path id = river style = " fill: none; stroke: blue;
stroke-width: 4"
        d = " M50 200c25. 62, 0. 915   31. 11, - 10. 895
        54. 9, 5. 405 23. 79, 16. 3 35. 6, 12. 47 54. 9, 9. 98
        16. 3,  - 5. 3. 39    31. 11,  - 12. 81    55. 73,
        - 12. 81    25. 62, 0  46. 58,  - 5. 3. 39  46. 58,
        - 5. 3. 39" / >
    < text style = " font-family: AvantGarde Bk BT; font
      size: 36"  x = " 151"  y = " 128"   > Block A  < /text >
    < text style = " font-family: AvantGarde Bk BT; font
      size: 36"   x = " 84"  y = " 133"   > City B < /text >
    < text style = " font-family: AvantGarde Bk BT; size:
      36"  x = " 120"  y = " 200"  "   > River C < /text >
< /g > < /svg >
```

图 6-6 SVG 格式点、线、区域图形及对应示例代码

（cascading style sheets）的方法添加各种样式等操作；路径可以辅助实现文本按路径摆放，基于路径的动画等效果；SVG 通过坐标矩阵的变换可以实现视区坐标与用户坐标（地理坐标）的转换等；SVG 的颜色管理同时支持 RGB 规范和 ICC（international color consortium）颜色规范，可以显示出丰富的色彩；SVG 中还提供了剪切路径（clipping paths）和蒙版（mask）技术。使用剪切路径可以使在路径定义区域之内的图形显示出来，而屏蔽其外的图形。蒙版操作通过改变目标对象的 Alpha 值来生成如淡入淡出、融入背景等特殊效果，可以应用于鹰眼图的操作。

因此，SVG 很适合描述和表现电子地图。图 6-7 是 SVG 普通地图的表现效果。

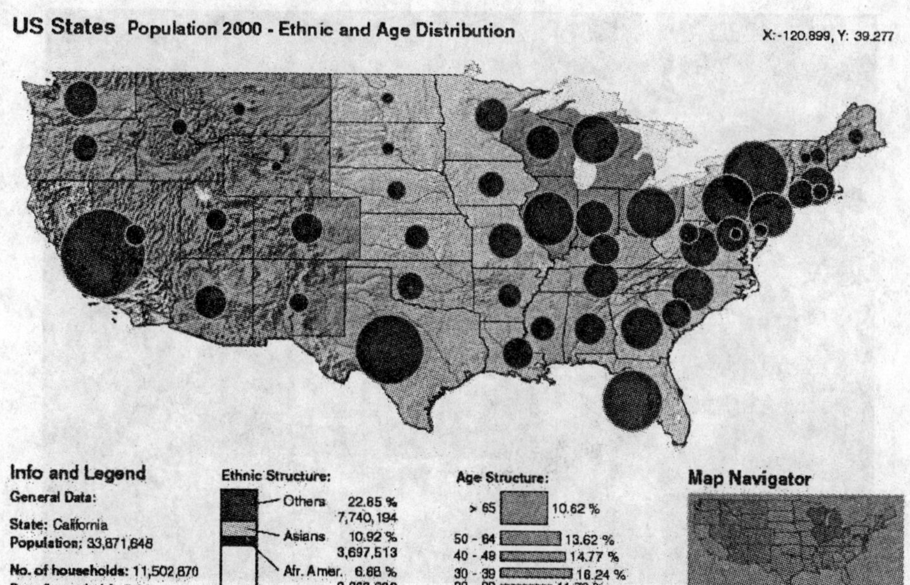

图 6-7　SVG 普通地图的表现效果

2）多媒体地学信息

SVG 图形能实现很强的交互性和动画效果。在多媒体地学信息中有着很光明的前景。SVG 的动画也可以通过脚本语言访问其 SVG 的文档对象结构（DOM）来实现。这种方法提供了对图形所有元素及其特征属性的访问和动态更改的途径，不仅可以实现动画，而且可以通过事件触发，提供强大的交互功能。结合脚本语言和动画元素，可以产生极其丰富的图形效果，非常适合表现空间信息的时空变化，如应用于天气预报，一方面将大量的数据转化为图像，显示某个时刻的等压面、等温面、风力大小与方向、云层的位置及运动、暴雨区的位置与强度等，使预报人员对天气作出准确分析和预报；另一方面根据全球的气象监测数据和计算结果，可将不同时期全球的气温分布、气压分布、雨量分布及风力风向等以图像形式表示出来，从而对全球的气象情况及变化趋势进行研究和预测。图 6-8 和图 6-9 是台风随时间变化的情况图。

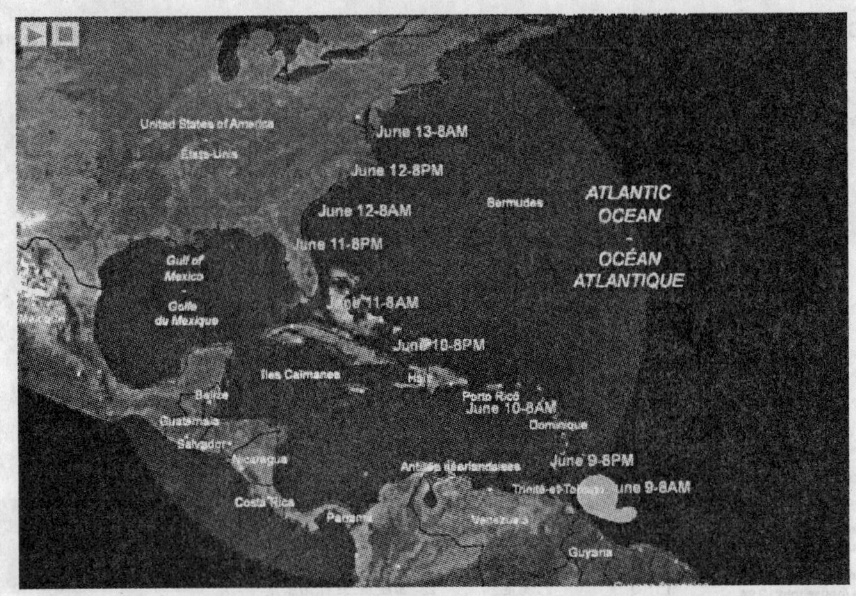

图 6-8　2004 年 6 月 9 日 8 点的情况

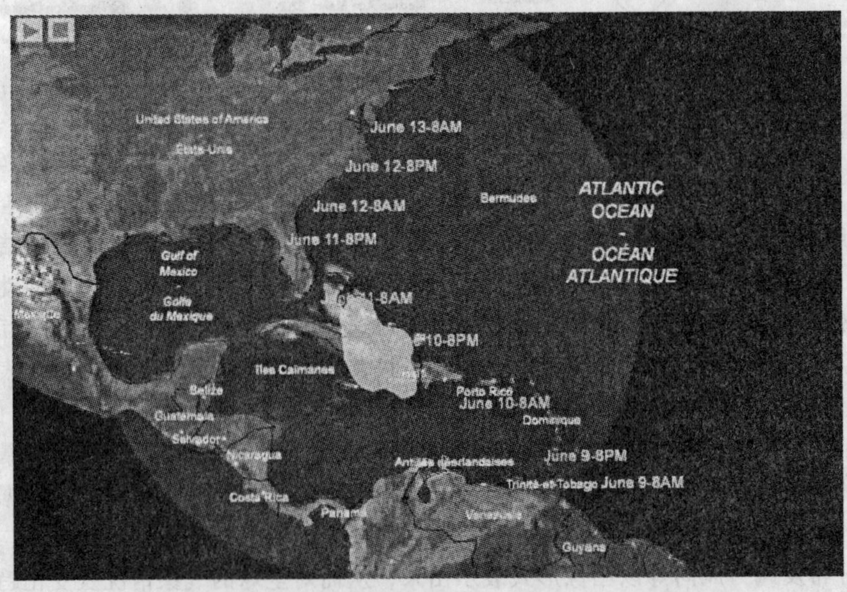

图 6-9　2004 年 6 月 10 日 8 点的情况

6.3 三维地图表达

传统的二维显示技术，难以真实再现人们所生存的现实的三维客观世界，不能满足人们对三维地物的查询分析要求。在网络技术、分布式计算技术和图像处理与显示等相关技术发展的多重推动下，从二维显示到三维显示成为空间信息表达的发展趋势。较之二维表达，三维表达数据量更为庞大。目前先进的数据压缩技术（如小波压缩）、数据优化显示技术（如静态层次模型和动态层次模型）、紧凑的数据结构（如 R-tree 可以有效地组织和存储空间数据）、渐近式传输等技术研究不断深入，使得实时的网络三维显示成为可能。在分布式环境下实现三维可视化可以很好地展现空间信息服务的数据，用户可以使用三维视图的各个操作满足各种需求，以及在共同协作的环境下进行决策分析，等等。

国内外许多公司和科研机构对网络三维信息表达进行的研究，使得空间信息技术逐渐走向普及。如 Google 公司推出的 Google Earth 可以很快地从互联网上获取数据和显示，其整合了 Google 的本地搜索以及驾车指南两项服务，能够鸟瞰世界。又如美国国家航天宇航局开发的网络三维开源软件 WorldWind 可以让用户从太空视角全面观察地球、月球、火星表面。另外还有加拿大约克大学 GEOICT 实验室开发的 GeoServNet 3D（Tao，2001）软件，可以对三维世界进行自定义路径飞行、剖面分析、视域分析、临界面分析等。

6.3.1 基于 Java3D 的三维表达

1. 概念

Java 3D API（Java Three-Dimensional Application Programming Interface）（张杰，1999）是 SUN 公司于 1999 年 3 月首次发布的用于编写网络 3D 图像的小应用程序接口，不是普通的图像系统，而是一种可使设计者快速编写应用程序的面向对象的程序设计语言。它为用户在 Internet 上开发、创建、渲染和操作三维几何体，灵活地描述了大型虚拟世界，为实现基于 Web 的 3D 图形显示提供了新技术。

Java 3D 是 Java API 中 JavaMedia 组件的一个部分，是在现有的图像 API 和最新的三维图形技术基础上发展起来的，能有效地应用于各种平台。Java Applet 和 Java 3D 一起可以实现嵌在 Web 页面上的动态的、实时的、交互性的三维虚拟场景。由于目前世界上用得最多的两大浏览器（IE 浏览器和 Netcape 浏览器）都不支持 Java 2，所以用户在浏览小应用程序时，必须先下载安装

Java 2 和 Java 3D 插件。Java 3D API 是 OpenGL 或 Directx 3D 的高级图形接口，它跟 OpenGL 的差别就像 C 语言跟汇编语言的差别一样，OpenGL 是底层的图形库，而 Java 3D 是 OpenGL 的高级图形函数接口。采用 Java 3D 实现三维虚拟场景比 OpenGL 要容易，而且它借鉴了 VRML 2.0 的一些特性，提供了碰撞检验，还可以直接调用 VRML 2.0 格式和 OBJ 格式的三维图形文件，通过处理，间接调用 DWG、DXF、3DS 格式的三维图形文件。这些格式的三维形体可以非常方便地应用在 Java 3D 程序中，进而提高 Java 3D 程序的编程效率。另一方面，Java 和 Java 3D 可以编写出交互性很强的三维虚拟世界，Java 3D 本身提供了一些交互功能。除此之外，还可以利用 Java 语言编写用户界面、计算飞行路线等交互功能。利用 Java 和 Java 3D 编写的应用程序可以很方便地操作数据库，而数据库操作和管理是网络时代最基本的要求。

2. 场景图数据结构

Java 3D 是在 OpenGL、DirectX 等标准三维图形语言的基础上发展起来的，因而 Java 3D 的数据结构和 OpenGL 一样，采用的是场景图（scene graphic structure）的数据结构。Java 3D 的场景图是 DAG（directed-acyclic graph），即具有方向性的不对称图形（图 6-10）。场景中有许多线和线的交会点，交会点称为节点（node），不管什么节点，它都是 Java 3D 类的实例，节点之间的线表示实例之间的关系。

Java 3D 场景图最底层（根部）的节点是 Virtual Universe，每一个场景图只能有一个 Virtual Universe。在 Virtual Universe 上面，就是 Locale 节点，每个程序可以有一个或多个 Locale，但同时只能有一个 Locale 处于显示状态。每一个 Locale 上面拥有一个到多个 BranchGroup 节点，这取决于用户的需要。要想建立三维应用环境，必须建立所需要的形体（shape），给出形体的外观（appearance）及几何信息（geometry），再把它们摆放在合适的位置，这些形体及其摆放位置都建立在 BranchGroup 节点上，摆放位置通过另一个节点 TransformGroup 来设定。另外，在安放好三维形体之后，还需要设定具体的观察位置，由视平台（view platform）来管理视线的信息，它也是建立在 TransformGroup 节点之上的。

Java 3D 的场景图根据 Java 语言的特点，增加了一些新的内容，更易于实时处理及显示特殊的三维效果，更加方便最新的三维图形加速技术的应用。Java 3D API 汲取了底层图形 API 最好的绘制思想，而且它的高层图形绘制还综合了基于场景图的思想，同时，它参考了 VRML（virtual reality model language，虚拟现实模型语言）的一些优良特性，引进了一些通用的图形化境

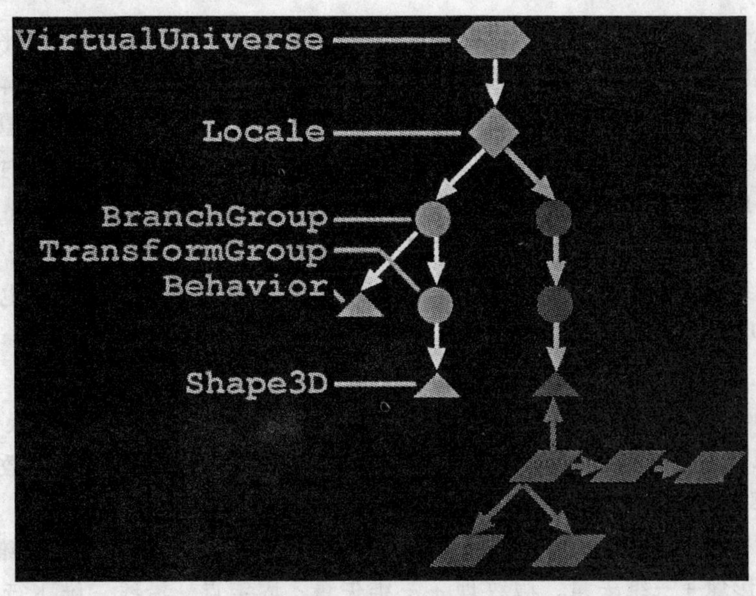

图 6-10　Java 3D 场景图

所未考虑的新概念（如 3D 立体声、碰撞检验），这样更有助于提高用户在虚拟场景的沉浸感。

3. 三维图形 API

Java 3D API 是 SUN 公司在 1998 年年底正式推出的，是 Java 语言在三维图形领域的扩展，用于实现三维图形显示和基于 Web 的 3D 小应用程序的 Java 编程接口。它具备了从网络编程到三维几何图形编程等各方面的功能，为用户在 Internet 上创建和操作三维几何图形、描述宽大的虚拟世界提供了新的技术。Java 3D 作为 Java 的 3D 图形包，具有 Java 语言的一些优点，如：完整的跨平台特性，良好的网络环境的开发等。因此，利用 Java 3D API 可以开发出 Internet 上的三维图形应用系统。

这一开放性的 3D 图形编程接口可用于多种场合，包括游戏与教育软件开发、数据可视化、机械计算机辅助设计/工程（MCAD/MCAE）、数字内容创建等。Sun 的 3D 技术已经成为领先的跨平台的 3D 可视化工具，用于网络化企业在开展企业间合作时使用。

另一方面，Java 3D API 提出了一种新的视模型概念。目前用于开发三维图形软件的 3D API（OpenGL、Direct3D）都是基于摄像机模型的思想，即通过调整摄像机的参数来控制场景中的显示对象，而 Java 3D 则提出了一种新的基于视平台的视模型和输入设备模型的技术实现方案，即通过改变视平台的位置、方向来浏览整个虚拟场景。它不仅提供了建造和操作三维几何物体的高层构造函数，而且利用这些构造函数还可以建造复杂程度各异的虚拟场景，这些虚拟场景大到宇宙天体，小到微观粒子。Java 3D 是 JavaMedia API 中的一部分，可广泛地应用于各种平台，而且用 Java 3D API 开发的应用程序和基于 Web 的 3D 小应用程序（Applet），还可以访问整个 Java 类，且可以与 Internet 很好地集成，即如果在浏览器中安装了 Java 3D 的浏览插件，在网上也可浏览 Java 3D 所创建的虚拟场景。

4. *在网络 GIS 应用*

GeoSurf 三维模块的功能如下：数据转换和数据功能；数据转换为新版 GeoSurf 内部三维矢量、DEM 格式；GEOSTAR 4.0 基于 Oracle 的影像数据库格式；GEOSTAR 4.0 基于 Oracle 的 DEM 数据库格式；GIF、JPEG 格式；三维图形功能：放大、缩小、漫游；显示 DEM，DEM + 影像，DEM + 三维矢量，DEM + 影像 + 三维矢量，假纹理 + 三维矢量；固定点，沿线三维飞行，鼠标牵引三维飞行，键盘牵引；光源设置、背景设置、视场角设置、景深设置；属性查询；分析；体积量算、面积（投影面积、表面面积）量算、距离量算（直线、表面）；坡度、坡向；剖面；通视分析；淹没分析。目前已经在数码校园（图 6-11）和数码城市（图 6-12）中得到了初步的验证。

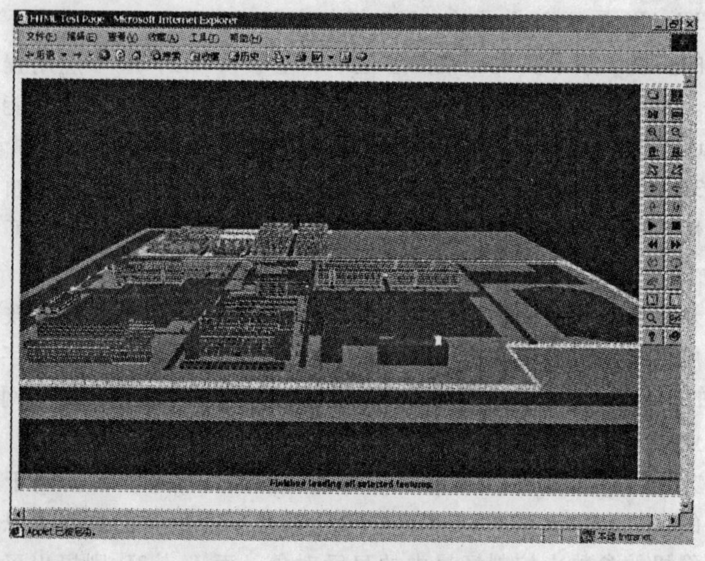

图 6-11　因特网上的数码校园

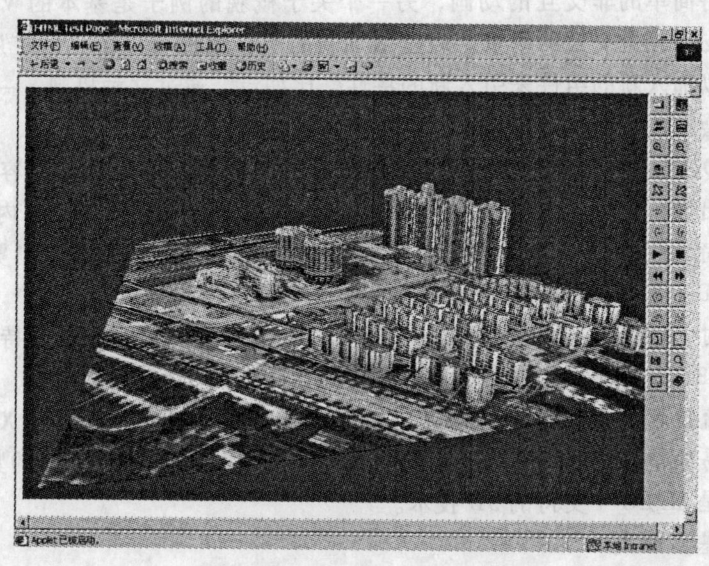

图 6-12　因特网上的数码城市

6.3.2　基于 X3D 的三维表达

1. 概念

X3D（Brutzman 和 Daly，2007）是下一代开放式网络三维的标准，是 Web3D 联盟 X3D 任务组和浏览器组的开发成果，它力求尽量满足业界的需要：

①兼容现有的 VRML 内容，浏览器，制作工具。

②扩展机制允许引入新的特性，能快速地审核并在规格中正式加入这些先进的特性。

③简洁的"内核"特性，对 X3D 的输入输出支持提供了最佳的适应性。

④全 VRML 的特性支持丰富的现有的 VRML 内容。

⑤支持 XML 等其他编码，和其他的网络技术和工具紧密结合。

⑥快速构建并推进技术规格的发展。

为了达到上述需求，引入了基于组件的结构，以分离发布来支持寻址扩展、兼容性、故障调试、编码等问题。每个组件包括一部分相关特性，比如一个集合包括相关节点，一个扩展事件的模型，或一个新脚本的支持。相对需要完全适应全部规格的单一庞大的结构，基于组件的结构可以个别的特性支持创建不同的概貌。这些概貌是场景内容的集合。一个关于概貌的例子是小的内核代码支持简单的非交互的动画，另一个关于概貌的例子是基本的 VRML 兼容的代码支持完全交互的场景。通过增加新的层，组件可以个别的扩展或修改，或者可以加入新的组件来引入新的特性，比如流。通过这种机制，一个部分的开发不会拖慢整体发展的速度，所以技术规格能快速发展。

X3D 是一种可扩展的标准，创作工具、浏览器、三维软件很容易地对其输入输出进行支持。它代替了 VRML，但也提供了对现有的 VRML 内容和浏览器的支持。现有的 VRML 内容不需要修改就可以用任何 X3D-2 浏览器播放，新的 X3D-1 和 X3D-2 内容可以被存在的 VRML 应用程序读取。

同时 X3D 是基于 VRML 的，支持 VRML 的全部规格，完全支持 VRML 的内容。X3D 是可扩展的，可以用来创建简洁高效的 3D 动画播放器，用来支持最新的流技术和渲染扩展。X3D 支持多种编码和 API，所以通过 XML，X3D 能够轻易地整合到网络浏览器或其他的应用程序里。除了和 XML 的紧密结合，X3D 还是 MPEG-4 支持的 3D 技术。

2. 基本组成

简单地说，X3D 是把 VRML97 分解为组件，并使用可加入新组件的机制，来扩展 VRML97 的功能。X3D 和 VRML 一样，为了转换 VRML 文件为 X3D 文件，要增加“#X3D profile：base”注释行；如果内容包含非标准 VRML 的特性，要增加如“#X3D component：streaming：1”的注释行。这将告诉浏览器，层 1（level 1）内容中包含流。这可能是一个支持流的节点集合，或可能是一个 API-层的软件。假如是节点集合，则允许浏览器存取包含外部原型声明的场景文件。

创建场景内容的时候不需要包括一大堆的组件和组件的列表，组件是包括在概貌中的。可以指定在一个概貌中增加许多功能区。举例来说，基本概貌（base profile）包括新的组件（比如原型和声音）和包括不在内核概貌（core profile）里的组件的新层（levels）（比如 box 节点在几何组件里），你只要指定概貌，而不需要列出组件，比如指定“#X3D profile：base”。当浏览器升级时，组件将加入到新的概貌中，所以下一带的浏览器可以包括诸如曲面、流这些组件。

因为完全引入 VRML 比较困难，所以想设定不同层的 X3D，以方便输入输出。这就是为什么 VRML 被组合到组件和概貌中的原因。节点或功能被组合到组件中，比如几何组件组合了 VRML 的几何节点，组件有不同的层，所以几何层 1 不包括 box 节点，但几何层 2 包括。新的几何节点加入时，就加入了相应的新的几何层。

概貌是组件的集合，内核概貌（X3D-1）包括层1组件，用来支持几何和动画。X3D-2是VRML97概貌，用来支持所有的VRML97节点，主要是增加了原型和脚本的功能。

X3D-1产品的能输入X3D-1兼容的内容，这些内容也可以被X3D-1、X3D-2或VRML97浏览器读取。

注意：到这里并没有提到XML。因为XML的支持并不是必需的。现在的VRML97浏览器就是X3D-2兼容的。这是基本规格的要求。XML是附加的编码方法，就像二进制编码。XML编码和相关的API是用来把X3D和其他基于网络的技术整合的扩展机制，任务组（task group）做了许多工作来保证X3D将被其他XML工具支持。用来把内容在不同编码之间转换的转换软件也将开发出来。根据发布内容的范围编码被分割到不同的文档中。

一般来说，所有的VRML内容和工具现在就可以在X3D的框架下使用了。X3D还可以增加那些非VRML97的特性，比如曲面（Nurbs）和GeoVRML（地理VRML）支持。这些特性被作为规格的一部分，成为所有浏览器的缺省节点支持，而不再是作为一种性质扩展。X3D还使软件公司更容易选择对某层的X3D输入输出支持，确保对某层的完整支持而不是部分的支持。对于那些不需要VRML层功能的软件公司，X3D提供了一种方式创建简洁有效的浏览器，比如Shout3D。重要的是，X3D提供了一种方式，VRML97浏览器公司可以对现有的浏览器扩展新的特性，这些特性可以简单快速地整合到X3D的规格中，而不像以前那样总作为一种性质扩展。加上可选的XML编码机制，X3D和其他网络技术可以更好地整合。

一个组件能包含许多节点（nodes），比如Nurbs概貌（Nurbs profile）包含了所有相关的曲面节点（nurbs nodes）。组件中也可以增加其他的功能，比如新的脚本语言支持、用户界面支持等。组件也可以仅仅包括外部原型（externprotos）。

VRML只有外部原型（externproto）的扩展机制，但并不是一种真正用来建立功能扩展组的机制。X3D的组件、层、概貌机制可以做到。并不需要所有的公司用原型或外部原型来实现这些扩展。

进一步，组件不仅只被看做一种节点，而被看做是整个功能区。举例来说，我们可能需要在X3D文件里镶入VRML脚本（ECMAScript）的某些项。组件机制允许做到这种扩展。

3. 组件、层、概貌

X3D是广泛应用的工业标准，设计者意识到不同的公司不需要支持X3D

提供的所有特性。举例来说，如果一个公司想制作简洁高效的3D动画引擎，就可能不需要对那些几何地质渲染（geology rendering）的特性提供支持。因此，支持这些特性的集合就被封装到一个“组件”里。通常一个特殊功能组被分在一个组件里。(比如“Geo component”地理组件处理地理数据(geographic data)，“geometry component”几何组件处理那些包含几何节点的组（geometry “nodes”)，“scripting component”脚本组件引入脚本支持)。

虽然X3D可以通过组件来引入新的节点特性，但X3D仍然支持通过外部原型（externprotos)、原型（protos)、脚本（scripts）进行扩展。实际上，组件支持也可以通过外部原型、原型或脚本来实现。

概貌（profile）是包含了不同功能区的组件的组。举例来说，完整概貌(“Full” profile）处理所有的VRML97节点和功能。概貌甚至也能包含其他概貌的功能。举例来说，完整概貌(“Full” profile）包含较小的基于几何的内核概貌(“Core” profile）的功能。

当认为一组概貌对很多运用都很重要时，这些概貌被设置为确省概貌设置，这就建立了新版本（versions）的X3D。新版本意味着比旧版本提供更多的功能。

用户可以创建支持不同版本（versions)，不同特性（profiles)，不同组件(components）的浏览器、输入输出插件。如较小的播放器可能是X3D-1兼容的。VRML97全兼容的浏览器就是X3D-2兼容的。X3D-3可能支持包括诸如曲面、流之类等额外功能。

4. 组件分类

如表6-3所示，X3D组件包含底座、时钟、聚集体和场景、几何属性、几何体、外形、光源、导航（方向)、内插器、文本、声音、点击感应器、环境感应器、纹理和原型（模型）等。用户可以在这些组件的基础上构建自己的网络三维GIS系统。

表6-3 **X3D组件表**

名 称	标 识	描 述
底座	Foundation	包括对底座组件的抽象标准，这一组件定义了其功能及位于第一层所有概貌应有的性能，其中第一层包含基础的抽象节点类型和全部的Field（场地）类型。

续表

名 称	标 识	描 述
时钟	Time	包括对时间组件的抽象标准说明。它定义了在 X3D 中那些具有时间功能（或属性）的节点，第一层也支持时间感应器节点。
聚集体和场景（TG）	Group	定义了聚集体组件的抽象标准，各种组织组件也包括在其中。第一层包括组节点、线节点、变换节点和总信息节点，第二层包括开关节点，第三层包括次序组织节点（Billboard，LOD），第四层增加了线控制节点，其他的层也可能在今后增加其他形式的聚集体。
几何属性	Prop	讲解了几何属性节点的抽象标准，它包括那些含有基本几何节点属性的节点。第一层包括了颜色和坐标节点类型，第二层加入了向量节点类型。
几何体	Geom	是几何节点的抽象标准，第一层有索引线集节点，索引面集节点，点集节点及形体节点，第二层加入了立方体、圆锥体、圆柱体、球体和鼓网格（elevationGrid）节点，第三层也进一步加入了突起（extrusion）节点。
外形	Appear	包括对外形组件的抽象说明，它包括对各种几何形体和场景环境的外观属性的描述。第一层有外形，背景和材质节点，第二层加入了雾气节点。
光源	Light	是对光源节点的抽象描述。它定义了 X3D 中那些对灯光提供支持的节点。第一层包括定向光节点，第二层加入了点光源节点和散光源节点。
导航（方向）	Nav	是对导航组件的抽象描述，它定义了在 X3D 中对移动提供支持的节点，第一层包括导航信息节点和视点节点，第二层则加入了更多对各种场（field）属性的支持。
内插器	Interp	是对内插器组件的抽象描述。它定义了可以对内插器的各种属性值的更改提供支持的节点。第一层包括坐标内插器，方位内插器，位置内插器节点，第二层加入了颜色内插器，向量内插器和比例内插器节点。

续表

名　称	标　识	描　　述
文本	Text	是对文本组件的抽象描述。它提供了在 X3D 中对文本显示编辑的支持。第一层包括文本节点和字体节点。
声音	Sound	是对声音组件的抽象描述。它提供了对声音作为场景的一部分而进行播放的支持，第一层包括音频剪辑节点和声音节点。
点击感应器	Point	是对点击感应器的抽象描述。它定义了能感应物体被接触的节点。第一层包括定位节点和触摸感应器节点，第二层加入了圆柱感应器、平板感应器、球体感应器节点。
环境感应器	Environ	是对环境感应器的抽象描述。它定义了在场景环境中可以对各种关系予以确认的节点。第一层包括碰撞节点、接近感应器节点和视野感应器节点。
纹理	Texturing	是对纹理组件的抽象描述。它定义了对几何体纹理提供支持的节点。第一层包括图像纹理节点和纹理坐标节点。第二层加入了影视节点，像素节点和纹理变换节点。
原型（模型）	Proto	是对原型组件的抽象描述。它定义了对标准功能进行扩展的机制。第一层包括原型申明，第二层加入了外部原型申明。

第7章　网络 GIS 典型软件

目前，主要地理信息厂商都拥有网络 GIS 软件，本章从体系结构、部件组成、功能特征和通信协议等方面阐述 ESRI 的 ArcIMS、MapInfo 的 MapXtreme、AutoDesk 的 MapGuide、GeoStar 的 GeoSurf 和 SuperMap 的 IS. NET。

7.1　ESRI 的 ArcIMS

ArcIMS（internet map server）（ESRI，2004）是美国 ESRI 公司推出的第二代互联网地理信息系统平台，主要用于空间信息发布与服务开发。它可以通过要素和影像形式提供空间信息服务，服务之间通信采用符合 XML（可扩展标记语言）标准的 ArcXML 来传递，利用 Javascript/ASP 技术，结合 ArcIMS 的 Servlet 连接器，通过灵活定制个性化的 ArcXML，语句可以开发出具有更好的可伸缩性和可扩展性的网络 GIS 应用。本节主要讨论基于 ArcIMS 的网络 GIS 构建技术。

7.1.1　三层体系概述

ArcIMS 是一个可伸缩的网络地图服务平台。它拥有强大的地理数据添加和分析功能，可以集成多源数据，另外还有基于标准的信息交流、简单易用的数据框架、多用户体系、支持多种客户端、高伸缩性服务器端、提供大量 GIS 功能等特点。它被广泛用于大量的网络用户发布网络 GIS 地图、数据和元数据。ArcIMS 通过支持多种 IT 和 GIS 的 Web 服务协议，通过多种规范（如 XML、SOAP、WMS、WFS、GML 等）向用户提供互操作选择。它在 GIS 互操作中扮演着关键角色，目前版本为 ArcIMS 9.3 版。

ArcIMS 多层体系结构（如图 7-1）可以简单认为它由两大部分组成：客户端（浏览器）和服务器端，属于典型的 C/S（B/S）结构。具体来说，它应由展示层（presentation tier）、逻辑事务层（business logic tier）和数据存储层（data storage tier）三个部分组成。

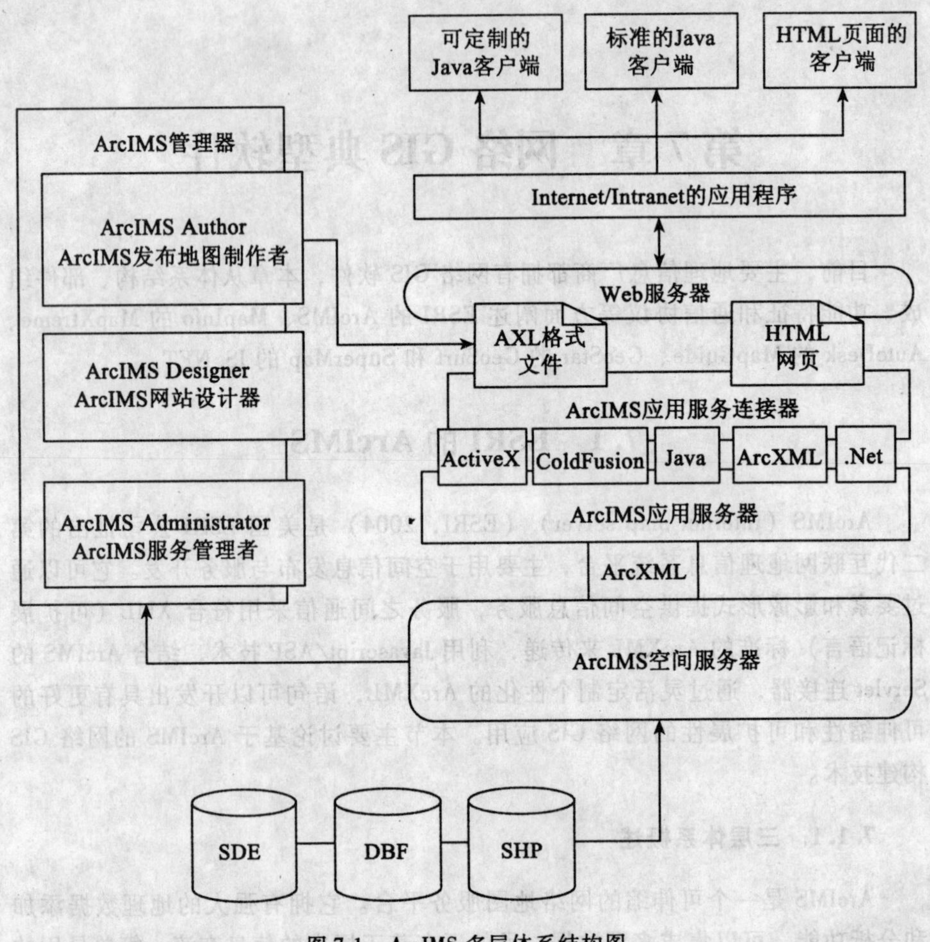

图 7-1 ArcIMS 多层体系结构图

展示层由能够对地理数据进行访问、浏览、查询及分析客户端组成，包含常用三种浏览器：HTML 页面、标准 Java 和可定制 Java 客户端浏览器。

逻辑事务层也就是服务器端，由 Web 服务器、连接器、应用服务器、空间服务器以及管理工具五部分组成。它的最前端是 Web 服务器，客户端使用普通 WWW 浏览器与之直接交互。Web 服务器通过连接器与 ArcIMS 应用服务器连接，默认情况下 Servlet 连接器是其标准的连接器。ArcIMS 应用服务器处理提交的数据后获取装载对应数据的机器，并跟踪该机器上 ArcIMS 服务正在启动的相应 ArcIMS 空间服务器，并创建指定地图。管理工具和 ArcIMS 空间服务器则在后台支持应用服务器的运行，ArcIMS 空间服务器是 ArcIMS 的中枢，它保证向客户端准确地创建地图。

数据存储层主要是指 ArcIMS 发布的地图数据文件或数据库。

7.1.2 业务逻辑部件

1. Web 服务器

Web 服务器使用超文本传输协议（HTTP）处理来自客户端的请求。Web 服务器递交一个请求到相应的应用程序并返回响应到发出请求的客户端。Web 服务器不包含于 ArcIMS。

Web 服务器接收客户端请求，并创建网页在客户端发布。尽管 Web 服务器包括了许多硬件，然而发布网页的 Web 服务器软件也是必不可少的。完全支持 ArcIMS 的 Web 服务器软件有：Apache，Microsoft Internet Information Server（IIS）和 Netscape Enterprise Server 等。

2. 应用服务器

ArcIMS 应用服务器是处理输入请求负载平衡的程序，作为一种后台程序（NT 服务/UNIX 线程）来运行。此外，它还能提供跟踪地图服务及地图服务运行所在 ArcIMS 空间服务器的目录。应用服务器正是在这些信息的基础上，合理分配空间服务器。多个 Web 服务器可以同时和应用服务器进行通信。在分布环境下，应用服务器可以安装在与 Web 服务器不同的机器上。

如图 7-2 所示，由于应用服务器只能处理以 ArcXML 写入的请求，在递交 ArcXML 请求给应用程序服务器之前，连接器需要通过 ArcXML 直接或转换成第三方语法，如 ColdFusion、ASP、NET 或 Java Server 页面（JSP）。

3. 应用服务连接器

ArcIMS 应用服务连接器将 Web 服务器和 ArcIMS 应用服务器连接在一起。ArcIMS Servlet 连接器是 ArcIMS 的默认连接器。它使用 ArcXML 在 Web 服务器和 ArcIMS 应用服务器之间传递信息。ArcIMS 有如下 5 个应用服务连接器：

①Servlet 连接器。Servlet 连接器是 ArcIMS 默认的连接器。此连接器作为客户端应用程序生成 ArcXML 的连接通道，使用 Servlet 引擎为 Web 服务器和应用服务器提供请求和响应的转发，可应用于所支持的操作系统平台。在 Servlet 连接器的基础上，ArcIMS 包含处理 WMS 请求的网络地图服务（WMS）连接器，它允许任何支持开放地理信息系统（OGC）的 WMS 规范兼容的浏览器或客户端使用 ArcIMS 服务。

②ColdFusion 连接器。ColdFusion 连接器在递交请求给 ArcIMS 应用程序服

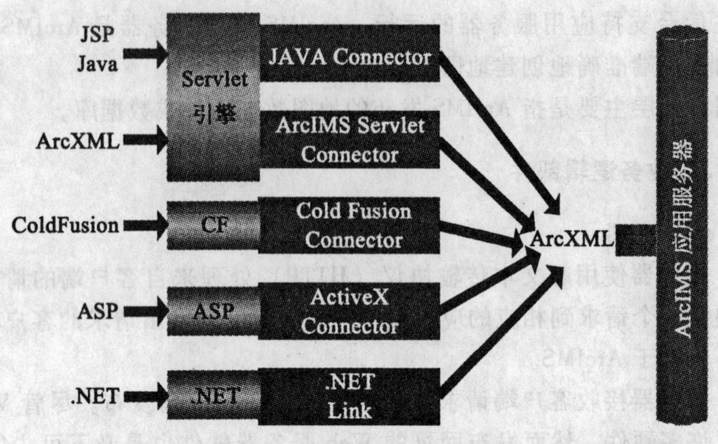

图 7-2　ArcIMS 应用服务器

务器之前需要处理 ColdFusion Web 服务器的请求，把 ColdFusion Web 服务器的请求转化为 ArcXML 请求。它可用于 Windows 和 Solaris 操作系统平台。

③ActiveX 连接器。ActiveX 连接器是一个遵循组件对象模型的 DLL，它可用于 COM 应用程序，例如微软的 ASP 应用程序。ActiveX 连接器只适用于 Windows 操作系统平台。

④. NET 链接。. NET 链接是一个开发工具，促进 ArcIMS 在 . NET 平台的应用。它是由一系列类和函数组成的，用来建立 ArcIMS 应用程序服务器连接（HTTP 或是 TCP 连接）。. NET 链接只能应用于 Windows 操作系统平台。

⑤Java 连接器。Java 连接器是一套 JavaBean 组件，使用户能够创建客户端和服务器应用程序，定制 Servlets 和 JSP 应用。它还包括支持 JSP 应用的 JSP 标签库。它可在所有支持操作系统平台中应用。

4. 空间服务器

空间服务器是 ArcIMS 的主要处理中心。空间数据在 ArcIMS 空间服务器进行处理，并将输出的地图与数据通过连接器返回给 Web 服务器。如图 7-3 所示，空间服务器提供 6 大功能：栅格、要素、查询、地理编码、裁切和元数据服务，其基本功能为栅格及要素服务。栅格服务器生成地图影像文件，如 JPEG 数据文件；而要素服务器则生成地图要素流，如 shapefile 格式的数据流。ArcIMS 空间服务器还有 4 个功能：查询服务允许对数据库进行搜索，地理编码服务进行地址匹配操作，提取服务允许对数据进行裁剪提取子集，元数据服务提供数据的元信息发布功能。

空间服务器是 ArcIMS 业务逻辑的中枢。空间服务器里面运行着多个服务进程，这些服务进程访问数据和生成地图，然后通过 Web 服务器把这些地图发送到客户端浏览器上，访问者就可以得到请求结果。ArcIMS 空间服务器主要功能是根据用户请求动态生成地图，通过虚拟服务器机制来组织和实现。

使用 ArcIMS 管理器可以在本地机器上或运行 ArcIMS 空间服务器的远程机器上添加空间服务器。由于空间服务器负载远大于其他部件，所以当考虑负载均衡时，应用服务器和监视器以及任务指派器所占资源均可忽略不计，最需要考虑的因素是空间服务器中运行实例的总数。

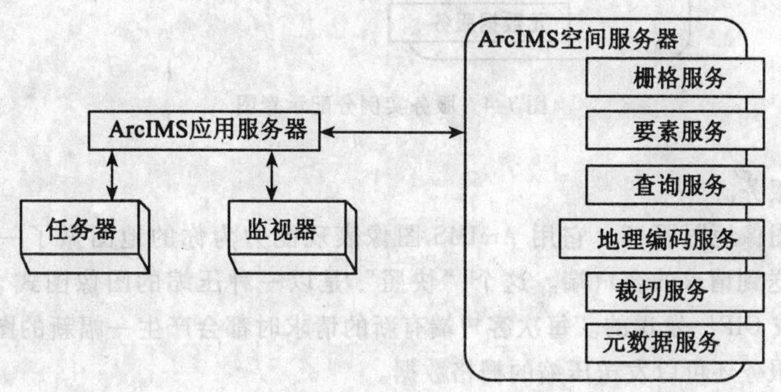

图 7-3 ArcIMS 空间服务器

5. 空间服务器实例

空间服务器实例是个能够一次性处理一个请求的 Windows 进程或 Unix 线程。每个空间服务器服务部件，例如栅格服务由一个或多个实例组成。在默认情况下，当空间服务器首次建立时每个服务被分配两个实例。ArcMap 服务是例外，因为它是由两个空间服务器实例进程组成的。额外实例被分配到各个空间服务器，以用来处理管理功能。根据需要，实例可以被添加或删除。图 7-4 提供了一个为各个服务器类型分配实例概述。

6. 地图服务

在使用设计器创建网站时必须创建并启动地图服务。所谓地图服务就是在 AXL 文件中定义将要发布的数据视图。地图服务是运行在空间服务器上的应用程序，可以将地图服务作为空间服务器入口来看待，空间服务器只对运行在其上的地图服务提供相应的服务。对于一个地图服务而言，地图配置文件是必要的。当发布一个地图服务时，须指派地图服务给 ArcIMS 所支持的两种类型

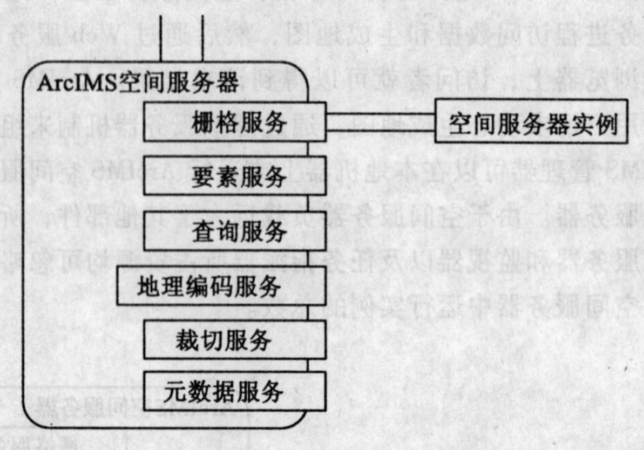

图 7-4　服务实例分配示意图

的地图服务。

①图像地图服务。它用 ArcIMS 图像表现能力为你的地图做了一个“快照”发送到请求的客户端。这个“快照”是以一种压缩的图像图式｛JPEG、PNG、或 GIF｝发送的。每次客户端有新的请求时都会产生一幅新的图片。图像地图服务还可以发送压缩的栅格数据。

②矢量地图服务。它把矢量要素以流的方式发送给请求的客户端。矢量要素使得高级的功能在客户端实现，比如为要素加标注、符号化、地图提示、空间要素选择等。这种地图服务允许客户在客户端改变地图的表现形式。

7. *虚拟服务器*

因为可以有多个空间服务器在多台机器上运行，因而需要一种机制来管理这些空间服务器和运行在它们之上的服务。ArcIMS 使用虚拟服务器的概念来管理一个站点。虚拟服务器是能够提供某项特定功能的多个空间服务器组合。假设实际安装的 ArcIMS 空间服务器只有一台，那么所谓“一群”实际上可能是指一个空间服务器。每个地图服务都分配一台虚拟服务器，可以通过添加虚拟服务器来平衡任务分配，或在 ArcIMS 空间服务器发生故障时提供备份。当具有两个或两个以上虚拟服务器，由于请求堵塞而中断了其中某个服务器时，系统服务并不会被中断（虽然速度会稍稍减慢）。所以合理使用虚拟服务器可以建立稳定而又可靠的网站。

图 7-5 展示了两个 ArcIMS 虚拟服务器：影像虚拟服务器和要素虚拟服务器。一个影像虚拟服务器把来自两个空间服务器的影像服务器实例组合起来，

一个要素虚拟服务器把来自两个空间服务器的要素服务器实例组合起来。元数据、ArcMap、地理编码、数据提取和查询服务器等也能组合在一起来创建虚拟服务器。

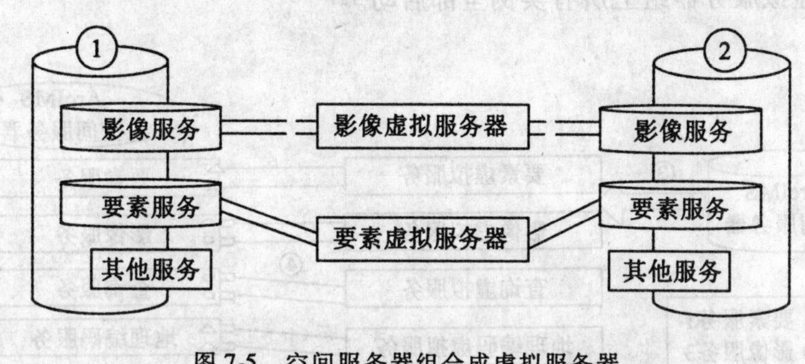

图 7-5　空间服务器组合成虚拟服务器

8. 把用户请求分配给空间数据服务器实例

用户请求分配给空间数据服务器实例包含以下 4 个步骤：

①当管理员按下服务启动按钮时，一条请求就从管理员处发送到图 7-6 中①所示的 Servlet 连接器。

②如图 7-6 中②所示，Servlet 或 Java 连接器将请求发送到应用服务器。

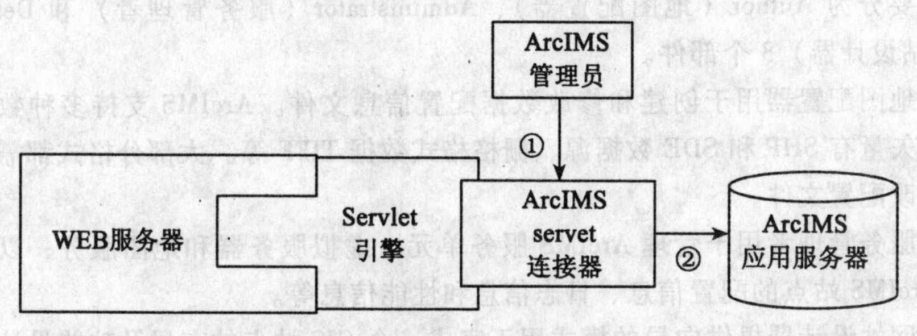

图 7-6　ArcIMS 应用服务器

ArcIMS 应用服务器可以跟踪 ArcIMS 空间服务实例所在的虚拟服务器组。当一个请求发送到应用服务器时，它就能够检测到应该分配给哪个虚拟服务器来进行处理。如图 7-7 所示，3 个服务（要素服务 1、影像服务 2 和影像服务 3）同时启动。服务 1 是一个要素服务，包括地理编码功能，它的 4 个实例用三角形标出；服务 2 是一个影像服务，包括信息查询功能，它的 4 个实例用圆圈标出；服务 3 是一个影像服务，包含信息查询、地理编码和数据提取功能，它的 8 个实例用矩形标出。

③ArcIMS 应用服务器检测哪些实例构成要素虚拟服务器。

④虚拟服务器组上所有实例全部启动。

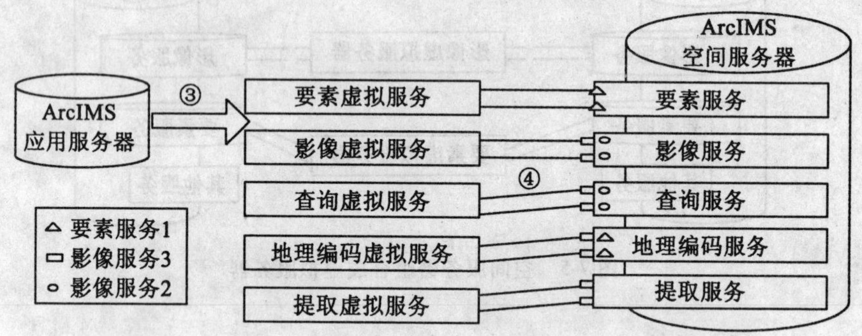

图 7-7　ArcIMS 应用服务器按用户请求分配给空间数据服务器实例

9. 管理工具

ArcIMS 有两种类型的管理工具：一种是使用浏览器上的 Java Applet 技术的远程管理工具，另一种是使用本机或局域网内的 Java 独立应用程序。两者均主要分为 Author（地图配置器）、Administrator（服务管理者）和 Designer（网站设计器）3 个部件。

地图配置器用于创建和修改数据配置信息文件。ArcIMS 支持多种数据格式，矢量有 SHP 和 SDE 数据源、栅格格式数据 TIFF 等。大部分格式都需要手动修改配置文件。

服务管理者用于管理 ArcIMS 服务单元、虚拟服务器和地图服务，以及管理 ArcIMS 站点的配置信息、日志信息和性能信息等。

网站设计器提供向导的模式用于完成一个 GIS 站点的布局及功能设计和代码生成。

7.1.3　数据源部件

1. 所支持的数据格式

根据服务器的种类，可使用不同的数据格式。表 7-1 提供了可用于影像、要素和 ArcMap 影像服务器的数据格式摘要。

表 7-1　　　　可支持数据格式列表

数据类型	数据格式	影像	要素	ArcMap
矢量	Shapefiles	是	是	是
地理数据库	Geodatabases	否	否	是
个人地理数据库	Personal Geodatabases	否	否	是
覆盖	ArcInfo Coverages	否	否	是
	PC ARC/INFO Coverages	否	否	是
ArcSDE	arcSDE for Covearges	是	是	是
	ArcSDE Features	是	是	是
	ArcSDE-Versioned Layers	否	否	是
	ArcSDE Multiraster and 32-Bit Raster (Oracle)	是	否	是
	ArcSDE Raster (SQL Server, Informix, DB2)	是	否	是
CAD	DWG	否	否	是
	DXF	否	否	是
	DGN	否	否	是
栅格	Arcview image catalog	是	否	是
	arcSDE Embedded Raster Catalog	否	否	是
栅格	个人地理数据库非管理目录	否	否	是
	. IMG	是	否	是
	. OVR	是	否	是
	. LGG	是	否	是
	. BIL	是	否	是
	. BIP	是	否	是
	. BSQ	是	否	是
	. BMP	是	否	是
	. CIB	是	否	是
	. CRG	是	否	是
	ASPR	是	否	否
	USRP	是	否	否
	. DT *	否	否	是
	. IMG	是	否	是
	. LAN	是	否	是
	. GIS	是	否	是

续表

数据类型	数据格式	影像	要素	ArcMap
栅格	. RAW	否	否	是
	. ERS	否	否	是
	ESRI 网格	是	否	是
	ESRI 网格叠加	否	否	是
	GIF	是	否	是
	IMPELL	是	否	是
	. CIT　. COT	否	否	是
	. JPG	是	否	是
	. JP2	否	否	是
	MrSID—LizardTech (. sid)	是	否	是
	MrSID Gen 3 (. sid)	否	否	是
	. NTF	是	否	是
	. PNG	否	否	是
	SUN	是	否	否
	Tagged Image File Format	是	否	是
	TIFF with Geo Header	是	否	是
其他	注释图层	否	否	是
	TIN	否	否	是
	VPF	否	否	是
	文本文件	否	否	是
	OLE DB 表	否	否	是
	SDC	是	否	是

2. ArcSDE 链接

ArcIMS 可以通过 ArcSDE 空间数据库引擎访问常见的关系数据库。如果 ArcSDE 作为数据源，那么就需要多个 ArcSDE 链接来和 ArcIMS 正常协同工作。一般情况下，ArcSDE 链接的数目是基于每一个虚拟服务器组所使用服务的实例数量。如图 7-8 所示，一个同时具有信息查询、地理编码和数据提取功能的影像服务，总共有 8 个实例，每一个实例和 ArcSDE 有相应的链接，总共使用了 8 个 ArcSDE 的链接。

在图 7-9 中，另一幅影像被添加到相同的影像服务器中，只要使用相同的

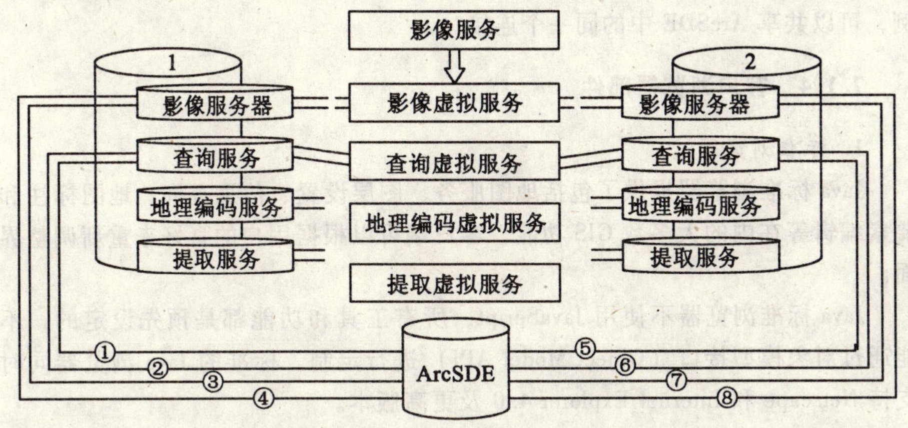

图 7-8　影像服务的每一个实例需要一个 ArcSDE 链接

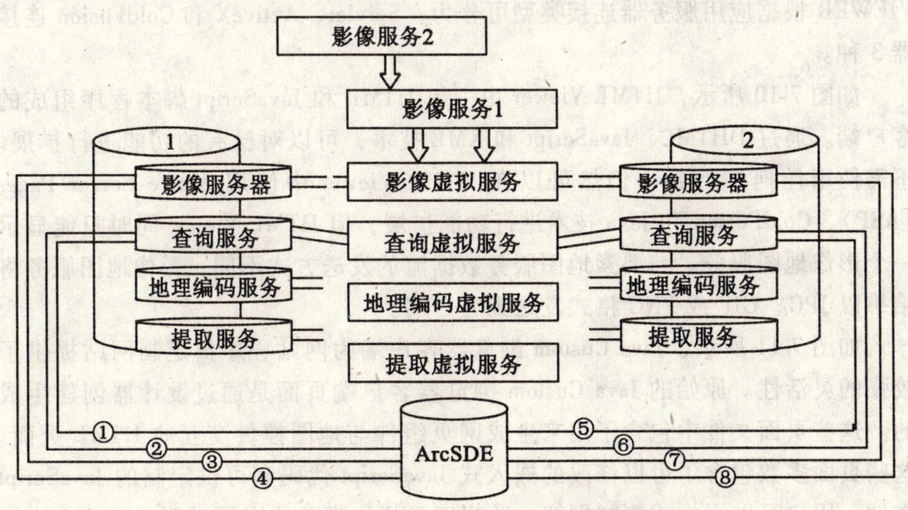

图 7-9　ArcSDE 的链接对应两个影像服务

虚拟服务器和相同的 ArcSDE 实例服务器，连接 ArcSDE 的数目保持在 8 个。

在图 7-9 例子里，影像服务 1 和 2 使用了相同的影像服务实例和相同的 ArcSDE 链接。

ArcIMS 是 ArcSDE 的可信客户端，允许通过 ArcSDE 链接进行海量数据的访问操作。同时，ArcIMS 可以通过支持连接池的模式来减少同 ArcSDE 的连接。当使用数据连接池时，同一类型的两个或两个以上实例，如影像服务实例，可以共享 ArcSDE 中的同一个连接。

7.1.4 客户浏览器部件

1. 标准浏览器

Java 标准浏览器提供了包括地图服务、图层设置、信息查询、地图标注和要素编辑等在内的大多数 GIS 功能，客户端可以根据用户的喜好来重新调整界面。

Java 标准浏览器不使用 JavaScript，所有工具和功能都是预先设定的，不能通过对象模型接口（Object Model API）进行定制。标准的 Java 浏览器同时支持 Netscape 和 Internet Explorer 4.0 及更高版本。

2. 可定制的浏览器

支持定制开发的客户端有 HTML VIEWER 与 JAVA VIEWER。其中 HTML VIEWER 根据应用服务器连接类型可分为：Servlet、ActiveX 和 ColdFusion 连接器 3 种。

如图 7-10 所示，HTML Viewer 由一组 HTML 和 JavaScript 脚本程序组成的客户端。通过 DHTML、JavaScript 和 XML 技术，可以对已有的功能进行扩展。不需使用任何连接器，仍然可以在 HTML Viewer 中使用 Active Server Pages (ASP)、ColdFusion 和 Java 技术进行功能扩展，但 HTML Viewer 同时只能显示一个影像地图服务。与要素地图服务数据流的发送方式不同，影像地图服务将结果以 JPG、GIF 或 PNG 格式发送到客户端。

如图 7-11 所示，Java Custom 浏览器客户端为网站程序员定制网站提供了较强的灵活性。原始的 Java Custom 浏览器客户端页面是通过设计器创建生成的。这些页面文件中包含了用来生成网页组件与地图控件交互的 HTML 页面。这些页面多数包含了可以修改的嵌入式 JavaScript 代码和可供定制的 JavaScript 文件，用户可以添加或删减框架、改变工具栏、颜色或专题类型。Java Custom 浏览器客户端通过 JavaScript 与 Applets 通信。通过浏览器的对象模型接口（object model API）定制客户端功能。可定制的 Java 浏览器只支持 Internet Explorer 4.0 和 Internet Explorer 5.0。

图 7-10 HTML 浏览器

图 7-11 Java 浏览器

3. Flex 客户端

Flex 是由 Adobe 公司提出的富互联网应用程序 RIA（rich internet application）平台，所谓 RIA 就是结合了桌面应用程序反应快、交互性强的优点与 Web 应用程序传播范围广及易传播的特性，简化并改进了 Web 应用程序的用户交互，提供更丰富、更具有交互性和响应性的用户体验技术。Flex 采用图形用户接口界面开发，使用基于 XML 的 MXML 语言。Flex 具有多种组件，可实现 Web 服务、远程对象、拖放、列排序和图表等功能。开发人员使用 MXML 以及 GUI 设计器，像设计 Windows 窗体一样设计应用程序界面，通过 Action2 Script 实现客户端的应用逻辑。Flex 编译器将 MXML 以及 Action2Script 代码编译成 Flash 文件在 IE 等浏览器中运行。

ArcIMS 的 Flex 地图发布方案由地图核心组件库和前台交互框架两部分构成。地图核心组件库包含 IMSMap、Layers、Fields、QueryFilter、Point 和 Renderer 等地图应用相关接口与类，定义了将这些地图对象转换为 ArcXML 方法及相关地图的基本操作，在 IMSMap 对象中实现与 ArcIMS 服务器通信的操作。前台交互框架使用了设计模式中的命令模式，将用户操作分为没有鼠标交互命令和与鼠标交互工具两类，同时定义了地图 Hook 对象用于管理这些命令和工具。

地图核心组件库是根据 ArcXML 的特点，参照目前流行的 ArcEngine 接口结构设计的一组用 ActionScript 实现的与 ArcIMS 服务进行通信并完成相应地图操作的 API。该组件设计封装了大量的 ArcXML 解析与组装功能，将它们以地图概念提供给前台开发人员，降低前台开人员技术门槛的同时，提高了系统的重用性。

前台交互框架包含了 ICommand 接口、ITool 接口以及 Map Hook 等数个接口与类型，这种设计采用了设计模式中的命令模式，将具体的地图功能与地图组件通过 Map Hook 类型进行通信，避免了它们之间的耦合，前台人员可以相互独立地开发具体功能，从而避免了以前那种多个开发人员等待某一开发人员完成才能继续开发的问题。

ArcIMS Flex 客户端界面系统采用了类似桌面 GIS 应用程序的界面，有下拉框、字体选择框、滑动块、颜色选择框以及对话框。与传统的基于页面的模式相比，界面更加友好，能够实时响应用户操作，大大改善了用户体验。如图 7-12 所示，使用 ArcIMS Flex 客户端可以显示自身数据的交互式地图，在服务器执行 GIS 模型并显示结果，在 ArcGIS Online 基础地图中显示用户数据，在用户 GIS 数据中查询要素或属性并显示结果，地址定位并显示结果，增加工具条。

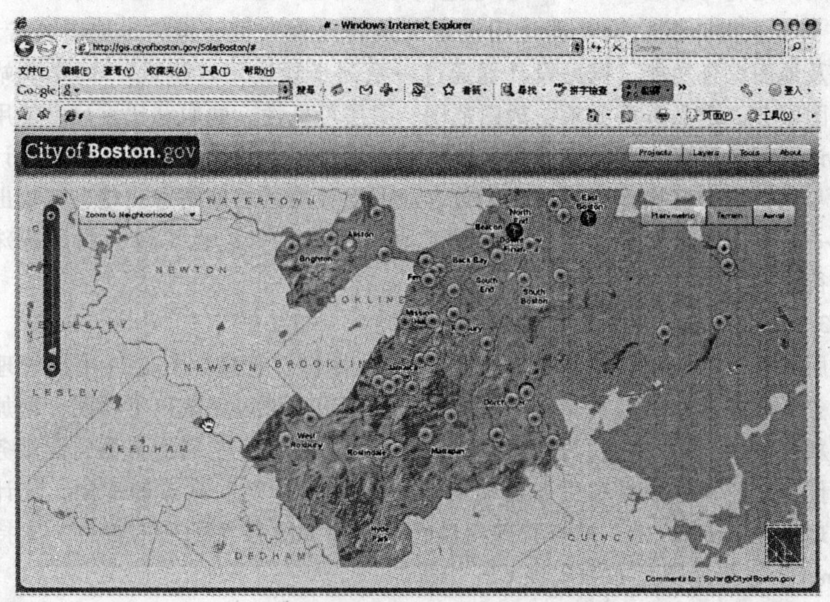

图 7-12　ArcIMS 的 Flex 客户端示意图

7.1.5　ArcIMS 管理器

1. Author（地图配置器）

地图配置器是 ArcIMS 三个管理应用程序之一，它支持以下几种数据格式的数据发布：ESRI shapefiles、ArcSDE 图层、影像格式和 World 文件等。通过该工具，允许 Web 开发者决定在 Web 站点中使用哪些数据，以及这些数据的显示效果；符号化任一个点、线、面或文本标注；设置比例尺因子，定义在哪个比例尺范围内进行图层显示；设置属性数据查询；基于街道地址编码的空间信息查询等。经过地图配置器定义后的地图数据配置文件是一个 ArcXML 标准格式的 *. axl 文本文件。

2. Designer（网站设计器）

根据地图配置器定义的数据，网站设计器生成用户可以浏览的 Web 服务页面。网站设计器通过一系列对话框向导，帮助用户选择客户浏览器使用的地图服务、模板和功能。使用网站设计器，选择最终用户可以执行的操作及工具。一个 Web 站点可以有多个地图服务。用户决定客户端采用的 Viewer 类型

（HTMLViewer、定制的 Java Viewer 及非定制的 Java Viewer）后，网站设计器指导用户定制一系列 Web 页面。通过网站设计器可以定义浏览器端用户所访问的 Web 页面。网站设计器让用户定义是否允许查询、编辑、地图公告牌、编辑及地图综合功能。网站设计器通过一系列步骤让用户生成一个 Web 站点和地图服务，定义页面元素、地图范围、图层可见性、鹰眼和比例尺。使用网站设计器用户可以在预先定义的菜单中选择工具条上的功能按钮。网站设计器通过与用户的交互操作，生成一个包含地图服务功能的地图客户端，其输出结果是一系列 HTML 页面。Web 页面可以包含所有工具，也可以为满足特殊需要进行定制。

3. Administrator（服务管理者）

服务管理者控制台控制 Web 地图站点的操作。管理工具允许用户管理地图服务、服务器和文件夹。使用服务管理者，用户可以完成以下功能：增加并且重新配制 ArcIMS 站点，执行负载平衡，管理 ArcIMS 空间服务器，向服务器分派任务，监视客户端和服务器端通信，自动修改 Web 站点的配制，统计信息管理。在 ArcIMS 中，站点管理的目的是管理 IMS 系统的所有部件，支持在 Internet 上进行地图发布和实现 GIS 功能。

7.2　MapInfo 的 MapXtreme 2008

2008 年 6 月 MapInfo 发布了新产品 MapXtreme 2008（MapInfo，2008）。MapXtreme 2008 是在 MapXtreme for Windows、MapXtreme for Java、MapXtreme 2004 及 2005 版本的基础上，使用 Microsoft. NET 基础结构重新设计的新产品。所有可在 Web 环境下部署的 .NET 语言，如 ASP. NET、C#等都可以用于开发 MapXtreme 2008。无论桌面版应用和 Web 应用，都可以使用相同的对象模型，从而缩短和简化了开发周期。

MapXtreme 2008 是一个 Windows 开发工具包，开发人员使用该工具可以创建功能更加强大的增强型桌面和客户机/服务器应用程序。使用这些工具和命名空间可以创建客户自己的应用程序或增强现有的应用程序，让程序包括基于位置的信息和分析功能。MapXtreme2008 开发工具包在部署桌面、企业或 Web 解决方案方面为开发人员提供了最大程度的控制权和灵活性。除此之外，还可以重用为某一个平台编写的代码，增强或创建用于其他平台的解决方案。这样就可以节省大量时间，并使工作成果在现在和将来都能得以体现。

7.2.1 体系结构

其体系结构如图7-13所示，包含核心命名空间、对象模型、桌面应用程序和Web应用程序3个层次。核心命名空间程序集包含了大多数核心地图绘制和数据访问功能。核心命名空间程序集的上面是包含Windows和Web命名空间的对象模型，这些对象模型包含了控件、工具和其他特定于每种部署环境的功能。任何从对象模型开发的应用程序都在Windows或Web命名空间之上构建。

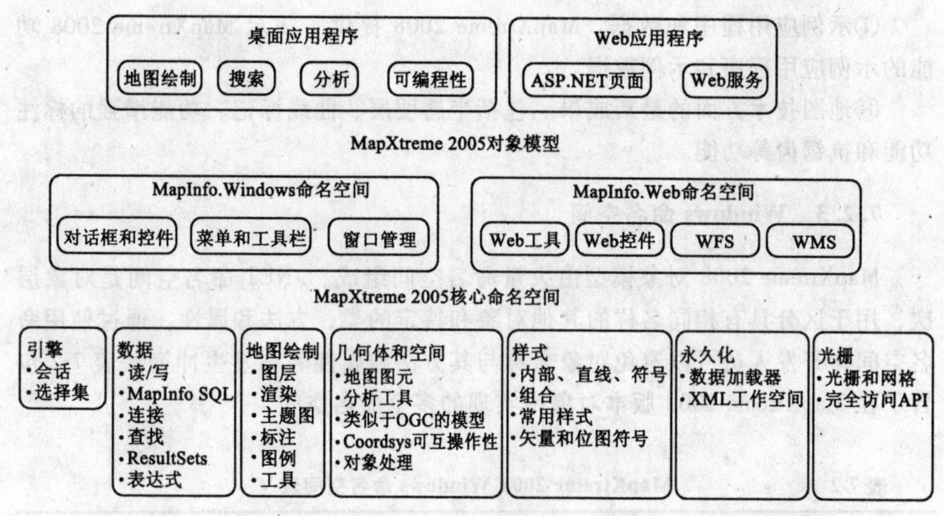

图7-13　MapXtreme体系结构图（引自MapInfo）

7.2.2 功能

①产品框架。与.NET框架兼容的对象模型。

②开发环境工具。MapXtreme 2008为开发人员提供了可以在Visual Studio. NET中使用的控件、对话框以及模板，用于开发Windows应用程序（使用Windows窗体）和Web应用程序（使用ASP. NET）。开发人员可以利用对象模型将这些组件进行扩展，从而获得更高级的功能。

③强大的地图绘制和分析能力。先前版本MapXtreme和MapX中提供的所有功能和操作现在仍然可用，其中包括创建地图、显示、各种数据源的访问、专题地图绘制、栅格处理、对象处理和表示。

④规模可伸缩的基础结构。MapXtreme 2008 提供了对象池和缓存功能，开发人员可以使用这些功能，按不同的性能要求对 Web 应用程序进行精细调整。

⑤运行时部署。MapXtreme 2008 使用 Windows Installer 技术（即合并模块），开发人员可以使用该技术来安装或重新发布在已部署的应用程序中使用的运行时组件。

⑥丰富的文档。MapXtreme 2008 包含了一套帮助系统，描述 MapXtreme 2008 所基于 MapInfo. NET 的对象模型。该帮助系统按命名空间进行组织并集成在 VisualStudio. NET 开发环境中。

⑦示例应用程序和数据。MapXtreme 2008 提供了演示 MapXtreme 2008 功能的示例应用程序和示例数据。

⑧地图技术方面的最新成果。包括半透明层、曲线标记、功能增强的标注功能和抗锯齿等功能。

7.2.3 Windows 命名空间

MapXtreme 2008 对象模型由大量命名空间组成。. NET 命名空间是对象层次，用于区分具有相同名称的其他对象和特定的类、方法和属性。通过使用命名空间，开发人员可以避免对象名称与其方法和属性名称发生冲突。表 7-2 包含了在 MapXtreme 2008 版本对象中实现的多个命名空间。

表 7-2　**MapXtreme 2008 Windows 命名空间表**

命名空间名称	作　用
MapInfo. Data	包含了实现 MapInfo 数据提供方的类和接口，用来访问数据
MapInfo. Data. Find	包含了用于搜索数据的类，通过指定可以绘制地图的表和执行搜索的列（必须带有索引）来简化对象的搜索
MapInfo. Engine	包含了所有直接与核心功能有关的类，基于 MapXtreme 2004 所有应用程序的驱动
MapInfo. Geometry	包含了用于创建和编辑 Geometry 对象的类、接口和枚举，是一种可扩展的层次结构，基于 OGC（open GIS consortium）标准、坐标系可互操作性和对象处理

续表

命名空间名称	作　用
MapInfo. Mapping	包含了用于创建、显示和导出地图、图层、符号和标注的类、接口和枚举
MapInfo. Mapping. Legends	包含用于创建并显示地图和专题图图例的类、接口和枚举
MapInfo. Mapping. Thematics	包含了作为图层样式和图层本身实现专题图的类
MapInfo. Persistence	包含了支持基于 XML 工作空间读写的类，用于地图绘制工作空间的保存和检索
MapInfo. Raster	包含了支持栅格和格网数据的类，用于这两种数据的打开和查询
MapInfo. Styles	样式对象模型，用于为空间数据设置符号
MapInfo. Tools	包含了用于创建和实现在地图中使用的多种工具的类
MapInfo. Geocoding	包含了定义 MapXtreme 2004 客户端用于地理编码的类、接口和枚举
MapInfo. Routing	包含的类、接口和枚举用于让客户端进行路径计算
MapInfo. Web	为使用 MapXtreme ASP. NET 应用程序的 Visual Studio . NET 模板提供支持
MapInfo. Windows. Dialogs	包含了实现 Windows 应用程序中使用的各种对话框和对话框组件的类
MapInfo. Windows. Controls	包含了实现各种窗口控件及其必需组件的类，用于在 Windows 应用程序中开发窗体

7.2.4 Web 命名空间

Web 命名空间包括用户界面工具和 Web 控件，用于设计和使用由 MapXtreme 2008 构建的 Web 窗体应用程序。用户可方便地在 Web 窗体上拖放 Web 控件。这些工具在 MapControl 中提供了服务器和客户机端行为。这些控件和工具包括了各种功能：地图显示和导航、要素选择以及图层管理。

如表 7-3 所示，Web 控件包含在 MapInfo. Web. UI. WebControls 命名空间中。它们包括：MapControl、ToolbarControl、ZoomInToolControl、ZoomOutToolControl、

CenterToolControl，PanToolControl、SelectionToolControl、PointSelectionToolControl、PolygonSelectionToolControl、RadiusSelectionToolControl、RectangleSelectionToolControl、DistanceToolControl、LayerControl、InfoToolControl 和 LegendControl 等。

表 7-3 **MapXtreme 2008 Web 控件表**

Web 控件	用　　途
MapControl	显示地图图像并允许基于选定的工具进行鼠标交互
ToolbarControl	提供用于一个/多个地图操作工具的面板
ZoomInToolControl	地图放大
CenterToolControl	用于将地图的中心设置到当前位置
ZoomOutToolControl	地图缩小
PanToolControl	用于通过拖动地图，在窗口中重新定位地图
SelectionToolControl	鼠标单击操作在某位置上选择要素
PointSelectionToolControl	点选择操作
PolygonSelectionToolControl	多边形选择操作
RadiusSelectionToolControl	圆形选择操作
RectangleSelectionToolControl	矩形选择操作
InfoToolControl	用于获得单击点的属性信息
DistanceToolControl	用于获得两个点或多个点之间的距离
LayerControl	允许在地图图层中添加/删除/编辑属性
LegendControl	允许在窗体上显示图例

7.2.5 Web 应用程序

如图 7-14 所示，典型的 Web 应用程序包含视图（表示层）、模型（与数据源和应用程序内部数据模型进行交互）和控制器（控制应用程序流程的业务逻辑）。

MapXtreme Web 示例都是 Visual Studio Web 站点项目，包含一个能够完全正常运行的 Web 应用程序，也包括为支持该应用程序和处理状态管理而预加载的数据。因此开发一个 Web 应用程序主要包含修改应用程序、使用最佳状

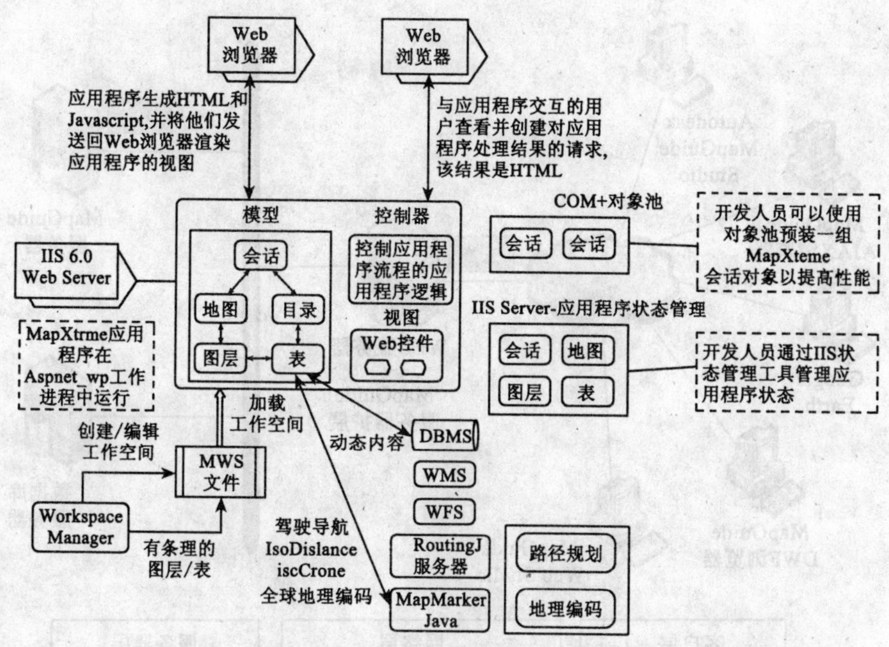

图 7-14 MapXtreme Web 应用程序体系结构图（引自 MapInfo）

态管理操作生成应用程序、配置发行模式、打包 Web 应用程序、生成 Web 安装项目和部署 Web 应用程序 6 个过程。

7.3 AutoDesk 的 MapGuide

AutoDesk MapGuide 6.5（Alex，2005；AutoDesk，2007）提供了新一代网络地图服务技术，为地图网络发布和空间数据共享提供了一个功能强大的分布式服务平台。这个网络制图平台提供一个全新的软件架构、编程语言支持、数据访问方法、浏览器选择和创作环境。MapGuide 6.5 可以安装、定制，并可在包括 Linux 操作系统在内的多种平台上开发。

7.3.1 体系

如图 7-15 所示，MapGuide 6.5 包括 4 个核心部件：服务器、地图工作室(Studio)、服务器扩展和浏览器。

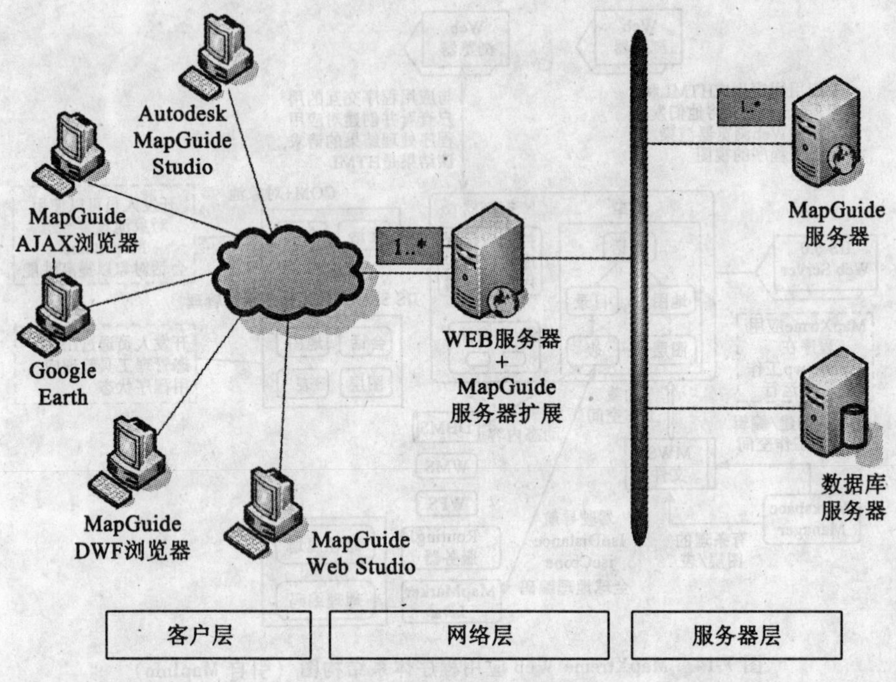

图 7-15　MapGuide 6.5 体系架构图

7.3.2　功能

Autodesk MapGuide 6.5 的主要功能和特性包含如下：

①增强的标图技术，包括 DWF™ 技术和离线的属性和手机用法。

②通过图形用户界面自动加载数据到服务器。

③直接连接到 FDO 数据源，例如 SDE、Oracle Spatial 和 OGC。

④不同来源的标签分类和地图提示。

⑤由 MapGuideStudio 快速，基于 HTML 发布不再需要一个插件。

⑥Studio 中一站式数据加载、数据库连接、地图发布。

⑦网络服务器管理。

⑧为创建自定义制图应用服务器端 API。

⑨用 3 种语言描述的全部 FDO API 实现高级空间查询。

⑩Linux 服务器的支持。

7.3.3 服务器——Server

MapGuide 服务器可以运行在微软操作系统或者 Linux 操作系统。它包括内置的制图服务、符合开放式地理信息（OGC）标准的网络地图服务和网络要素服务。MapGuide 服务器组件可以直接访问本地服务器的数据，也可以通过要素数据对象（FDO）连接到其他服务器，具有以下的特征：

①改进的渲染选项。支持用户使用多种渲染引擎、GD 和 AGG 来渲染基于 AJAX 的地图。

②灵活的布局模板。新增的灵活布局模板即缩略地图，选择工具和要素数字化技术支持用户在大量模板中选择合适的布局，用以创建 Web 应用。

③更统一的查询表达式支持。强大的查询表达式语言，更加适用于所有 FDO 数据提供者。

④高程数据服务。从 AutoCAD Map 3D 2009 中直接将高程数据（DEM 或 Geotiff 格式）发布成 MapGuide 服务。

⑤广泛的平台支持。脚本在服务器上运行，脚本的运行结果被发送到客户端，提供比客户端脚本更广泛的功能集，能够编写利用功能、逻辑和代码相同程序支持栅格和矢量数据服务。

⑥多开发语言支持。通过服务器端扩展程序支持 .NET、JavaScript 和 PHP 开放式的二次开发，不同开发语言 API（应用编程接口）调用之间保持 100% 一致。

⑦与原始网络服务器集成。使用 ISAPI 模块与 IIS 服务器集成或作为 Apache 模块与 Apache 服务器集成。

⑧同步连接。支持与多台数据库服务器的同步连接，这些服务器或位于本地，或位于可通过网络访问的 Unix 或 Windows 系统上。

⑨基于访问的内建安全模式。确保数据或应用仅分发给经授权的用户。

⑩可扩展性。负载均衡功能支持多台服务器共担负荷，服务器采用多处理器架构，同时包含内建的负载均衡功能。

⑪基于 Web 的管理。添加和删除服务器、配置服务器和服务、启动和停止服务器、配置日志生成、查看日志文件并确定用户和组，在服务器间打包和部署数据。

⑫支持 Google Earth™ KML。支持将流内容直接发给 Google Earth 客户端。

⑬支持开放地理空间联盟（OGC®）Web 服务。支持使用 Web 地图服务（WMS）和 Web 要素服务（WFS）以栅格和矢量形式获取和发布数据。

7.3.4 网络服务器扩展

服务器扩展作为因特网的包装器使客户端能够与服务器通信。网络扩展提供了一个管道，为地图代理请求提供通道。如图 7-16 所示，其有 3 种不同类型的网络扩展：. NET，Java 和 PHP。

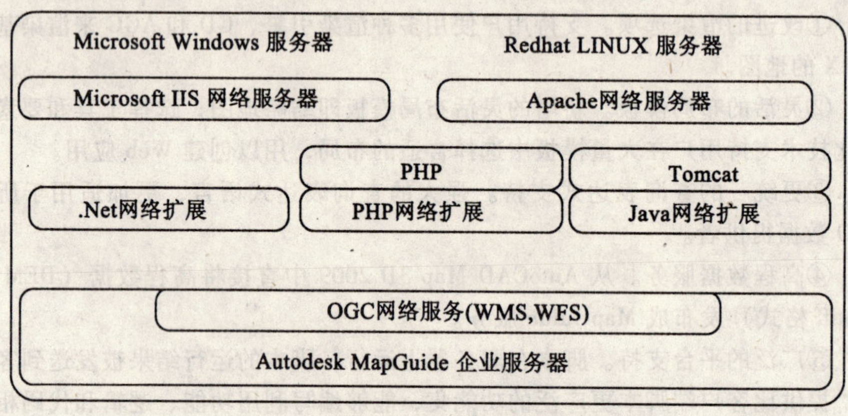

图 7-16 MapGuide 服务器扩展类型示意图

①. NET 网络扩展主要用于运行微软的应用程序。用户可以根据需要，通过 FDO 应用编程接口（API），在 Visual Studio . NET 开发环境中使用 C#或 VB. NET 等开发语言从服务器上检索地图。

②Java 网络扩展使用 Java 服务器页面（JSP）技术来访问地图。当使用 Java 网络扩展时，需要选择 Apache Tomcat 作为 Java 服务器。由于 Apache Tomcat 能被安装于 Linux 或 Windows 操作系统，任何用 JSP 书写的代码在两种操作系统环境中都能访问 MapGuide 服务器。

③PHP 广泛用于网络应用程序框架，像 Java 网络扩展一样，能够工作于 Linux 或 Windows 服务器。PHP 模式的网络扩展在两种操作系统中都可方便地访问 MapGuide 服务器。

7.3.5 浏览器——Viewer

用户可以使用两种方式到网上进行浏览、查询和分析地图服务，包含 DWF 浏览器和 AJAX 浏览器：

①DWF 浏览器是一个可下载的 ActiveX 控件，可以在 Windows IE 浏览器

中操作矢量地图。

②AJAX 浏览器不需要下载并能把栅格地图传送到任何浏览器中显示，包括苹果浏览器 Safari。

1. DWF 浏览器

如图 7-17 所示，DWF 浏览器是可下载的基于 ActiveX 控件模式的浏览器客户端，可以在 Microsoft Windows 系统中运行 IE 或 Firefox®浏览器加载基于矢量的地图，能够操作来源于服务器的“流”信息。DWF 浏览器支持“离线”模式，提供了离线查看矢量地图的能力，离线地图同时可以保持属性信息；可以按目录、半径、多边形、缓冲区或交叉点来选择对象；属性浏览器可以显示所选对象中由地图创作者定义的属性；用户都可以将要素数字化或在地图上创建红线。

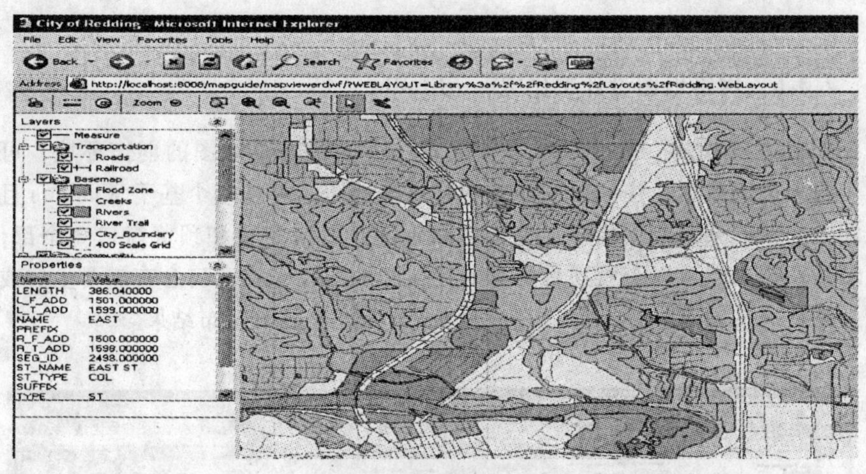

图 7-17　MapGuide DWF 浏览器界面示意图

2. AJAX 浏览器

如图 7-18 所示，AJAX 浏览器客户端可将基于光栅的地图发送至几乎任何一种浏览器，而无须任何插件。AJAX 浏览器客户端布局选项采用了叠层样式表 CSS（cascading style sheet）、Open Layer 和 AJAX 技术。用户除了使用 Internet Explorer 以外，还可以使用 Firefox 或 Safari 来浏览地图和空间数据。通过使用异步 JavaScript 和 XML（AJAX）方法，AJAX 浏览器动态获取 XML 编码的地图信息，使用 JavaScript 来进行动态绘图而无须重装页面。

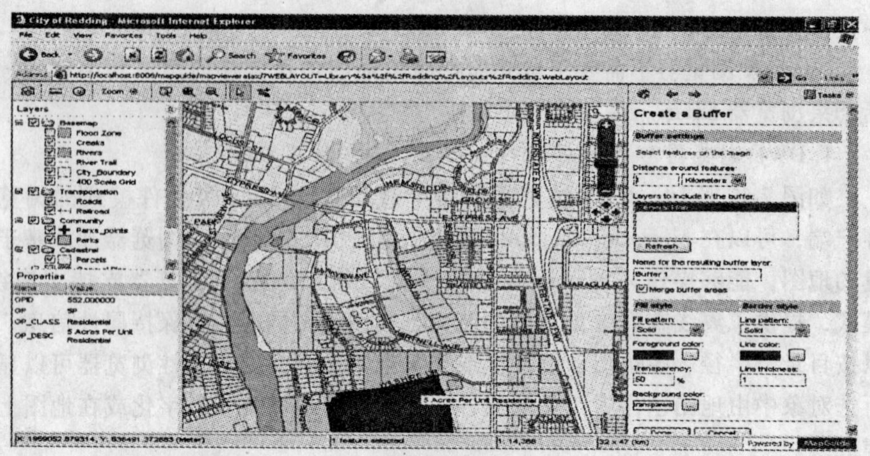

图 7-18　AJAX 浏览器界面示意图

7.3.6　网络地图设计工作室——Studio

如图 7-19 所示，MapGuide Studio 是一个网络电子地图的创作环境，可被用来统一集成数据、生成可发布的网络电子地图。它是一个基于 Windows 且关联到服务器的桌面应用程序，包含站点管理、编辑窗口和预览窗口 3 个部件。通过站点浏览器可以查看项目所有的数据和地图；编辑窗口含有需要生成或修改具体资源的细节；预览窗口在一个 DWF 浏览中显示发布结果。

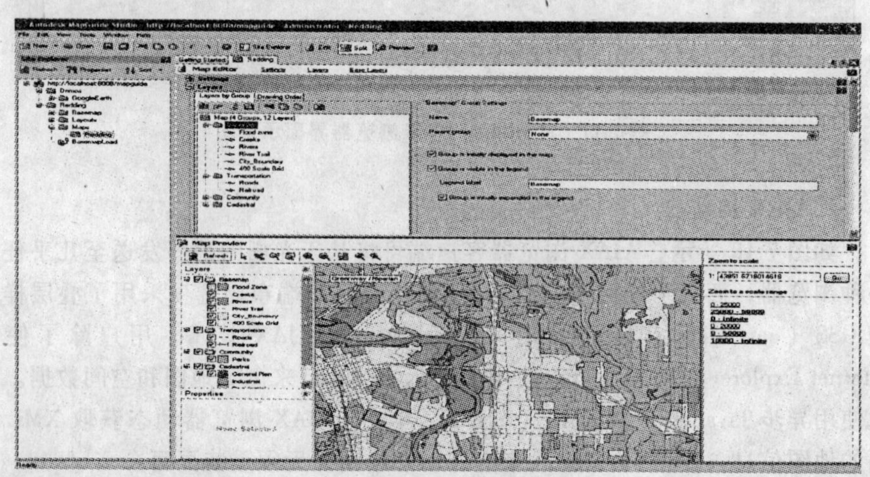

图 7-19　Studio 界面示意图

通过 Studio 加载和连接数据生成一个基于网络的地图有 4 个关键的过程。

①发现数据。加载程序把矢量数据加载到服务器，或直接连接到现有 FDO 数据库。

②图层配置。设置图层的颜色和主题；设置标签、网址、地图提示。

③配置一幅地图。配置设置（例如坐标系统、颜色等）；设置图层和显示顺序。

④把地图发布到互联网。设置界面工具栏和菜单；配置设置（如标题和最初的视图）。

7.3.7 数据连接部件——FDO

如图 7-20 所示，Autodesk 要素数据对象（FDO）是一套应用编程接口（APIs），用来把 Autodesk 产品连接到各种数据存储。通过 FDO，可以直接连接到 Oracles Spatial、SQL Server、ArcSDE 和 OpenGIS 网络地图服务（WMS）等。

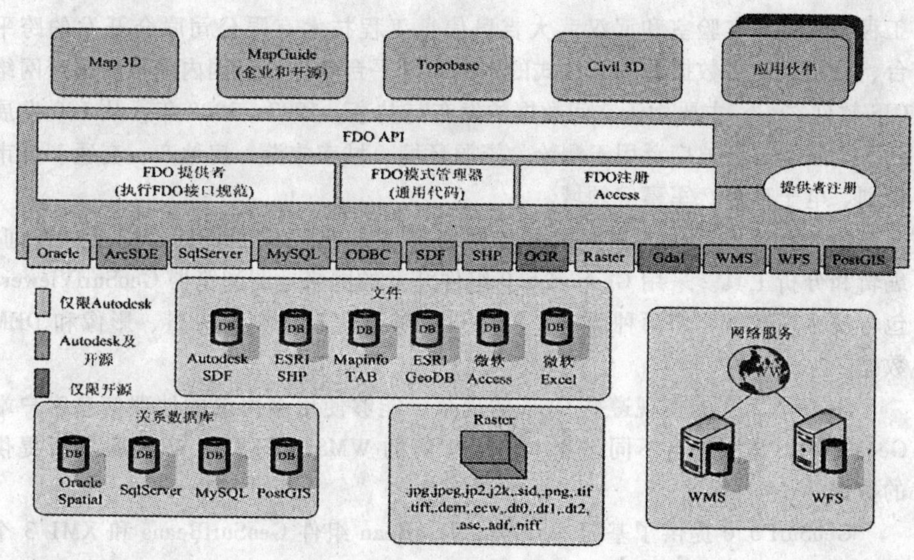

图 7-20 FDO 功能结构示意图

7.3.8 应用开发

MapGuide 包含 4 种方法的二次开发：APIs 模式、PHP 模式、JAVA（JSP）

模式和 ASP. Net 模式。通过 APIs 模式，可以使用资源、要素、地图、绘图、渲染、坐标系统、几何和网站对象对象 APIs 来进行二次开发，应用程序可以使用 XML 文档对象模型（DOM），并能够实例化和控制上述 APIs；PHP 是一个服务器端网络脚本语言，可以运行在许多平台上，可以使用 PHP 上传资料或链接到 FDO，使用新信息创建图层，然后创建一个地图并把地图添加到网络布局；JSP 是一种网络服务器脚本代理，用来实现请求与服务器之间的通信，JSP 在服务器端编译为一个 servlet，它与小应用程序相反（java 应用程序运行在客户端），JSP 能与现有的 servlets 和在服务器端的 Java servlets 通信；动态服务器网页（ASP）. net 是基于微软的 . net 框架，只能在微软 IIS 下工作，能在微软环境中开发许多服务器端定制的应用程序。

7. 4 GeoStar 的 GeoSurf

GeoSurf（陈能成等，2000；朱欣焰等，2003）是武汉大学测绘遥感信息工程国家重点实验室和武汉武大吉奥信息工程技术有限公司联合开发的跨平台、分布式、多数据源、开放式的网络 GIS 平台软件，是国内最早的国产网络 GIS 软件之一，主要用于空间数据的发布与共享。1997—2008 年，从 1. 0 发展到 5. 2 版本，已被广泛用于测绘、资源环境、城市旅游、房地产、交通、城市规划、电子商务、军事等领域。

GeoSurf 5. 0 提供了强大的基于网络环境的在线地图访问、浏览、查询、编辑和分析工具。采用 GeoSurf 5. 0 组件开发的网络地图浏览器 GeoSurfViewer，包含瘦客户和胖客户两种版本，使用户能够远程在线浏览矢量、影像和 DEM 数据。

GeoSurf 5. 0 的实现遵循 OGC 的规范，能够使用多协议的地理信息客户端 GeoMPGC，浏览来自不同站点、不同厂商的 WMS、WFS 和 WCS 服务所提供的数据。

GeoSurf 5. 0 提供了基于 Java 类、JavaBean 组件 GeoSurfBeans 和 XML 3 个层次的二次开发。用户可以根据需求和技术水平定制自己的应用系统，满足不同行业的需求。

GeoSurf 5. 0 提供了强大的数据和服务配置管理工具 GeoSurfAdmin。可以发布包括多种矢量数据源（GeoStar、Shapefile、mif/mid 等）、影像数据源和 DEM 数据源等在内的地理空间数据。

GeoSurf 5. 0 提供了弹性的基于 Java 的多层体系结构部署的 Servlet 引擎

GeoMapService、GeoWMS、GeoWFS 和 GeoWCS。这些引擎可以部署在包含 IPlanet、Tomcat、WebLogic、WebSphere、IIS 和 Apusic 流行的应用服务器上。

7.4.1 GeoSurf 体系

如图 7-21 所示，GeoSurf 5.0 分为管理层、服务层和应用层 3 个层次，包含 4 个部分：可视化地图 JavaBeans 组件 GeoSurfBeans、地图服务引擎 GeoSurfServer（包含 GeoSurfMapService、GeoWMS、GeoWFS 和 GeoWCS）、服务配置与管理工具 GeoSurfAdmin 和客户端地图浏览器（包含客户端二维地图浏览器 GeoSurfViewer、多协议地理信息客户端 GeoMPGC、DEM 浏览客户端 GeoSurfDEMViewer 和客户端地图编辑器 GeoSurfEditor）。

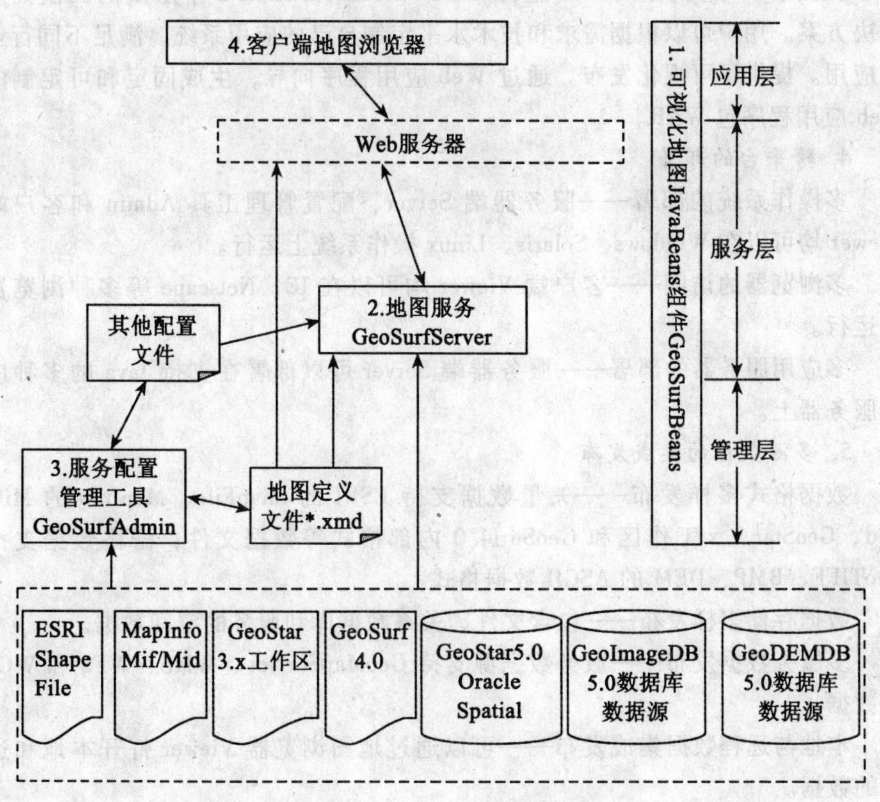

图 7-21 GeoSurf5.0 产品内容构成图

7.4.2 GeoSurf 特征

1. 丰富的功能

提供了强大的基于网络环境的在线地图访问、浏览、查询、编辑、分析和输出工具。采用 GeoSurfBeans 组件开发的网络地图浏览器 GeoSurfViewer，包含瘦客户和胖客户两种版本，使用户能够远程在线浏览矢量、影像和 DEM 数据。

2. 开放的服务

遵循 OGC 规范，实现了 Web 地图服务 GeoWMS、Web 要素服务 GeoWFS 和 Web 覆盖服务 GeoWCS。使用多协议的地理信息客户端 GeoMPGC，浏览和操作来自不同站点、不同厂商的 WMS、WFS 和 WCS 服务所提供的数据。

3. 灵活的二次开发

提供了 Java 类、JavaBean 组件 GeoSurfBeans 和 XML 3 个层次的二次开发解决方案。用户可以根据需求和技术水平定制自己的应用系统，满足不同行业的应用。提供了可视化发布。通过 Web 应用程序向导，生成固定和可定制的 Web 应用程序包 WAR。

4. 跨平台的部署

多操作系统的部署——服务器端 Server、配置管理工具 Admin 和客户端 Viewer 均可以在 Windows、Solaris、Linux 操作系统上运行。

多浏览器的访问——客户端 Viewer 均可以在 IE、Netscape 等多种浏览器上运行。

多应用服务器的部署——服务器端 Server 可以部署在支持 Java 的多种应用服务器上。

5. 多源数据的集成发布

数据格式多样发布——矢量数据支持 ESRI 的 ShapFile、MapInfo 的 Mif/Mid、GeoStar 3. x 工作区和 GeoSurf4. 0 内部格式等数据文件；栅格数据支持 GeoTIFF、BMP、DEM 的 ASCII 数据格式。

数据存储多样发布——包含文件、关系数据库和服务的空间数据。

多服务数据发布——服务数据源支持 GeoMapService、WMS、WFS 和 WCS 的数据。

本地与远程数据集成发布——可以通过地图浏览器 Viewer 打开本地和远程的数据。

矢量、影像与 DEM 集成发布——可以同时发布和调用矢量、影像及 DEM 数据。

7.4.3　GeoSurf 组件部件——Beans

GeoSurfBeans 使用 JavaBeans 组件技术，对地图数据获取、表现、查询、编辑和出图等地图操作进行封装，创建可以复用、平台独立的可视化组件。GeoSurfBeans 是提供给用户使用的二次开发组件，二次开发用户可以在 Jbuilider、Eclipse 和 SunOne Studio 等 Java IDE 工具中重用这些组件快速构建新的应用程序，提高二次开发的效率。GeoSurfBeans 包含如图 7-22 所示的 56 个 Java 组件。

GeoSurfMapBean	QueryByRectToolBean
OverViewMapBean	QueryByPolygonToolBean
ZoomOutToolBean	QueryByCircleToolBean
ZoomInToolBean	MeasureToolBean
PanToolBean	LayerControlToolBean
CenterZoomOutToolBean	LengendBean
CenterZoomInToolBean	AddThemeBean
ZoomAllToolBean	PrintBean
QueryByPointToolBean	TrackerBeans（13）
QueryByLineToolBean	EditorBeans（25）

图 7-22　GeoSurfBeans 示意图

7.4.4 GeoSurf 客户端部件——Viewer

客户端二维地图浏览器 GeoSurf Viewer 包含瘦客户端、应用程序图和胖客户端等 3 种类型，提供对矢量和影像数据的获取、浏览、查询、图层控制、专题制图、量算和打印输出。其中瘦客户端在网页上展示的为栅格图片（图 7-23），胖客户端在网页上展示的为矢量数据（图 7-24）。

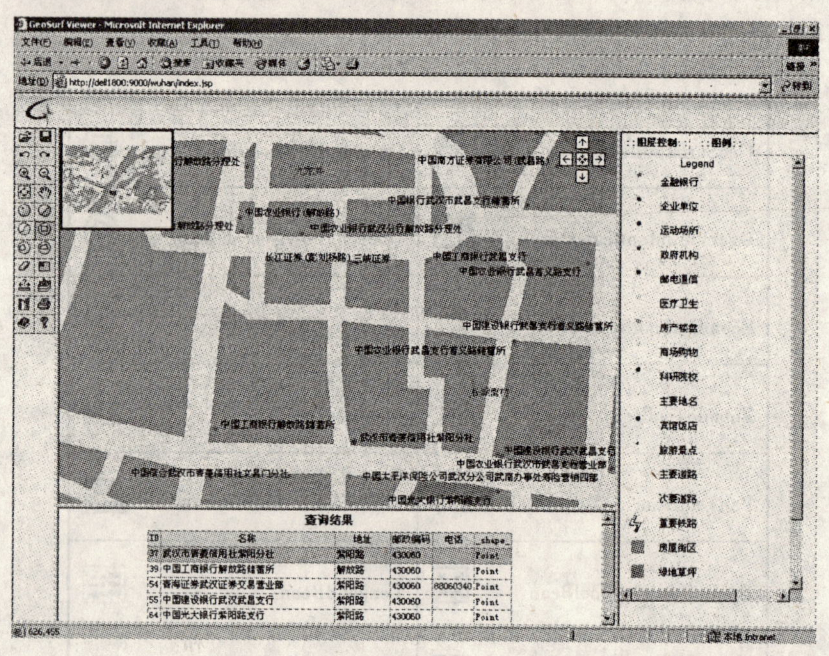

图 7-23 GeoSurf 瘦客户端示意图

多协议地理信息客户端 GeoMPGC 支持不同厂商、不同版本的 WMS、WFS、WCS 服务数据操作和集成的客户端应用程序，该程序可以作为小程序运行在浏览器环境中，也可以作为应用程序在桌面独立运行。对 WMS 的数据作为栅格图层进行叠加，对 WFS 数据作为矢量图层进行表现，对 WCS 的数据以 GeoTIFF 的栅格数据进行处理，可以进行多波段数据的融合。

DEM 客户端 GeoSurfDEMViewer 是基于浏览器的 DEM 浏览工具。其功能包含从 DEM 空间数据库中提取 DEM 数据，基于网络的 DEM 数据发布，DEM 数据客户端多级、多分辨率的浏览，DEM 数据/影像数据的集成以及 DEM 数

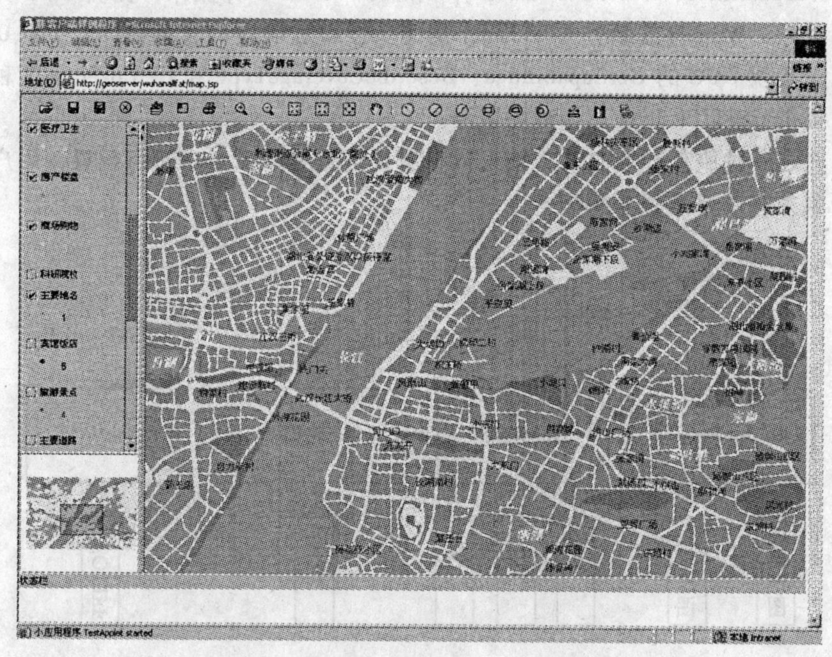

图 7-24　GeoSurf 胖客户端示意图

据/影像数据多分别率的浏览（包括飞行、放大、缩小等操作）。

客户端地图编辑器 GeoSurfEditor 是基于浏览器的空间数据编辑工具。其功能包含添加简单对象（单点、单弧段折线、单圈构成的面以及单点定位的注记），创建矢量图层，对象的拷贝、剪切、粘贴、删除和移动，折线和多边形对象的节点编辑。

7.4.5　GeoSurf 服务器部件——Server

如图 7-25 所示，GeoSurf 服务器部件包括 GeoMapService 服务、Web 地图服务 GeoWMS、Web 要素服务 GeoWFS 和 Web 覆盖服务 GeoWCS，它是在 GeoSurfBeans 的基础上，采用 Servlet 技术构建服务。GeoMapService 服务包含矢量地图服务和栅格地图服务；Web 地图服务 GeoWMS，其请求接口和响应内容遵循 WMS1.1.1 的规范，实现 OGC 的 GetCapabilities、GetMap 和 GetFeatureInfo 3 种操作，提供 JPEG、PNG 和 GIF 编码的栅格地图服务；Web 要素服务 GeoWFS，其请求接口和响应内容遵循 WFS1.0.0 的规范，实现 OGC

的 GetCapabilities、DescribeFeatureType 和 GetFeature 3 种操作，提供 GML 矢量地图服务；Web 覆盖服务 GeoWCS，其请求接口和响应内容遵循 WCS1.0.0 的规范，实现 OGC 的 GetCapabilities、DescribeCoverageType 和 GetCoverage 3 种操作，提供 GeoTIFF 正射影像地图服务。

上述 4 种服务相互独立，均可以在服务配置管理工具中进行配置，用户在部署服务时可以选择其中的一个。

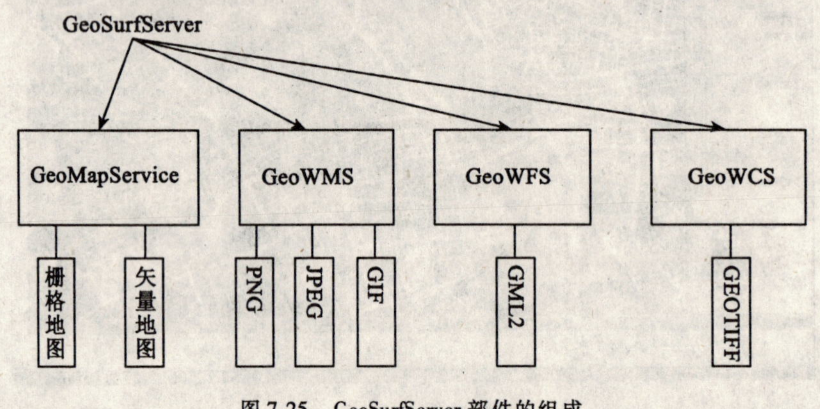

图 7-25　GeoSurfServer 部件的组成

7.4.6　GeoSurf 管理部件——Admin

如图 7-26 所示，GeoSurf Admin 提供地图数据源发布定义、Web 服务程序、连接、日志、驱动程序和索引的配置与管理等一系列工具；生成地图定义文件、日志文件、索引定义文件等，并把地图定义文件与 GeoSurf Server 关联起来，生成一个 war 文件，部署在支持 Servlet 的 Web 服务器上，提供给客户端访问。在客户端 JavaBeans 组件的基础上重新开发的系统，可以运行在多个操作系统上。也可与 GIS 应用服务 Servlet 运行在同一机器中。

7.4.7　GeoSurf 通信协议

GeoSurf 部件之间通过自定义的基于 DTD 规范的标记语言 GeoXML 进行通信。包含地图定义文件 DTD、坐标参考系统 DTD、地理标志语言 GML DTD、坐标单位 DTD、标注 DTD、表现 DTD 和专题图 DTD 等协议。

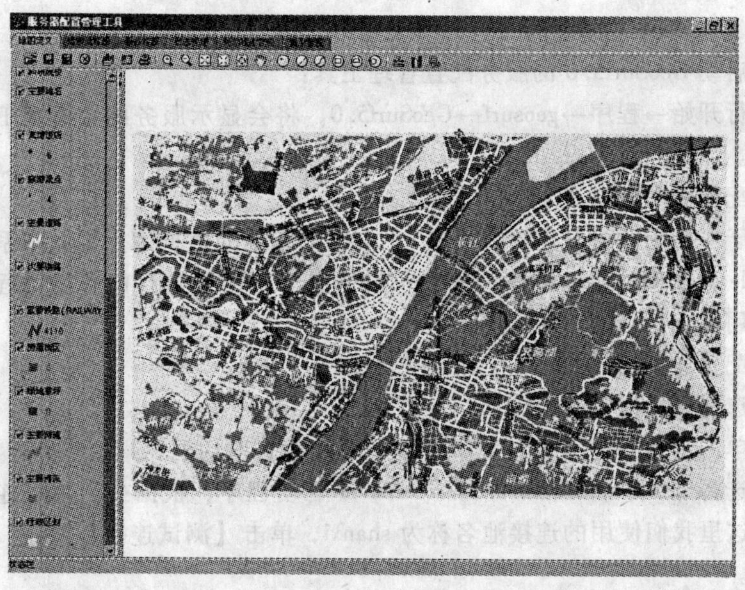

图 7-26　GeoSurfAdmin 界面示意图

7.4.8　GeoSurf 工作流程

GeoSurf5.0 的详细工作流程包含数据准备、系统配置、数据加载、地图设置、生成地图定义文件、生成 Web 应用程序、启动服务和调用 Web 应用程序 8 个步骤。

1. 数据准备

假设将会使用矢量数据库、影像服务和数据文件，以及数据服务作为基本数据源，具体如表 7-4 所示。其中，矢量数据库为采用 GeoStar4.0 建立的 Oracle Spatial 数据，影像服务为采用 GeoImageDB4.0 建立的影像数据库。

表 7-4　　　　　　　　例中程序的基本数据源列表

矢量数据库（GeoStar Oracle Spatial）	影像服务	数据文件（Shape Files）	数据服务（GeoMapService）
RESNTS_S、BOUNTS_S	ShanXi 超工程	BOUNTS_L. shp、RESNTS_L. shp、TERLKL_L. shp	TERLKP_P. shp

2. 系统配置

①启动 GeoSurf5.0 的服务配置管理工具：

执行开始→程序→geosurf→GeoSurf5.0，将会显示服务配置管理工具的用户界面。

②配置驱动程序。

由于本系统暂时只支持 Oracle7.2 或以上版本的数据库，因此本系统自带了 Oracle 数据库的驱动程序。用户一般情况下不需要自行配置驱动程序。本例中使用系统自带的驱动程序。

③配置连接池：

• 选择连接池管理面板；

• 单击【新建】按钮，显示【新建连接池】对话框；

• 选择 oracle. jdbc. driver. OracleDriver 驱动程序，根据提示填写连接池信息，在这里我们使用的连接池名称为 shanxi，单击【测试连接】按钮，会显示提示框。

3. 数据加载

①加载数据文件（shape Files）：

• 单击【添加图层】按钮，在【添加图层】对话框中的【文件类型列表】框中选择【ESRI shapeFile】选项；

• 在数据资源树上选择到您的数据文件所在的目录（如 E：\\ TutorialData \\ shanxi），数据图层信息将会在右边的表格控件中列出；

• 在列表框中选中要添加的图层，单击工具栏上的【添加图层】按钮或双击列表框中被选中的行。操作完毕后，图层数据将会被自动加载（在这里我们以 BOUNTS_L. shp、RESNTS_L. shp、TERLKL_L. shp 为例）。图层的初始颜色由本系统随机配置。

②加载矢量数据库的数据（GeoStar Oracle Spatial）：

• 在数据资源树上双击【add GeoStar Oracle Spatial connection】节点，将显示【测试连接】对话框；

• 在选择连接池列表框中选择【shanxi】，单击【测试连接】按钮，弹出显示成功/失败的提示框；

• 单击提示框上的【确定】按钮和【测试连接】对话框上的【确定】按钮后，GeoStar Oracle Spatial 数据库中的图层信息将会被显示到右边的表格控件中；

• 在列表框中选中要添加的图层，单击工具栏上的【添加图层】按钮或双击列表框中被选中的行。操作完毕后，图层数据将会被自动加载（在这里我们以 RESNTS_S 和 BOUNTS_S 为例）。图层的初始颜色由本系统随机配置。

③加载影像的数据：

• 在数据资源树上双击【add GeoImageDB 4.0 connection】节点，将显示【设置连接影像服务参数】的对话框；

• 设置影像服务的参数（影像服务所在的机器名、影像服务的端口和超工程名），设置好后，单击【确定】按钮，将会在右边的表格控件中显示超工程的信息；

• 在列表框中选中要添加的图层（每一超工程作为一图层），单击工具栏上的【添加图层】按钮或双击列表框中被选中的行。操作完毕后，图层数据将会被自动加载（在这里我们以 shanxi 为例）。

④加载 GeoMapService 服务上的数据：

• 在数据资源树上双击【add web site】节点，将显示输入框；

• 输入 GeoMapService 服务的地址，并单击【确定】按钮，图层数据将会自动地显示到右边的表格控件中；

• 在列表框中选中要添加的图层，单击工具栏上的【添加图层】按钮或双击列表框中被选中的行。操作完毕后，图层数据将会被自动加载（在这里我们以 blockgroups 为例）。图层的初始颜色由本系统随机配置。

4. 地图设置

①配置 TERLKP_P 图层的符号。在此我们以设置特殊符号为例，具体操作如下：

• 双击 TERLKP_P 图例面板，将会显示【配置图层属性】对话框；

• 在选择符号列表框中选择【阶梯符号】，【配置图层属性】对话框的样式将被改变；

在属性列表框中选择一个图层的属性，在这里我们选择的属性为 ELEV，选中后，在表格控件中将显示按属性值划分的颜色、大小区间；

• 选择符号库和符号样式；

• 用户可以改变划分区间的等级和颜色及大小。当用户改变等级、颜色和大小中的任何一个属性时，表格控件都会发生相应的变化，让用户能够很直观地设置符号的属性。若用户想单独设置某一值域的颜色，可以单击表格控件第一列，所对应值域的行，将会显示颜色选择框，用户可以通过颜色选择框自定义该值域的颜色。在这里我们使用默认的等级、颜色和大小属性，单击【应用】按钮。

②设置 TERLKP_P 图层的基本属性：

• 首先，将分页标签选择到【基本信息】页面；

• 用户可以通过基本信息面板设置图层的名称、类型和图层的可视范围等基本信息，设置完毕后，单击【确定】按钮即可。在这里我们设置图层的类型为点。

5. 生成地图定义文件

单击【保存】按钮，根据【文件】对话框保存成一个 shanxi. xmd 文件。

6. 生成 Web 应用程序

①选择【服务管理】面板。

②单击【新建服务】按钮，将显示【Web 应用程序向导】对话框的【标题信息】页面。

③在选择服务列表框中选择【GeoMapService + client】选项，然后填写一个标题，单击【下一步】按钮，进入【应用程序的布局】页面。在这里我们填写的标题是 test。

④单击【单元分割】按钮，将会显示【单元切分】对话框。

⑤选择【水平】单选项后，单击【确定】按钮。将会把带有蓝色边框的布局面板分割成为上下两部分。

⑥在左边的列表框中选择窗口部件，选中 toolbar，单击【增加部件】按钮或直接双击 toolbar 选项，可以看到 toolbar 被添加到蓝色边框所在的面板中。用同样的方法可以将 map 添加到下面的面板中。用户还可以单击【JSP】标签，查看 JSP 代码。

⑦双击 toolbar 所在的面板或单击【编辑窗口部件】按钮，将会显示【工具栏标记编辑器】对话框。

⑧单击【> >】按钮后，再单击【确定】按钮。

⑨单击【应用程序的布局】页面的【下一步】按钮，进入【设置服务的部署参数】页面。

⑩在【Web 存档文件建立到】标签所对应的文本框中填写一个名称，这个名称将会作为 *. war 文件的文件名。在这里我们使用的名称为 shanxi。

⑪单击【地图定义文件】标签所对应的【…】按钮，将会显示【文件】对话框，根据【文件】对话框选择一个地图定义文件，在这里我们选择刚才保存的 shanxi. xmd。

⑫单击【完成】按钮即可。

7. 启动服务

单击【服务管理】标签所对应的启动按钮【 】，启动 GeoSurf 服务。

8. 调用 Web 应用程序

最终用户可以打开 IE 浏览器，输入 http：//localhost：8090/shanxi/map.jsp 地址，用户将看到被发布的地图。

7.5 SuperMap 的 IS .NET

SuperMap IS .NET 5（朱江和宋关福等，2004）是新一代网络地理信息系统开发平台，它基于 Microsoft .NET 技术和 SuperMap Objects 组件技术进行开发，设计全新的面向服务的技术体系结构，提供更灵活的二次开发方式和更强的并发访问能力。

SuperMap IS .NET 5 采用面向 Internet 的分布式计算技术，支持跨区域、跨网络的复杂大型网络应用系统集成，提供可伸缩、多层次的 WebGIS 解决方案，全面满足网络 GIS 应用系统建设的需要。SuperMap IS .NET 5 是政府部门、企事业单位、其他组织和个人建立电子地图、WebGIS 网站的利器，更是开发 B/S（浏览器/服务器）结构的专业 GIS 应用系统的理想平台。

7.5.1 体系

如图 7-27（在下页）所示，SuperMap IS. NET 由客户端用户界面表现组件、Web 服务器扩展、GIS 应用服务器、数据服务器以及远程管理等多个部件组成。

7.5.2 特征

1. 组件化设计

SuperMap IS .NET 采用经典的多层软件体系结构，在逻辑上划分了各个模块的功能和相互之间的关系，在物理实现时实现了真正的组件独立：客户端用户界面表现组件、Web 服务器扩展、GIS 应用服务器、数据服务器以及远程管理器等多个组件，每个组件都可以单独维护和升级更新。

2. 采用 .NET 技术

微软推出 .NET 技术经过几年的发展，现在已经成熟。SuperMap IS .NET 5 采用该技术的优点与思想，同时采用专门为 .NET 设计的开发语言 C ++ 编写，以便在 SuperMap IS .NET 5 中可以更加充分地发挥 .NET 的技术优势。

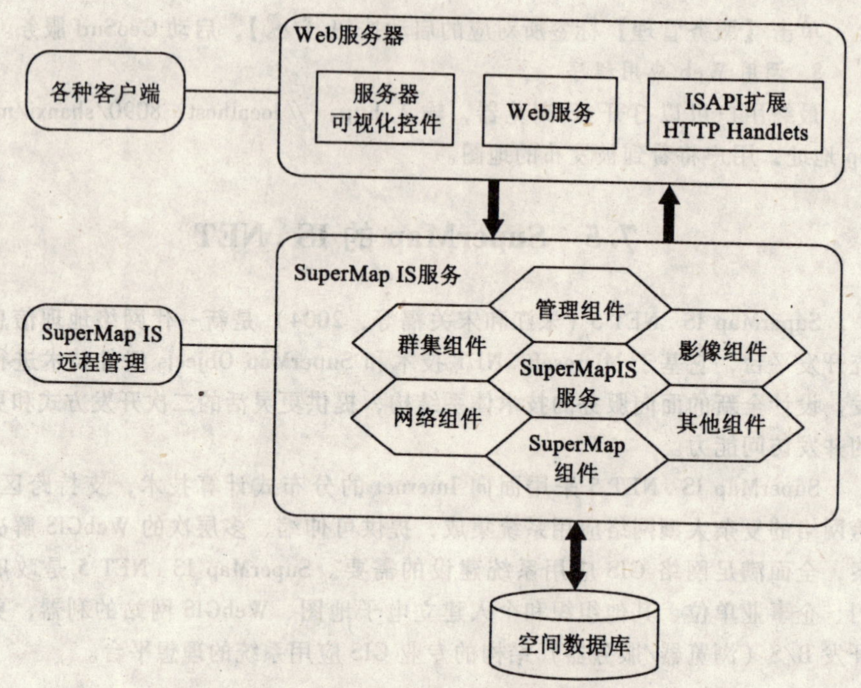

图 7-27　SuperMap IS 软件体系架构示意图

3. 采用 Web Service 技术

SuperMap IS .NET 5 引入 Web Service 技术，提供了 GIS Web Service 和 Web Controls，具有安全可靠、系统维护和升级简单方便以及网络级可重用等优点。采用可扩展的数据交换协议 XML 文档，使得异构系统之间的交互操作、数据交换和集成非常容易；支持客户端跨平台重用 SuperMap IS .NET 5 提供的 GIS 功能。该技术使开发者可以封装自己的 Web Service，并能与 SuperMap IS .NET 5 的 SuperMap Web Service 集成使用。

4. Web 控件

SuperMap IS .NET 5 提供的 Web Controls 封装了大部分 SuperMap IS .NET 应用服务提供的缺省 GIS 功能，它具有所见即所得、设计时呈现和支持多语言协同开发的优点，使得二次开发变得非常容易，即使只有桌面程序开发经验的程序开发者也能够快速开发出网络地理信息系统，使用户的应用系统开发难度和周期大幅度下降，从而大大降低项目投入成本。

5. 改进的多进程和多线程技术

SuperMap IS . NET 5 调整了多进程和多线程策略和技术，提高系统的用户并发访问量、缩短系统的平均响应时间。

6. 支持多种类型客户端

支持更多的客户端类型，包括 Web 浏览器、桌面应用程序、移动终端设备应用程序、矢量客户端。

7. 简单友好的二次开发

SuperMap IS . NET 支持多种流行的网络应用程序开发工具，实现了拖放式的编程模式。

①多层次的开发方式——提供了多个层次的开发方式，从最简单的界面定制、Web 应用到自定义引擎和自定义服务程序的开发，开发平台提供不同层次的 SDK 满足用户的选择；基于中间语言的组件，满足不同用户选用熟悉的开发语言（比如 C ++， VB. NET，Managed C ++，JavaScipt 等）和开发工具（VS. NET，C ++ Builder，Web Matrix，Dreamwaver 等）。

②简单友好的开发界面——在 Web 控件的基础上，提供了界面友好的应用程序模板，可利用快速移植、重用的模板为开发提供强有力的支持。

③所见即所得——是用户二次开发实现网络 GIS 功能的主要 SDK，具有良好的设计时特性，保证设计时和运行时的统一，帮助开发者快速实现原型系统，使开发者在建立系统的初期可以看到系统的运行效果。

7.5.3 主要功能

①基本的地图操作功能。提供放大、缩小、漫游、量算、视图回溯、图层控制等地图基本操作功能。

②公交换乘。提供了公交换乘功能，支持直达、一次换乘和两次换乘分析。

③路径分析。支持在 Interner/Intranet 上进行最短路径和最佳路径分析，并能把分析出的路径显示在客户端。

④最近设施分析。在地图中查找距离指定点最近的某一类型的地物信息，以及该地物到指定点的最佳的行走路线。

⑤地图查询与 SQL 查询。提供地图上点击查询空间地物的属性信息和提供利用 SQL 条件进行地物定位查询，支持在属性信息中添加外部链接。

⑥集成 SDX + 5 技术，直接支持数据库。集成 SupeMap SDX + 5 引擎技术，直接支持大型关系型数据库，处理海量数据的发布能力更强。

⑦群集服务器。调整群集服务器的任务调度策略和任务转移策略，增加对多种网络协议的支持。

⑧编辑功能。支持多用户通过 Web 实现对简单数据集的编辑，直接修改地图服务的空间数据和属性数据。

⑨基于 Web 的远程管理服务和热插拔技术。最新提供的基于 Web 的远程管理服务，可以使管理员通过浏览器远程控制服务器，在非常友好的用户界面上轻松管理网站，管理服务。同时，热插拔技术允许应用服务器在不间断服务的情况下，随时调整设备、变更系统参数等。

⑩目录服务。实现地图服务网站的查询和管理，用户可以搜索感兴趣的地图服务，该功能模块可以直接集成到门户网站应用系统。

⑪辅助工具控件。提供了鹰眼控件、图层管理控件和图例控件、地图基本操作控件等辅助工具。把它们与 Web Control 等主要功能控件绑定后，不用编写任何代码就能直接实现相互间的联动。

⑫自定义 GIS 地图引擎的开发。开发平台提供了多个预定义 GIS 服务引擎组件，重用这些引擎，用户可以快速构建自定义引擎，提供高级的行业应用引擎。

7.5.4 .Net 组件

其组件包括：客户端组件、GIS 服务组件、服务器群集组件、服务器管理组件和地图目录服务组件。

①客户端组件（Web 控件）。Web 控件可实现地图地图浏览、地图查属性、属性查地图（SQL 查询）、距离和面积量算、标签专题图。

②GIS 服务组件。是处理任务的核心组件，GIS 服务本身是一个无状态管理的组件，通过请求参数 DTO 恢复用户操作的地图参数状态，此时，GIS 服务具有了当前用户的状态（也可以恢复部分用户状态，减少操作的步骤）。

③服务器群集组件。负责服务器任务调度管理和负载平衡，它是 Windows Service 程序。在网络 GIS 应用中，每次完成 GIS 服务都需要耗费大量的时间和资源，如果用户访问量很大，单个服务器计算机将不堪重负。群集技术将很好地分散单个服务的负载压力，同时可以很好地重用现有的资源。

④服务器管理组件。服务器管理组件使用分布式管理技术，可以同时管理多个 GIS 应用服务计算机。通过远程管理工具，用户可以动态地连接到任何一台服务器，实现企业级管理。

⑤地图目录服务组件。地图目录服务组件提供元数据级别的空间信息发

布、管理、浏览和查询功能，起到黄页目录服务的作用。

7.5.5 客户端部件

SuperMap IS . NET 支持多种客户端程序，如 IE、Netscape 和 Mozilla 等，还支持桌面应用程序、移动终端设备以及各种网络应用程序的访问。用户可以通过多种形式轻松地连接到基于 SuperMap IS . NET 构建的站点。客户端程序是 SuperMap IS . NET 提供的，可以在浏览器运行和渲染表现的 HTML/JavaScprit 脚本程序，这种程序是目前 Internet 上使用最广泛的客户端软件技术。

7.5.6 服务器部件

服务器部件包含 Web 服务器扩展和 GIS 应用服务器。

Web 服务器扩展采用 HTTP 标准的端口（80 或者 8080）发布 GIS 服务，不需要开放额外端口，网站安全性不会因为增加 GIS 服务而引入新的风险。利用 Web 服务器中成熟技术（比如缓存及会话）扩展 GIS 服务，这也是 Web 和 GIS 结合的初衷，它既利用 Web 服务器提供特性，同时又充分利用后台服务提供强劲 GIS 功能服务。SuperMap IS. NET 引入 Web Service 技术，采用可扩展的数据交换协议 XML 文件。

SuperMap IS . NET 的 GIS 应用服务器可以多机多应用，实现 GIS 服务器群集功能。这种体系结构充分利用设备，提高设备的利用率，从而大幅度降低系统开发商和运营商硬件和软件的投人，同时也提高了用户的并发访问量。SuperMap IS . NET 服务器基于 . NET 组件技术构建，可以同时支持多个不同类型的引擎并行运行。开发平台提供了多个预定义 GIS 服务引擎组件，重用这些引擎，用户可以快速构建自定义引擎，提供高级的行业应用引擎。

7.5.7 管理部件

服务器管理部件是地图应用的管理和配置工具，包括后台的管理服务和基于 Web 的管理前台应用程序。

服务器管理的界面友好，同时由于服务管理组件采用分页的方式，将管理任务进行了分解，因此管理员不需要进行复杂的配置操作，就可以轻松控制 GIS 服务和其系统参数。由服务器管理组件构建的 Web 门户管理应用是典型的 ASP . NET 应用程序，响应管理的请求，代理管理服务，将管理命令转移到每个物理服务器相应的管理服务（Windows 服务程序）上，管理服务将修改配置文件或者控制 GIS 应用服务器的行为。

7.5.8 通信协议

SuperMap IS. NET 定义了一套数据传输对象库 DTO，它是一组需要跨进程或网络边界传输的聚合数据的简单容器，用于 Web 服务扩展和 GIS 应用服务器之间进行复杂的数据传输。通过数据传输对象的定义，对所有 Web 服务扩展到 GIS 应用服务器请求的参数，以及 GIS 应用服务器处理完毕后的返回结果进行封装。

第8章 移动地理信息服务

随着无线通信技术的发展和信息设备功能的日益完善，特别是带宽从2G到2.5 G，发展到目前的3G，无线服务内容、质量和形式都有了长足进步。2G手机只能接收一些简单信息，2.5G手机可以玩游戏，3G手机可以在线浏览文本、图片和声音等多媒体信息。无线内容服务面临着前所未有的机遇和挑战，无线技术与定位技术、地理空间信息服务技术和应用服务器的结合，产生了移动定位服务，促使空间信息飞入寻常百姓家，拓宽了无线服务的外延和内涵，有着巨大的市场空间和研究价值。

本章将阐述移动地理信息服务的概念与特征、构建环境、开放式位置服务体系和流行软件。

8.1 概念与特征

在《OpenGIS Location Services(OpenLS):Core Services》(Mabrouk,2008)的实现规范中，基于位置的服务被定义为使用地理信息服务于移动用户的无线IP服务。任何应用服务均可以获得和使用移动终端的位置。

移动地理信息服务（陈能成等，2004）技术随着计算机、通信、3S技术的发展而呈现不同的形式，概括起来，其经历了以下的三个发展阶段：集中式单机定位服务，即中心监控系统通过捕捉用户的信息（例如寻呼机、手机或者固定电话）判断用户的位置，可以用于追踪罪犯；基于Web的定位技术，也称为基于Web的呼叫中心技术（Web Call Center)，广泛用于报警和安全呼叫服务；基于无线信息的定位技术，也称为移动地理信息服务，是指通过无线网络，无论何时、何地，提供基于个人注册信息和当前或者预定位置增强的无线空间服务。例如用户使用能上因特网的信息设备，从任意位置在任意时间通过无线因特网发送位置信息和请求主题给通信服务提供器，通信服务提供者从定位服务提供器和内容服务代理中取得与当前位置有关的信息，例如附近的商店、人、餐馆和ATMS，并且能够根据当前位置和预定位置的信息，决定驾驶的方向和最佳乘车路线。

概括起来，移动地理信息服务具有如下的特点：

①基于无线网络。信息设备与智能中心的通信大多数通过无线网络，存在以下的几种连接：HTTP 记录集（http：//www. mylocation. com）、Scokets 连接（socket：//202. 114. 113. 240：9000）、通信端口连接（comm：0，bandrate = 9600）、数据报（datagram：//202. 114. 113. 240/）、文件（file：foo. dat）和网络文件系统（nfs：/location. com/foo. dat）。其中，基于 HTTP 记录集、采用 TCP/IP 协议的无线因特网最有发展前景。

②全天候。移动地理信息服务理论上是不受时间、空间限制的，有着广泛的用户群。因此有人称无线服务是任何时间、任何地点和任何设备回答任何事（4A）（李德仁等，2002）的全天候服务。

③有偿信息服务。移动地理信息服务是一个基于位置的综合信息服务系统，它涉及的人员和机构比较多，因此不可能是免费的，用户必须支取一定的费用，有可能是按照信息量的大小、也有可能按照服务的时间长短来计费。

④广泛设备支持。它不仅具备软件的跨平台能力，而且具备硬件的跨平台能力；它不仅能在 PC 机上运行，而且能在更加广泛的信息设备例如手机、PDA 和双向寻呼机上运行。

⑤实时交互系统。实时，指的是系统的响应时间，要使用户在远程的操作与本地的操作的感觉一样。例如，用户在加入一个标志点时，GIS 应用服务器要很快做出反应、把位置信息准确无误加入到相应的空间数据库中，并告诉用户系统已经更新了空间数据库。

8.2 构造环境

8.2.1 移动信息设备

移动信息设备大致有如下一些形式：

1. 膝上型计算机（laptop computers）

膝上型计算机是可以随身携带的个人笔记本电脑。它包括显示器、键盘、指点设备（触摸板，也称为跟踪板或指点棒）、扬声器以及电池。笔记本电脑的厚度在 0.7 ~ 1.5 英寸（18 ~ 38 毫米）之间，尺寸在 10 英寸 ×8 英寸（27 厘米 ×22 厘米，13 英寸显示器）到 15 英寸 ×11 英寸（39 厘米 ×28 厘米，17 英寸显示器）范围之内，重量在 3 ~ 12 英磅。它们通常有一个触摸屏显示和一些包括手写识别或图形绘制能力的外设。

2. 个人数字助理/袖珍 PC 机（PDAs/Pocket PCs）

PDA 是 Personal Digital Assistant（个人数字助理）的缩写，是近来继传呼机、手机之后，迅速崛起的新兴电子消费性产品，即智能电脑工具。就其扩展意义上来讲，它是供人们沟通、连接和互动的移动数字设备，集计算、电话、传真和网络等多种功能于一身，尤为重要的是，这些功能都可以通过无线方式来实现。

3. 智能手机（smart phones）

智能手机是一种在手机内安装了相应开放式操作系统的手机，至 2008 年底全世界约有 4.5 亿部。通常的作业系统有：Symbian、Windows Mobile、IPhone OS、Linux 和 Palm。另外，也有较少人使用的 Android 和 BlackBerry OS。它们之间的应用软件互不兼容。因为可以安装第三方软件，具有较丰富的功能。

采用 Symbian 操作系统的手机多为诺基亚和索尼爱立信生产。采用 Windows Mobile 操作系统的手机包括 HTC（Dopod，Qtek 等）以及 Mio 生产的带有 GPS 功能的手机。采用 Palm 操作系统的手机包括 HandSpring（与 Palm 合并）Treo 系列，以及香港地区生产商的 GSL Xplore 系列。采用 Linux 操作系统的手机有 MOTO E680、海尔 N60、菲利浦 968 等。

8.2.2 无线接入技术

伴随着因特网蓬勃发展的步伐，另一种联网方式已经从悄悄发芽到成长壮大，这就是无线接入技术。摆脱线缆的困扰，随时随地接入，已经成为运营商、厂商以及用户的共同目标。无线接入技术有多种形式，所服务的领域也各不相同。

1. GSM 接入技术

全球可移动通信系统（GSM，global systems for mobile communications）主要用于语音通信，但若用带有特殊调制解调器的便携机，亦可进行数据通信。其缺点，一是基站之间的接管相当频繁，每次接管会导致 300ms 数据的丢失；二是 GSM 的错误率较高；三是由于按接通的时间计费而不是按传送的字节收费，所以花费很大。解决的方法之一是采用蜂窝数字分组数据 CDPD。

GSM 是目前个人通信的一种常见技术。它用的是窄带 TDMA，允许在一个射频上同时进行 8 组通话。它是根据欧洲标准而确定的频率范围在 900 ~ 1800MHz 的数字移动电话系统，频率为 1800MHz 的系统也被美国采纳。GSM

是 1991 年开始投入使用的，到 1997 年底，已经在 100 多个国家运营。GSM 有较强的保密性和抗干扰性，音质清晰，通话稳定，并具备容量大、频率资源利用率高、接口开放、功能强大等优点。

2. CDMA 接入技术

码分多址访问（CDMA，code division multiple access）与 GSM 一样，也属于一种比较成熟的无线通信技术。CDMA 采用展频技术，所谓展频就是将所想要传递的信息加入一个特定的信号后，在一个比原来信号还大的宽带上传输开来。当基地接收到信号后，再将此特定信号删除还原成原来的信号。这样做的好处在于其隐密性与安全性好。与使用 TDM 的竞争对手（如 GSM）不同，CDMA 并不给每一个通话者分配一个确定的频率，而是让每一个频道使用所能提供的全部频谱。CDMA 数字网具有高效的频带利用率和更大的网络容量等优势。

CDMA 技术早已在军用抗干扰通信研究中得到广泛应用，1989 年 11 月，Qualcomm 在美国的现场试验证明 CDMA 用于蜂窝移动通信的容量大，经理论推导其为 AMPS 容量的 20 倍。1995 年中国香港和美国的 CDMA 公用网开始投入商用。1996 年韩国用自己的 CDMA 系统开展大规模商用，头 12 个月发展了 150 万用户。1998 年全球 CDMA 用户已达 500 多万，CDMA 的研究和商业进入高潮。有人说 1997 年是 CDMA 年。美国已拍卖的 2958 个 PCS 经营许可证中，CDMA 占 51%，D-AMPS 占 20%，GSM 占 28%。1999 年 CDMA 在日本和美国形成增长的高峰期，全球的增长率高达 250%，用户已达 2000 万。

中国大陆 CDMA 的发展并不迟，也有长期军用研究的技术积累，1993 年国家 863 计划已开展 CDMA 蜂窝技术研究。1994 年 Qualcomm 首先在天津建成技术试验网。1998 年具有 13 万用户容量的长城 CDMA 商用试验网在北京、广州、上海、西安建成，并开始小部分商用。联通也计划在广东、北京、天津、上海等地建 CDMA 商用试验网。

韩国 CDMA 数字蜂窝移动通信在政府的强有力的组织下，得到了迅猛的发展。CDMA 网络运营仅一年多便发展到 400 万用户，其用户密度远高于我国用户密度最大的珠江三角洲地区。韩国 CDMA 网络运行正常，笔者曾在韩国多次用 CDMA 的蜂窝和 PCS 手机、WLL 电话打回国内，呼通率高，语音清晰，未发生过掉话断线（包括高速公路上）。韩国 CDMA 的运营情况，充分证明了 CDMA 技术是成熟的，其系统容量和话音质量较目前其他蜂窝系统（GSM、TDMA、PDC、TACS、AMPS）是最优的。

据预测，未来几年 CDMA 将以超过 100% 的增长速度发展，远快于 GSM

40%的发展速度。韩国 CDMA 运营仅一年，即超过模拟网 AMPS 的 200 万用户；日本 CDMA 在 2000 年超过 PDC；美国 CDMA 在 2002 年达到 4200 万用户，超过 AMPS 的 3600 万用户、D-AMPS 的 2200 万用户和 GSM 的 1100 万用户，成为全美最大的蜂窝系统。2002 年，全世界的 CDMA 已由原先仅占蜂窝系统 2%的比例提高到 18%，成为第二大蜂窝系统；占第一位的是 GSM，其份额将由原先的 32%升至 45%，而模拟系统将由原先的 48%下降至 15%。

无线通信在未来的通信中起越来越重要的作用，CDMA 将成为 21 世纪主要的无线接入技术。W-CDMA 较 W-TDMA 有更多优越性，W-CDMA 将成为目前各种第二代移动通信系统（GSM、IS-95、PDC 等）的交会点，发展成第三代系统，但未来的统一将要经过一个艰苦的过程。目前欧美都在进行 GSM 与 CDMA 的兼容试验，用 GSM 的网络以 CDMA 的空中接口，其网络试验在英国进行，Qualcomm 已研制出 GSM/CDMA 双模手机样机。未来的第三代多模式蜂窝移动通信系统将以 ATM 为平台，它不仅兼容第三代的 W-CDMA、UMTS 和 cdmaOne，而且还兼容第二代的 GSM 和 IS-95。

3. GPRS 接入技术

相对原来 GSM 的拨号方式的电路交换数据传送方式，GPRS（general packet radio service）是分组交换技术。由于使用了“分组”的技术，用户上网可以免受断线的痛苦。此外，使用 GPRS 上网的方法与 WAP 并不同，用 WAP 上网就如在家中上网，先“拨号连接”，而上网后便不能同时使用该电话线，但 GPRS 下载资料和通话是可以同时进行的。从技术上来说，声音的传送（即通话）继续使用 GSM，而数据的传送便可使用 GPRS，这样的话，就把移动电话的应用提升到一个更高的层次。而且发展 GPRS 技术也十分“经济”，因为只须沿用现有的 GSM 网络来发展即可。GPRS 的用途十分广泛，包括通过手机发送及接收电子邮件、在互联网上浏览等。目前的 GSM 移动通信网的传输速度为 8.6Kbps，GPRS 手机在推出时已达到 56Kbps 的传输速度。除了速度上的优势，GPRS 还有“永远在线”的特点，即用户随时与网络保持联系。

4. EDGE 接入技术

EDGE（enhanced data rates for GSM evolution）接入技术是一种有效提高 GPRS 信道编码效率的高速移动数据标准，它允许高达 384Kbps 的数据传输速率，可以充分满足未来无线多媒体应用的带宽需求。EDGE 提供了一个从 GPRS 到第三代移动通信的过渡性方案，从而使现有的网络运营商可以最大限度地利用现有的无线网络设备，在第三代移动网络商业化之前提前为用户提供个人多媒体通信业务。由于 GDGE 是一种介于现有的第二代移动网络与第三代移动网络之间的过渡技术，因此也有人称它为“二代半”技术。EDGE同样充分利用了现有的GSM资源，保护了对GSM作出的投资，目前已有的大部分设备都可以继续在EDGE中使用。

5. WCDMA接入技术

WCDMA（wideband code division multiple access）技术能为用户带来最高2Mbps的数据传输速率，在这样的条件下，现在计算机中应用的任何媒体都能通过无线网络轻松传递。WCDMA的优势在于：码片速率高，有效地利用了频率选择性分集和空间的接收与发射分集，可以解决多径问题和衰落问题，采用Turbo信道编解码，提供较高的数据传输速率。FDD制式能够提供广域的全覆盖，下行基站区分采用独有的小区搜索方法，无须基站间严格同步。采用连续导频技术，能够支持高速移动终端。相比第二代的移动通信技术，WCDMA具有更大的系统容量、更优的话音质量、更高的频谱效率等优势，而且能够从GSM系统进行平滑过渡，保证运营商的投资，为3G运营提供了良好的技术基础。

6. 3G通信技术

在上述通信技术的基础之上，无线通信技术将迈向3G（third generation）通信技术时代。该技术又称为国际移动电话2000。该技术规定，移动终端以车速移动时，其传输数据速率为13.4Kbps，室外静止或步行时速率为384Kbps，而室内为2Mbps。但这些要求并不意味着用户可用速率就可以达到2Mbps，因为室内速率还将依赖于建筑物内详细的频率规划以及组织与运营商协作的紧密程度。然而，由于无线LAN一类的高速业务的速率已可达54Mbps，在3G网络全面铺开时，人们很难预测2Mbps业务的市场需求将会如何。

7. 4G通信技术

在3G技术还没有最终成型时，人们又开始提到4G（beyond 3G）技术。该技术目前还只有一个主题概念，就是无线互联网技术。可以肯定的是，随着互联网高速发展，4G也会继续高速发展。电脑日趋小型化、简便化，最终将所有技术整合为一个类似PDA的产品。卫星通信和空间技术会成为常规技术。而流动通信应用的相关技术，如更高频宽的应用、智能信号处理技术、业务功能综合能力、网络技术及卫星技术等亦急速发展。4G技术与3G技术相比，除了通信速度大为提高之外，还可以借助IP进行通话。4G在业务上、功能上、频宽上均有别于3G。在不久的将来，应该能将所有无线服务联合在一起，能在任何地方接入互联网，包括卫星通信、定位定时、数据收集、远程控制等综合功能。

8.2.3 无线 Web 标记语言

与万维网的超文本标记语言 HTML 相类似，无线终端的标记语言也层出不穷，主要有 HTML 简化版本 C-HTML、Web Clipping、MExE、HDML、WML、XHTMLMP 和 WAP。下面对上述语言进行简单介绍。

1. C-HTML

C-HTML（Compact HTML）是 W3C 于 1998 年发布的 HTML 简化版本。它保留了 HTML 文本显示的核心元素，裁减了标准 HTML 的许多附加元素，例如字体、框架、表格和样式，它依然支持图形显示，但不支持动画或 Java 应用程序。

C-HTML 规范与 HTML 最初版本非常类似。其优点是任何浏览器都能解释 C-HTML 编码的 Web 页面；缺点是简化的命名方式对于很多设备终端不是非常有效。例如，缺少在便携式计算机中对于文本和图形内容布局非常有效的表格和层叠样式表单对象，这对于移动 GIS 的终端来说往往无法忍受。

在日本，C-HTML 规范已经由 NTT DoCoMO 公司通过 I-mode 服务而被广泛采用。所有内容提供商通常使用 C-HTML 规范为无线 Web 内容重新设计分离的页面。即每个站点均有两个版本，一个为标准的 HTML 版本，另一个为 C-HTML 版本。除了 C-HTML 标准之外，I-mode 模式成功之处在于在无线网络进行包数据交换时还能在线通话。

2. Web Clipping

网络剪报（web clipping）是 Palm Ⅶ手持设备所采用的技术。该技术的优点在于其原理极其简单。它假设大部分内容都是静态的，而通常最终用户所请求的那些特定信息才是唯一的动态信息。这就很好地解决了开发多种设备都能访问的无线因特网站的一个关键问题，即保持内容与格式无关。

开发一个支持 Palm Ⅶ设备的网站包括两个步骤：第一步是开发 Palm 查询应用软件（palm querying application，PQA），这一软件最终会驻留在用户设备中；第二步是利用 HTML 语言子集开发一系列网页作为“结果网页”。

PQA 是运行在 Palm 设备中的应用软件。它向保存有结果网页的服务器发送特定的 HTTP 请求。同时 PQA 中还包含有一些静态格式信息，包括所有可能被显示的图像。结果网页不仅能返回用户所请求的特定数据，也能提供保存在本 Palm 设备中的任何对象信息（包括图像、文本和字符串等）。这种工作方式缺点在于 PQA 必须被事先下载到该设备上，而站点上与格式相关的任何变化都会导致终端用户重新下载 PQA。

利用 Web Clipping 技术实现 Palm Ⅶ无线网站的另一个缺点在于人们无法自主选择无线因特网服务提供商。例如 Palm. net 服务采用了贝尔南方公司的电信网络设施，尽管贝尔南方公司覆盖范围很广，但仍然有不少地区不在其覆盖范围之内。

3. MExE

移动执行环境（MExE）是 WAP 和 Java 技术结合的产物。WAP 是专为移动终端设计的，因此它具有较强的针对移动终端的控制能力。而 Java 则可提供底层图形控制接口，使编程者可以控制终端屏幕的像素，特别适应于网络游戏应用。两者结合可显著提高终端智能，既可工作于客户/服务器方式，也可工作于终端间直接交互的对等方式。

MExE 技术支持在移动终端上的应用，SIM 卡应用工具（SAT）技术则支持在用户识别模块（SIM）卡上的应用，它定义了 SIM 卡和终端之间的应用编程接口，从而可以在 SIM 卡上直接开发业务应用程序。SAT 也支持从网络下载小的应用程序，称之为现场编程。

MExE 业务规定了移动终端可下载并执行运营者或业务提供者规定的应用。在执行业务过程中，MExE 作为移动终端（MT）上的全应用执行环境，将利用移动终端和 SIM 卡的资源。

与 WAP 相类似，MExE 的协议承载是与载体无关的，即可以采用 SMS、GPRS 甚至是第三代网络。与 WAP 不同的是，MExE 允许全应用编程。这就需要有严格的安全措施，以防止未授权的远端接入用户的数据。MExE 的手机支持 Java 虚拟机器，Java 程序语言能够在移动台上运行。

由于 Java 应用程序的运行需要强大的处理资源，因此在下一代移动终端上才可望实现该功能。不同的移动类别标识了 MExE 终端的能力：

①MExE 类别 1——基于 WAP。移动终端作为外围，具有有限的输入和输出设施，即使在低速状况下也能够快捷、方便地接入网络。

②MExE 类别 2——基于个人 Java。移动终端提供和利用实时运行的系统，需要更多的处理、存储能力以及网络资源，但可以提供更加丰富的应用和更为灵活的人机接口。

③未来类别。会需要其他的 Java 包、应用协议接口，并支持其他的特性如话音识别、图文在线压缩的输入/输出、高速本地通信等。这些还有待于标准的进一步制定。

4. HDML

HDML（handheld device markup language）不是 HTML，它是一种新的网络标识语言，被称为手持设备标识语言，这种语言能够使网站应用于移动通信设备，例如人们可以使用移动电话、寻呼机以及其他微型设备来浏览网页。当然，由于手持设备屏幕较小的特点（4 行，每行 12 个字符），用户自然不会用它来浏览一些长篇大论的文章，因此这种语言以及相应的浏览器主要用于小规模的交易领域，如查询股票信息、体育赛事比分等。随着可支持无线传输协议的移动电话越来越普及，内容服务商可以通过 HDML 语言将重要信息发送到世界各个角落。

早在 1997 年，Unwired Planet（无线星球）公司就发明了手持设备标识语言 HDML 以及可以浏览其编制信息的浏览器 UP. Browser，该浏览器还可专门针对第三代移动通信领域设备。不过，由于当时供应商及用户都对此技术不甚积极，暂时搁置了这种语言的发展。经过几年的发展，这家 Unwired Planet 公司建立的 WAP 无线应用传输论坛（现在命名为 Phone. com），与移动通信领域的两大重要厂商诺基亚和摩托罗拉公司合作，共同开发出无线应用协议（WAP），生产商不但在硬件设备上将移动通信设备小型化，增大了屏幕显示，降低了设备价格，还通过 WAP 传输协议使移动通信设备能够上网浏览信息。

无线标识语言（WML，wireless markup language）是手持设备标识语言（HDML）的扩展性兼容语言，但请不要与网站 Meta 语言（也称 WML，website meta language）相混淆。目前无线标识语言已经成为无线应用传输协议的标准语言的重要组成部分，而且由于它是手持设备标识语言的后续发展，它的功能更加强大，再加上无线标识语言是基于扩展标识语言（XML）的基础上开发出来的，因此它的下一代产品功能也会更高。由于目前大多数手机都已经配备了第三代和第四代 Up. Browser 网络浏览器，这种浏览器可以很好地兼容手持设备标识语言及无线标识语言，这就使得无线标识语言（WML）得到了广泛的认可。但在一段时间内，特别是在北美移动通信市场，手持设备标识语言（HDML）仍然会是最主要的网络应用语言。

Up. Browser 浏览器本身非常简单，可以通过手机上的一些可编程按键进行控制。手机屏幕的底部一般会显示一些选项，如 Submit（发送），Back（返回），More（更多），Link（链接）等，从而允许浏览者在网站间随意穿梭。另外，这种移动设备浏览器具有功能强大的历史记录、返回按钮等，与普通的网页浏览器基本一致。

配有 UP. Browser 浏览器的移动电话可以找到，且提供了各种设备的版本信息，其中应该指出的一点是虽然只有部分手机支持无线标识语言，但全部设备均可支持手持设备标识语言。

5. WML

无线标记语言 WML（wireless markup language）是一种基于扩展标记语言 XML（extension markup language）的语言，是 XML 的子集。它可以显示各种文字、图像等数据，是由 WAP 论坛（http：//www. wapforum. org）提出并专为无线设备用户提供交互界面而设计的，目前版本为 2. 0 版。这些无线设备包括移动电话，呼机和个人数字助理 PDA 等。

WML 程序在结构上、形式上与 html 程序有很多相似之处，由 WML 元素和标签组成。元素是符合 DTD（文档类似定义）的文档组成部分，如 Title（文档标题）、IMG（图像）和 Table（表格），等等。元素名不区分大小写。标签用来规定元素的属性和它在文档中的位置。标签使用小于号（＜）和大于号（＞）括起来，即采用“＜标签名＞”的形式，包含＜xml＞、＜head＞、＜access/＞、＜meta…/＞和＜card＞。

WML Script 属于无限应用协议 WAP 应用层的一部分，使用它可以向 WML 卡片组和卡片中添加客户端的处理逻辑，目前最新的版本是 1. 1 版。WML Script1. 1 是在欧洲计算机制造商协议会制定的 ECMAScript 脚本语言的基础上，经过修改和优化而指定的。它能够更好地支持诸如移动电话类的窄带宽通信设备，在 WML 编程中使用 WML Script 可以有效地增强客户端应用的灵活性，而且也可以把 WML Script 作为一个工具使用，开发出功能强大的 WAP 网络应用网页和无线网页。

6. XHTMLMP

XHTML Mobile Profile 是 WAP 论坛为 WAP2. 0 所定义的内容的编写语言。XHTML Mobile Profile 是为不支持 XHTML 的全部特性且资源有限的 Web 客户端所设计的。它以 XHTML Basic 为基础，加入了一些来自 XHTML 1. 0 的元素和属性。这些内容事实上就包括了一些其他表示元素和对内部样式表的支持。和 XHTML Basic 一样，XHTMLMP 是严格的 XHTML 1. 0 子集。XHTMLMP 和 WAP 层叠样式表（WAP CSS）的结合，让 XHTMLMP 能够为大量支持 WAP2. 0 的移动设备的内容表示提供了多用途的环境。

7. WAP

WAP（wireless application protocol）是开发移动网络上类似互联网应用的一系列规范的组合。虽然目前也有通过 XML 或 HTTP 直接进行无线网络信息传输的研究，但是无线领域发展的主导方向仍然是基于 WAP 的。因为 WAP

应用（如对话音、传真和 E-mail 的统一消息处理等）能够运行于各种无线承载网络之上，如 TDMA、CDMA、GSM、GPRS（通用分组无线系统）、CDPD（蜂窝数字分组数据网）、CSD（电路交换式数据网）、SMS（短消息服务）、USSD 等，而不必考虑它们之间的差异，从而最大程度地兼容现有的及未来的移动通信系统；同时 WAP 也独立于无线设备，WAP 应用能够运行于从手机到功能强大的 PDA 等多种无线设备之上，各厂商按照 WAP 生产的不同设备，应具有一致的用户操作方式，因此说 WAP 是基于 Internet 中广泛应用的标准（如 HTTP、TCP/IP、SSL、XML 等），它提供一个对空中接口和无线设备独立的无线 Internet 全面解决方案。WAP 是一种协议，现在的好处在于能减少手机的负担，由服务器完成网络功能，在 GPRS 甚至 3G 网络形成后，运行其上的 WAP 速度更不会输于现在的有线网络。HTTP 本身仍不是一个完美无缺的网络协议，更不适于移动，所以 WAP 及其从业者在 5 ~ 7 年内都会有其存在的必要，至于以后二者是否会合为一体，或者各自发展得更完善，这要看技术的发展了。

WAP 作为一种通信协议和应用环境，可以建立在任何操作系统上，包括 WindowsCE 、PalmOS、EPOC、Embedded Linux、JavaOS 等嵌入式系统。它甚至可以在不同系列的设备之间提供服务的互操作性。WAP 作为开放的无线通信协议可以广泛地支持从 GSM，GPRS、CDMA 等多种无线通信技术。所以 WAP 将成为无线通信领域内提供统一平台服务（即通过不同的无线终端和方式来访问同一站点）的主要技术。随着通信技术的发展和 WAP 协议的不断完善和扩充，WAP 将成为信息服务的主要平台。

WAP 提供了一套开放、统一的技术平台。它使用 Web 服务器来提供 Internet 或 Intranet 内容服务。因此保持了现有的拥有各种开发经验的技术人员的平衡。例如：CGI、ASP、NSAPI、ISAPI、Java 和 Servlets。

WAP 定义了一种 XML（extensible markup language）语法，其被称为 WML（wireless markup language）。在 Internet 上所有的 WML 内容都是使用标准的 HTTP 请求来操作的。也就是说，支持 WAP 协议的手机并不能直接解释 Internet 上的 HTML 页面，但能解释经过特定服务器过滤和翻译过的页面信息。

WAP 协议可以广泛地运用于 GSM、CDMA、TDMA、3G 等多种网络。换句话说，它不依赖某种网络而存在。今天的 WAP 服务在 3G 到来后仍然可能继续存在，不过传输速率会更快，协议标准也会随之升级。由 WAP 设计成独立的载体，可以使用各种设备获得最佳传送选择。因此它可以在各种通信网络上使用，包括短信息业务（SMS）、8. 6Kbit/s GSM 数据、非结构化的补充业务数据（USSD）、高速电路交换数据（HSCSD）、TDMA、CDMA、宽带 CDMA 和通用分组无线电业务（GPRS）。终端用户不必了解深奥的无线网络技术，就可以实现与 Internet 的连接。

8.2.4 移动定位技术

移动定位技术的具体实现方案可大致分为两类：如果定位计算功能在无线网络中完成，称为基于网络的方案；如果定位计算功能在移动台完成，则称为基于移动台的方案。前一种在移动通信网中应用的定位技术主要有 3 种：基于网络的来源蜂窝小区（COO，cell Of origin）技术；基于到达时间（或时间差）、角度、无线信号衰减等技术；基于全球定位系统（GPS，global positioning system）、地面无线网络基站的 A-GPS（Assistant-GPS，辅助 GPS）技术。

1. 基于网络的来源蜂窝小区（COO）定位技术

它是当今唯一在无线网络中被广泛采用的定位技术。在美国，它已经开始为第 1 阶段的“911”紧急服务提供支持。另外，它也能够为无线办公室、基于位置的付账和一些基于位置的信息需求提供服务。在这种系统中，移动网络基站（BTS）所在的蜂窝小区作为呼叫者的定位单位。这样，定位精度就必须取决于小区的大小。在使用微小区的一些市中心，其小区尺寸可能只有 150m。而且 COO 不用对手机和网络进行升级就可以直接向现存用户提供基于位置的服务。目前中国电信的移动业务小灵通由于技术原因，可以使用该技术达到较好的定位效果（小灵通发射功率很低，所以基站数目远比 GSM/CDMA 多，能取得较好的精度要求）。

其优点是：COO 技术无须对手机和网络进行修改，因此它可以被用来向当前的移动用户提供位置发现系统。响应时间快 3s 左右。

其缺点是：COO 与其他技术相比，其精度却是最低的。有些人说在城市中，由于小区较小，因而 COO 的精度已经足以提供信息服务了。然而当我们需要位置发现系统提供紧急服务时，COO 的精度就是一个不可忽视的问题了。

2. 增强观测时间差分（E-OTD）定位技术

E-OTD（enhanced-observation time difference）是通过放置位置接收器或参考点实现的，这些参考点分布在较广的区域内的许多站点上，作为位置测量单元 LMU（location measurement unit）以覆盖无线网络。每个参考点都有一个精确的定时源，当具有 E-OTD 功能手机和位置测量单元接收到来自至少 3 个基站信号时，从每个基站到达手机和位置测量单元的时间差将被计算出来，这些差值可以被用来产生几组交叉双曲线，并由此估计出手机的位置。E-OTD 技术在 GSM 03.17 的附件 C 中有详细的描述。

其优点是：E-OTD 方案可以提供比 COO 高得多的定位精度，在 50m 到 125m 之间。

其缺点是：E-OTD 会受到市区的多径效应的影响。这时，多路径将扭曲信号波形并加入延迟，导致 E-OTD 在决定信号观测点上比较困难。并且它的响应速度较慢，往往需要约 5s 的时间。另外，它需要对手机进行改进，这意味着现存的用户无法通过该技术获得基于位置的服务。

3. 到达时间（TOA）定位技术

与 E-OTD 类似，TOA 也是通过计算信号从移动设备到 3 个基站的传输时间差来获得位置信息的。不同的是，TOA 系统中没有使用位置测量单元，而是通过与在基站上安装的 GPS 或原子钟的无线网络的同步来实现的。美国 cdmaOne 网络使用了这个功能。TOA 在市区提供的定位精度会比 COO 好一些，但是它却需要比 COO 或 E-OTD 更长的响应时间，大约有 10s。

同步 GSM 网络所需要的代价要比通过 COO 提高网络性能高得多。运营商或许不会进行这方面的投资。但是 TOA 无需对手机进行修改，因此可以直接向现存用户提供服务。

4. 到达角交会（AOA）定位技术

AOA 技术最初是由美国军方和政府机构共同开发的，它不需要对移动设备进行修改，后来被运用到了模拟无线通信中。由于数字移动通信信号短、信道共享的特点，AOA 技术很难成功地应用到数字系统中。

该技术的最普通的版本被称为“小缝隙方向寻找”，它需要在每个蜂窝小区站点上放置 4 ~ 12 组的天线阵列，这些天线阵列一起工作，从而确定移动设备发送信号相对于蜂窝基站的角度。当若干个蜂窝基站发现了该信号源的角度时，它们将分别从基站沿着得出的角度引出射线，这些射线的交点就是移动电话的位置了。

其优点是：技术上的可行性在于，当追踪语音服务等连续的发送信号时，由于有较长的分析时间，因此该技术的性能是可以接受的。

其缺点是：当呼叫者在小区间切换时，系统必须跟踪语音信道的切换。如果 AOA 天线阵列的位置使得它无法解读带内语音信道的信号，则该技术的性能就会受到很大的影响。小缝隙 AOA 系统往往会受到由多径和其他环境因素所引起的无线信号波阵面扭曲的影响。AOA 系统最大的缺点是随着通信法规的不断严格，向蜂窝基站增加天线阵列会有许多麻烦，例如不美观和不方便管理等。而现存的蜂窝基站的天线并不适合 AOA 技术。AOA 系统另一个缺陷是：当移动电话距离基站较远时，基站定位角度的微小偏差会导致定位线距离的较大误差。

5. 信号衰减（signal attenuation）定位技术

信号衰减定位技术也称为场强定位技术。其基本原理是利用移动电话靠近基站或远离基站时所带来的信号衰减变化来估计移动电话的方位。由于多数移动电话的天线是多向发送的，因此信号功率会向所有方向迅速消散。如果移动电话发出的信号功率已知，那么在另一点测量信号功率时，就可以利用一定的传播模型估计出移动电话与该点的距离。

然而，由于多种原因，这项技术被认为是定位技术中最不可靠的一种。发现传送功率是一项负担，由于小区基站的扇形特性、天线有可能倾斜以及无线系统的不断调整，这个过程可能会十分复杂。而且，信号并不只因为传输距离而产生衰减，其他的因素如穿越墙、植物、金属、玻璃、车辆等都会对信号功率产生影响。功率测量电路也无法区分多个方向接收到的功率，如直接的和反射的。移动用户可能都有这样的体会：虽然没有移动，但是手机上的“信号强弱条”却在不断变化，其实，这就是由以上原因造成的。

6. 射频信号模式匹配（FPT）定位技术

FPT（FingerPrint）又称射频信号模式匹配（RF pattern match），是美国无线公司（US Wireless）开发的专利技术，已成功用于 RadioCamera 系统中。由于多径干扰的模式完全取决于反射环境，所以特定地区的干扰模式具有自己的特征。终端发射的无线电波经建筑物和其他障碍物的反射和折射，产生与周围环境密切相关的特定模式多径信号。基站天线阵列检测信号的幅度和相位特性，提取多径干扰特征参数，将该参数与预先存储在数据库中的模式进行匹配，找出最相似的结果，然后结合地理信息系统，找出与该模式相匹配的地区范围，以街道和城区的图形化形式输出定位结果。

FPT 技术基本不受非视距传输效应（NLOS）的影响，系统独立性强，结构简单。但 FPT 技术实施的高度复杂性是推广应用的最大障碍，因为在 FPT 定位系统投入实际使用前，必须建立庞大完整的位置指纹数据库，详细记录城市每个可分辨最小区域的特征，并保持与城市建设同步更新，以保证指纹样本的有效性、可靠性和准确性，所以该项技术尚处于试运行阶段，没有大规模应用。

7. A-GPS（Assistant-GPS，辅助 GPS）定位技术

GPS 技术自 20 世纪 70 年代后期投入使用以来，因其全天候、高精度的定

位性能，已在世界范围内得到广泛应用。使用 GPS 设备的重要前提之一是接收机与卫星之间有直射路径，这又使 GPS 在建筑物密集的城区及建筑物内部存在信号接受盲区。新推出的 A-GPS 技术融合了 GPS 高精度定位与蜂窝网高度密集覆盖的特性，既保证了在城市范围内蜂窝定位的精度，也扩大了 GPS 的覆盖范围，A-GPS 可以通过蜂窝网络的空中接口使终端获得卫星的有效参数。另外，A-GPS 的响应时间明显快于传统的 GPS。GPS 定位的初始捕获时间较长，通常为 30s ~ 15min，这取决于卫星与终端的相对位置。A-GPS 则可将初始捕获时间减少到 5 ~ 10s。

A-GPS 技术系统的兼容性很强，若在网络中增加 GPS 功能模块，即可实现基本的定位功能。定位过程的实现与空中接口标准没有必然联系，因此 GPS 定位技术能方便快捷地为所有蜂窝网络提供定位服务。高通（QUALCOMM）公司已研制开发出集成了 GPS 定位功能的小型化芯片组 UEM5100，并用于子公司 SnapTrack 推出的 GPSone 系统中。随着芯片制造技术的进步、GPS 系统本身定位精度提高及成本降低，A-GPS 最终将取代各种传统无线定位技术，成为蜂窝移动通信系统提供定位服务的主要技术手段。

A-GPS 定位过程如下：网络将 GPS 辅助信息发送到移动台，移动台得到 GPS 信息，计算出自身精确位置，并将信息发送到网络。A-GPS 有移动台辅助和移动台自主两种方式。移动台辅助 GPS 定位是将传统 GPS 接收机的大部分功能转移到网络上实现。网络向移动台发送短的辅助信息，包括时间、卫星信号、多普勒参数等，这些信息经移动台 GPS 模块处理后产生辅助数据，网络处理器利用辅助数据估算出移动台的位置。自主 GPS 定位的移动台包含一个全功能的 GPS 接收器，具有移动台辅助 GPS 定位的所有功能，再加上卫星位置和移动台位置计算功能。

A-GPS 的优点是：网络改动少，网络不需增加其他设备，网络投资少，定位精度高。由于采用了 GPS 系统，定位精度较高，理论上可达到 5 ~ 10m。

A-GPS 的缺点是：现有移动台均不能实现 A-GPS 定位方式，需要更换，从而使移动台成本增加。

8.2.5　操作系统

操作系统是应用软件的承载体，它是应用程序和硬件的桥梁。无论是掌上电脑、手机都可以安装操作系统。目前移动信息设备上的操作系统主要有嵌入式 Linux、Palm、WinCE、J2ME 和 Symbian 等类型。下面逐一加以介绍。

1. 嵌入式 Linux

嵌入式 Linux 是以 Linux 为基础的嵌入式操作系统，被广泛地使用在移动电话、个人数位助理（PDA）、媒体播放器以及众多消费性电子装置中。

在 Linux 平台上的应用软件也不断得到扩充。许多著名的商业软件都有了 Linux 下的版本。Applix 公司和 Star 公司提供了多种字处理、电子表格、图形处理的应用软件：Corel WordPerfect 8、Adabas D 和 Oracle 8 数据库、Netscape Navigator 5.0 网络浏览器、Apache 1.3.12 网络服务器、Adobe Acrobat Reader 4.0 等。Linux 下的应用程序已经纷纷推出。Linux 将来不再是高手的领域，这种操作系统将来也必然走进千家万户，成为 Windows 强有力的竞争者。

当然，最重要的是 Linux 不是某个公司的私有财产，它是一个开放软件，是免费的和源代码公开的。Linux 有一个庞大的支持者群体，这就给 Linux 提供了足够的技术支持保障。典型的嵌入式 Linux 安装大概需要 200 万字节（2M Byte）的系统内存。嵌入式 Linux 具有开放源码所需容量小（最小的安装大约需要 2MB）、不需版权费用、成熟与稳定（经过这些年的发展与使用）和良好的技术支持等特征。

2. Palm OS

自 1996 年第一个 Palm Pilot 诞生起，Palm 产品已经成长为全球数百万民众所不可缺少的工具。Palm OS 是一种 32 位的嵌入式操作系统，用于掌上电脑。此系统是 3Com 公司的 Palm Computing 部开发的（Palm Computing 目前已经独立成一家公司）。Palm OS 与同步软件 HotSync 结合，可以使掌上电脑与 PC 机上的信息实现同步，把台式机的功能扩展到了手掌电脑上。一些其他的公司也获得了生产基于 Palm OS 的 PDA 的许可，如 SONY 公司、Handspring 公司等。

由于推出时间早，软件丰富，Palm 曾经占据了 PDA 市场上绝大部分的份额。但随着微软的强势介入，推出了 Windows CE 操作系统，以及专门针对掌上电脑的 Pocket PC Edition 2002，Palm 的市场份额急剧下降。但 PALM 联盟采取了种种应对措施，如加快开发新版本的 Palm OS，增加广告宣传等，这些措施使得 PALM 仍然在现在的 PDA 市场占据了半壁江山。

目前 Palm OS 最新版本为 5.0，代表机型为 Palm Tungsten T3、SONY CLIE UX50。它具有硬件携带方便、支持个人信息管理、最多附加软件、PC 机协同工作、易于使用、有线和无线通信及广泛附加硬件支持等基本特征。

3. WinCE

Windows CE 1.0 最早于 1996 年推出，是单色的 Windows 95 简化版本。

1997 年 Fall Comdex 大会上公布的 Windows CE 2.0 仍是基于 Win95 的操作系统，效率远高于 1.0 版。Windows CE 3.0 是微软的 Windows Compact Edition，已摆脱旧有的 Windows 95 简化格式，是一套全新的操作系统，支持 5 种 CPU：x86，PowerPC，ARM，MIPS，SH3/4，并且改名为 Windows for Pocket PC，简称 Pocket PC。2002 年 1 月微软又推出 Windows CE. Net，即 Windows CE 4.0。2004 年 5 月份推出 Windows CE 5.0，开放有 250 万行源代码。2006 年 11 月，微软推出 Windows Embedded CE 6.0。

Windows CE 可以使用在各式各样的系统上，最有名的是 Pocket PC 以及微软的 SmartPhone。其他较不为人知的设备包括微软的车用计算机、电视机顶盒、生产在线的控制设备、公共场所的信息站，等等，有些设备甚至没有任何人机界面。Windows CE 并非从台式机的 Windows（NT，98，XP）修改缩小而来，而是使用一套完全重新设计的内核，所以它可以在功能非常有限的硬件上运行。虽然内核不同，但是它却提供了高度的 Win32 API 软件开发界面的兼容性，功能有内存管理、文件操作、多线程、网络功能等。因此，开发台式机软件的人可以很容易编写甚或直接移植软件到 Windows CE 上。

与其他微软操作系统的差异是：Windows CE 提供源代码，首先已经提供了源代码给部分厂商，让厂商能够依照他们自己的硬件架构修改源代码，例如在 Windows CE 的开发 IDE 软件 Platform Builder 中就提供了许多开放源代码的常用软件元件，但是一些与硬件架构的软件元件仍然以二进制文件形式来提供。

4. J2ME

Sun 公司推出了针对嵌入式设备的 Java 2 Micro Edition（J2ME）（Giguere, 2002)。它先将所有的嵌入式装置大体上区分为两种：一种是运算功能有限、电力供应也有限的嵌入式装置（比方说 PDA、手机），另外一种则是运算能力相对较佳、并且在电力供应上相对比较充足的嵌入式装置（比方说掌上电脑、电冰箱、电视机机顶盒（set-top box））。因为这两种形态的嵌入式装置，所以 Java 引入了一个叫做 Configuration 的概念，先把所有的嵌入式装置利用 Configuration 的概念区隔成两种抽象的形态。然后把上述运算功能有限、电力有限的嵌入式装置定义在 Connected Limited Device Configuration（CLDC）规格中；而另外一种装置则规范为 Connected Device Configuration（CDC）规格。

与 J2SE 和 J2EE 相比，J2ME 总体的运行环境和目标更加多样化，但其中每一种产品的用途却更为单一，而且资源限制也更加严格。为了在达到标准化和兼容性的同时尽量满足不同方面的需求，J2ME 的架构分为 Configuration、Profile 和 Optional Packages（可选包）。它们的组合取舍形成了具体的运行环境。Configuration 主要是对设备纵向的分类，分类依据包括存储和处理能力，其中定义了虚拟机特性和基本的类库。已经标准化的 Configuration 有 connected limited device configuration（CLDC）和 connected device configuration（CDC）。Profile 建立在 Configuration 基础之上，一起构成了完整的运行环境。它对设备横向分类，针对特定领域细分市场，内容主要包括特定用途的类库和 API。CLDC 上已经标准化的 Profile 有 mobile information device profile（MIDP）和 information module profile（IMP），而 CDC 上标准化的 Profile 有 foundation profile（FP）、personal basis profile（PBP）和 personal profile（PP）。可选包提供附加的、模块化的和更为多样化的功能。目前标准化的可选包包括数据库访问、多媒体和蓝牙等。

开发 Java ME 程序一般不需要特别的开发工具，开发者只需要装上 Java SDK 及下载免费的 Sun Java wireless toolkit 就可以开始编写 Java ME 程式、编译及测试。此外目前主要 IDE（Eclipse 及 NetBeans）都支持 Java ME 的开发，个别手机开发商如 Nokia 及 Sony Ericsson 都有自己的 SDK，供开发者开发出兼容于它们平台的程序。

5. Symbian

Symbian 操作系统是为手机而设计的操作系统，它包含相关函数库、用户界面架构和共用工具参考实现，其前身是 Psion 的 EPOC，并且独占式地执行于 ARM 处理器。

以 Symbian 操作系统为基础的智能手机用户界面有许多种，包括开放平台像 UIQ、诺基亚 S60、S80、S90 系列，封闭式平台像 NTT DoCoMo 的 FOMA。这样的适应性是使用 Symbian 操作系统的智能手机形成多变的形态（例如折叠式、直板式、键盘输入或是触摸笔输入等）。

Symbian 微核心架构定义了核心内部所必需的最少功能。微核心架构包含编程系统和内存管理，但不包含网络和数据库系统支持。它还提供可供选择的系统数据库，而这提供了该装置的市场定位。数据库的内容包含字符转换表、数据库管理系统和档案资源管理，此外还包含庞大的网络及通信子系统，分别是 ETEL（EPOC telephony）、ESOCK（EPOC 协定）及 C32（序列通信回应）服务。每个服务都有模组化方案。例如 ESOCK 允许不同的“. PRT”通信协定模组，实现了不同方式的网络通信协定方案，像蓝牙、红外线及 USB 等。

8.3 开放位置服务 OpenLS 体系

OpenLS 是开放地理信息联盟针对移动地理信息服务而专门开发的规范，它制定了移动地理信息服务的信息模型和服务规范。

8.3.1 基本概念

1. 抽象数据类型（ADT）

其由定位信息数据类型和结构组成。以 XML 格式定义成服务于定位服务的应用模式。由开放服务平台服务器（GeoMobility 服务器）和相关核心服务使用的基本信息构造。

2. 兴趣范围（AOI）

指用户定义的范围（通常表示为一个范围框、圆或多边形）。通常用做查询的过滤条件。

3. （OpenLS）核心服务

指在 OpenLS 体系下组成 GeoMobility 服务器的一系列基本服务。

4. 目录服务

通过网络访问在线目录（例如黄页）的服务。这种服务帮助用户定位到精确或邻近的位置，寻找到所需要的产品或服务。

5. 网关服务

通过网络可以获得已知移动终端位置的服务。这种服务接口通过移动定位协议（MLP）进行规定。MLP 是 OMA3.0 开放移动联盟的标准快速定位服务。

6. 地理编码服务

把位置的描述信息（例如地名、街道地址或邮政编码）转化成标准的点几何对象位置描述的网络服务。

7. GeoMobility 服务器

由 OGC 的 OpenLS 核心服务组成的开放服务平台。

8. 导航服务

路径服务的增强版本，是在两点或多点之间确定旅游路线和导航信息的网络服务。

9. 兴趣点（POI）

人们能够查找到地名、产品或服务的位置（通常具有固定的坐标），通常情况下表示为地名或地址加上分类，可以用做参考点或定位服务请求中的目标点，例如一条路线的终点。

10. *表现服务（地图表现）*

由从地理空间数据库生成的基础底图层和一系列抽象数据类型的覆盖层组成的地图数据的网络绘制服务。

11. *反向地理编码服务*

把某一给定的地理坐标转化为要素位置的标准描述（具有空间信息的位置），地址可能定义成街区地址、十字路口交叉点、地名或邮政编码。

12. *路径服务*

在两点或多点之间确定旅游路线和导航信息的网络服务。

13. *定位服务的 XML 方法（XLS）*

对 GeoMobility 服务器相应的请求/响应消息和相关联的抽象数据类型进行编码的方法。

8.3.2 典型服务请求/响应用例

OpenLS 适用的典型用例为：用户请求一个当前位置附近餐馆的列表，终端设备没有任何定位功能。图 8-1 所示为整个事件的过程：

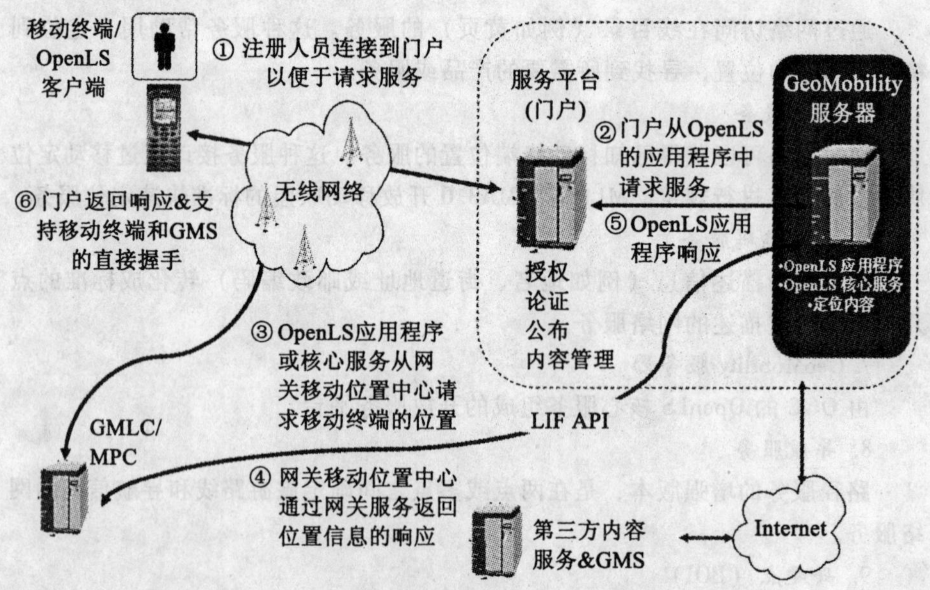

图 8-1 OpenLS 框架中典型服务请求/响应用例示意图（引自 OGC）

①移动终端或 OpenLS 客户端用户通过无线网络把请求发送给网关门户。

②网关门户识别用户的请求，并将它递交给 OpenLS 核心服务器——GeoMobility 服务器执行相应的服务。

③服务发送当前处理的请求给网关移动定位中心（GMLC，gateway mobile location center）来获得移动终端的位置。

④知道了用户的当前位置，网关门户再发送一个含有该位置抽象数据类型的导航请求给目录服务，以返回查找到的一定半径范围内的餐馆列表。

⑤网关门户将该列表发送给终端用户。

⑥终端用户可浏览或操作该列表。用户的下一个动作很可能就是选择一个餐馆，再请求一个方向和路径地图来导航。

8.3.3 服务体系

OpenLS（openGIS location services），开放位置服务是 OGC 为互操作的位置应用服务提出的规范，把空间数据、处理资源与无线通信和 Internet 结合，制定标准的服务接口和协议，提供移动空间信息服务。

如图 8-2 所示，OpenLS 的体系包含了门户、应用服务平台、GeoMobility 服务器（GMS）、网关移动定位中心/移动位置中心（GMLC/MPC）和第三方平台五种功能角色。

门户主机拥有的功能如下：

①支持会话管理、注册身份验证、请求处理等前端功能。在这个环节，也可以用一个简单的中继器取代，把来自于注册用户的服务请求转发给第三方应用程序。

②LBS 支持的功能，例如结算、隐私管理和移动漫游。

③具有不同应用（包含运行在 GMS 服务器的 OpenLS 应用程序的代理）和各式各样功能（例如个性化、上下文管理等）的服务平台。服务平台也可以通过基于 OMA3.0 的网关服务访问定位服务器。

④可选的服务平台也可以拥有诸如“个人导航”等 OpenLS 应用。GMS 服务器主机拥有以下的功能：

A. 诸如“个人导航”、“Concierge”等的 OpenLS 应用，它们通过各自的 APIs 访问 OpenLS 的核心服务。它们是 OpenLS ADTs 的消费者。

B. OpenLS 核心服务包含路径、地理编码\反向编码、目录、表现和网关等服务。这些服务通过在 OpenLS 的实现规范中定义的 APIs 暴露给用户。根据需要一次访问位置内容数据库来完成各自的功能。

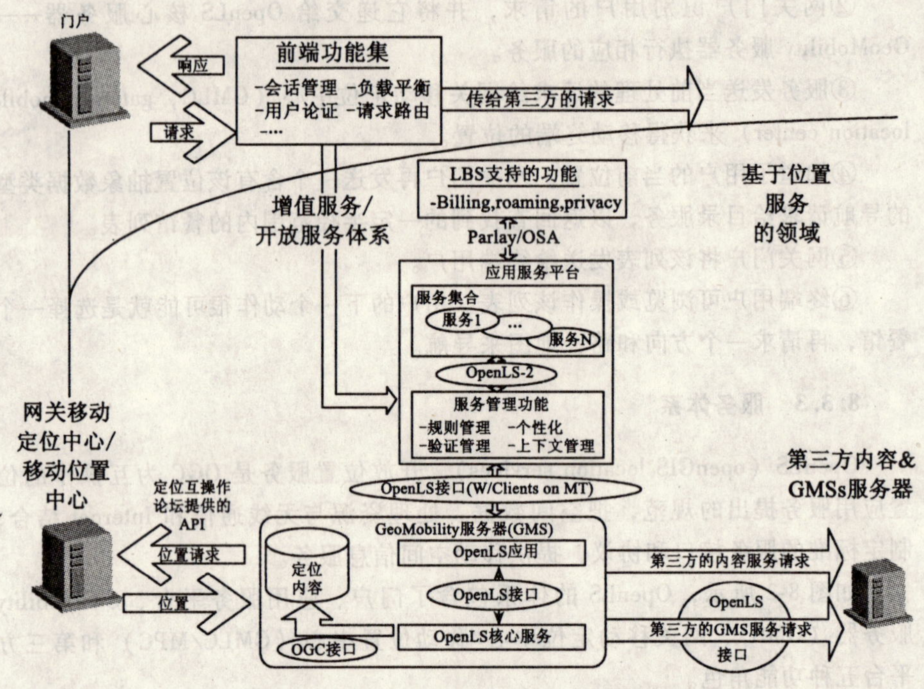

图 8-2 OpenLS 体系结构图（引自 OGC）

C. 位置内容数据库。包含地图数据、道路网、导航地址、地名目录、产品或服务信息。根据实现的具体要求，访问 OGC 的接口（例如 Web 要素服务器、Web 地图服务器和 Web 覆盖服务器）或其他的接口获得上述数据。

D. OpenLS 应用程序和核心服务通过网络也能访问部署在第三方平台上的 GMSs 服务器和位置内容数据库。

8.3.4 GeoMobility 服务器

GeoMobility 服务器是构造基于位置的应用程序（遵循 OpenLS 规范）最基本的元素。GeoMobility 服务器使用一系列开放的接口来访问网络中的位置信息（例如通过 GMLC 提供的），并且提供一系列的接口，允许部署在相同或不同主机上的应用程序访问 OpenLS 的核心服务。图 8-3 表达了在 LBS 体系中 GeoMobility 服务器与其他元素的抽象关系。

GeoMobility 服务器部件包含：

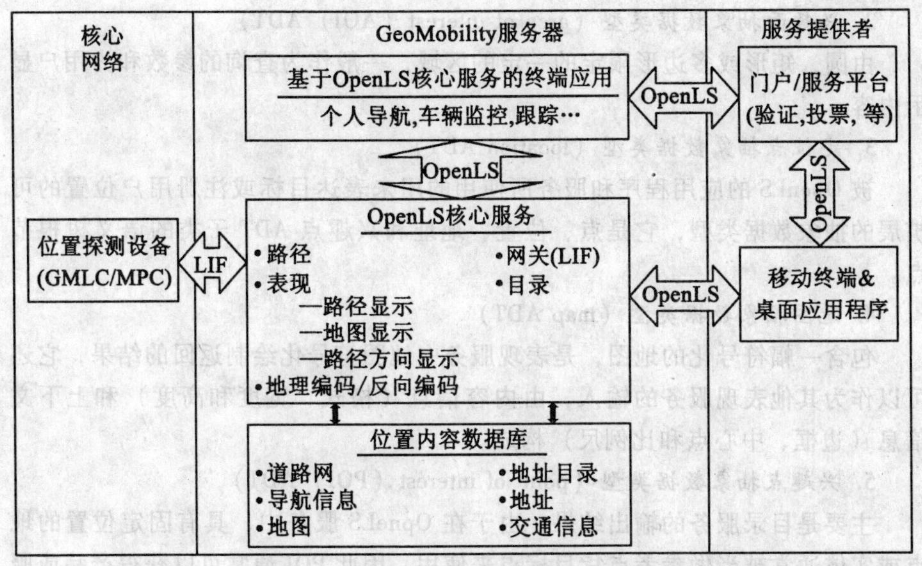

图 8-3　GeoMobility 服务器地位与作用示意图（引自 OGC）

①OpenLS 核心服务。

②OpenLS 接口。

③OpenLS 信息模型，包含抽象数据类型 ADTs。

④核心服务之上的本地应用程序，可以通过 OpenLS 接口访问。

⑤核心服务使用的内容数据库，例如地图数据、兴趣点、路径，等等。这些内容也能够驻留在其他服务器上，通过 Internet 进行访问。

⑥其他方面的功能，例如个性化、服务上下文管理、投票、日志方面的功能支持。

8.3.5　信息模型

OpenLS 的核心服务使用抽象数据类型（ADTs）进行内容之间的交换，这些 ADTs 的集合就构成 OpenLS 的信息模型。其抽象数据类型（如图 8-4 所示）包含地址、兴趣面、定位点、地图、兴趣点、位置、路径指示列表和路径等。

1. 地址抽象数据类型（address ADT）

包含某一地理位置的地址信息，唯一表示某一感兴趣的点，由街道地址（十字路口）、地点名（如省，市等）、邮政编码、街道标识、建筑物标识和一些补充信息组成，是表示住处、建筑物之类数据的主要方式。

2. 兴趣面抽象数据类型（area of interest（AOI）ADT）

由圆，矩形或多边形限定的一定的区域，一般作为查询的参数和为用户显示内容。

3. 定位点抽象数据类型（location ADT）

被 OpenLS 的应用程序和服务所使用的用来表达目标或注册用户位置的可扩展的抽象数据类型，它是点、位置、地址和兴趣点 ADT 子类的语义树根节点。

4. 地图抽象数据类型（map ADT）

包含一幅符号化的地图，是表现服务中地图符号化绘制返回的结果，它还可以作为其他表现服务的输入，由内容信息（格式、宽度和高度）和上下文信息（边框、中心点和比例尺）构成。

5. 兴趣点抽象数据类型（point of interest（POI）ADT）

主要是目录服务的输出结果，由于在 OpneLS 服务中，具有固定位置的地点或实体通常被当做参考点货目标点来使用，因此 POI 通常可以获得产品或服务的信息。POI 的内容包括名称、类型、种类、地址、电话号码和其他目录信息。

6. 位置抽象数据类型（position ADT）

包括任何观测到的和计算出的位置，主要是网关服务返回的结果，由该点的地理位置和质量组成，与移动定位协议（MLP）规范（OMA3.0）定义的位置元素定位、形状和质量属性语义相互对应，因此包含了移动终端位置的所有定义细节。它也可以在 OpenLS 应用程序中表示感兴趣的点，但它和 POI 又是不同的，因为 POI 包含了位置、名称和地址等信息。

7. 路径指示列表抽象数据类型（route instructions list ADT）

是一个沿路线按顺序排列的方向列表和相关的导航建议，它由路径服务生成，再由表现服务呈现给注册用户。

8. 路径抽象数据类型（route ADT）

包含路径摘要抽象数据类型（route summary ADT）和路径几何抽象数据类型（route geometry ADT）。前者包含路线的所有特征，如：起点、终点、中间点、交通方式、全程的长度、旅行时间和边框；后者包括沿计划路线的一系列地理位置，它不仅包括起点、中间点和终点，还包括决定路线形状的节点。二者均由路径服务生成，并且以路径信息的方式呈现给注册用户（例如通过表现服务在地图上叠加路径），或者直接集成在应用程序中提供给注册用户，辅助导航到指定的位置。

位置 ADT	在 WGS84 坐标系下的点位
地址 ADT	街区地址或交叉点
兴趣点（POI）ADT	能够发现地名、产品或服务的位置
兴趣面（AOI）ADT	作为查找模板的面、矩形框或圆
定位 ADT	定位点（位置，地址或兴趣点）
地图 ADT	地图绘制和要素覆盖（路径 & 兴趣点）
路径摘要 ADT	与路径相关的元数据
路径几何 ADT	路径的几何数据
路径导航 ADT	路径的导航数据
路径方向 ADT	路径转弯指示数据

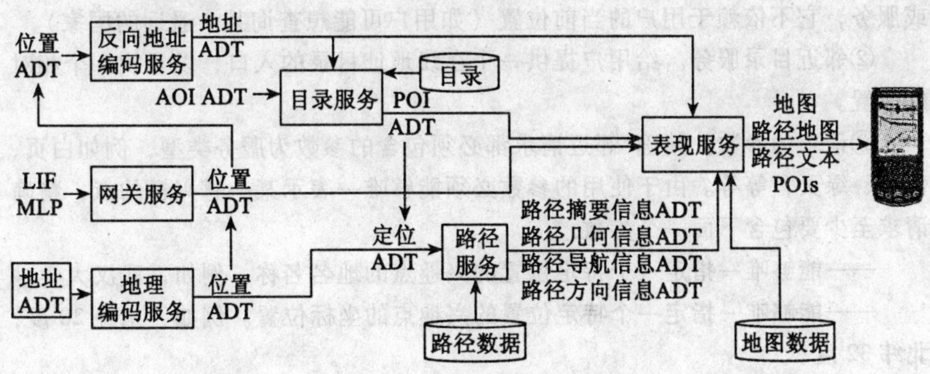

图 8-4　OpenLS 信息模型（引自 OGC）

8.3.6　核心服务

OpenLS 的核心服务包括：

①OpenLS 位置应用服务和 MPC/GMLC 中的位置确定设备相结合的网关服务。

②寻找黄页、绿页、旅游指南等的目录服务。

③用于导航的路径服务。

④地理编码（地址到坐标）和地理反向编码（坐标到地址）服务。

⑤地图/要素/路径/路径方向表现服务。

1. 目录服务

寻找黄页（yellow page）、绿页（green page）、旅游指南等的目录服务。给用户提供一个地址目录的入口，以寻找用户所要求的地点或服务。通过键入名字、类型、关键字、电话号码或是通过其他一些用户友好的界面，用户将寻址参数明确表达在服务请求中。

当用户寻找最短路径或在某一特定地点或范围内寻找某一具体地址的时候，请求中必须有一个参数为位置，这个位置可以是由网关服务决定的移动终端的位置，也可以是通过其他方式决定的一个远方的位置。地址类型也必须有（如：黄页、旅馆向导等）。给定了请求以后，目录服务按照一定的查寻原则查询，返回一个或多个带有详细描述的结果。它包含两种服务：精确目录服务和邻近目录服务。

①精确目录服务。即给用户提供一个地址目录的入口，以寻找特定的地点或服务，它不依赖于用户的当前位置（如用户可能想查询某个遥远的国家）。

②邻近目录服务。给用户提供一个在线地址目录的入口，以寻找一个相对的位置。

③请求的参数。精确/邻近请求都必须包含的参数为服务类型，例如白页、黄页、绿页，等等。由于使用的参数必须能够唯一表示某一感兴趣的点，精确请求至少要包含下面一个参数：

——能够唯一指定一个特定位置的兴趣点的地名名称。例如，武汉大学。

——能够唯一指定一个特定位置的兴趣点的坐标位置。例如，东经 20 度，北纬 32 度。

——能够唯一指定一个特定兴趣点的地址。例如，指出兴趣点的街道地址。

邻近服务需要一组空间限制查询的参数，包含：

——邻近算法的类型。例如，线性距离、边界多边形。

——起算定位点，决定邻近的起算点（通常是一个兴趣点）。

——最小距离。

——最大距离。

——搜索区域。

邻近服务还可以包含限制搜寻结果的参数，包括：返回的最大元素，例如最近的 5 家餐馆。

——排序策略（根据属性顺序排列，升序/降序排列）。

④响应

需要包括兴趣点抽象数据类型中所要求的元素，根据请求和响应编码的需求，XML 响应还要包含一个头块和一个方法块。

⑤用例

用例 1：“湖锦饭店在哪”，请求表示为：

```
<DirectoryRequest>
    <POIProperties directoryType="White Pages" >
        <POIProperty name="POIName" value="湖锦饭店在哪" />
    </POIProperties>
</DirectoryRequest>
```

用例 2：“离武汉大学最近的汽车售票点”，请求表示为：

```
<DirectoryRequest>
    <POILocation>
        <Nearest>
            <POI ID="1" >
                <POIAttributeList>
                    <POIInfoList>
                        <POIInfo name="POI Name" value="武汉大学" />
                    </POIInfoList>
                </POIAttributeList>
            </POI>
        </Nearest>
    </POILocation>
    <POIProperties directoryType="黄页" >
        <POIProperty name="NAICS_type" value="售票点" />
        <POIProperty name="NAICS_subType" value="汽车" />
    </POIProperties>
</DirectoryRequest>
```

2. 网关服务

这里的网关服务即 OpenLS 位置应用服务和 MPC/GMLC 中的位置确定设备相结合的网关服务。它是一个 GeoMobility 服务器和定位服务器之间的接口，通过 GMLC 或 MPC 来获得移动终端的位置数据。

表 8-1 的 6 个用例描述了网关服务所支持的请求，它们被分为 3 个优先级，1 代表最高的优先级。

表 8-1　　网关服务所支持的请求用例

用例	优先级
客户请求单一移动终端的实时位置	1
客户请求单一移动终端的周期位置	2
客户请求多个移动终端的实时位置	2
客户请求单一移动终端的突发位置	3
客户请求多个移动终端的周期位置	3
客户请求多个移动终端的突发位置	3

如：注册用户想要使用一个位置服务，网关服务被用来从网络中获得注册用户移动终端的位置。位置服务客户端发送一个位置请求给移动网关，移动网关计算注册用户移动终端的位置并把结果发回给位置服务客户端，根据需要，移动终端的位置信息可能在网关中会存储很长一段时间。发送到网关服务的请求如下：

```
<SLIR>
    <InputGatewayParameters priority = "HIGH" locationType =
"CURRENT_OR_LAST" requestedsrsName = "WGS84" >
        <InputMSID>
            <InputMSInformation msIDType = "IPV4" msIDValue =
"461018765728" > </MSInformation>
        </InputMSID >
        <RequestedQoP responseReq = "No_Delay" responseTimer = "20" >
            <HorizontalAcc>
                <Distance value = "1000" > </Distance>
            </HorizontalAcc>
        </RequestedQoP>
    </InputGatewayParameters>
</SLIR>
```

网关服务的响应如下：

```
<SLIA requestID = "1"   >
        <OutputGatewayParameters>
            <OutputMSID>
                <OutputMSInformation msIdType = "msisdn" msIDValue =
" +12066741000"  >
                <Position>
                    <gml: Point>
                        <gml: pos>46.611197 -122.347565</gml: pos>
                    </gml: Point>
                </Position>
                </OutputMSInformation>
            </OutputMSID>
        </OutputGatewayParameters>
</SLIA>
```

3. 地理编码服务/反地理编码服务

地理编码服务/反地理编码服务即地理编码（地址到坐标）和反地理编码（坐标到地址）服务。当只有部分信息已知时，只要给定的一个地名、街道名或者邮编等地理编码，就可以返回零个、一个或多个具体的地理位置。也可以给定一个具体的地理位置通过反向编码返回零个、一个或多个地名、街道名或者邮编。地理编码服务必须支持的前提条件是：

①给定一个地址 ADT，必须有相匹配的算法来计算这个详细的位置。

②必须可以由一个不完整的地址返回详细的地址信息。

③响应中要说明结果的数量。

④必须在一个请求中处理一个或多个地址。

反地理编码服务必须支持的前提条件是：

①给定一个位置 ADT，必须能够返回一个或多个定位信息（如相应的地址 ADTs）。

②返回的地址目录列表必须基于用户的要求。用户应该可以明确地表述他需要的是街区地址、街区交叉点、位置兴趣点（地点和/或邮政编码）；如果没有，则缺省值为街区地址。

③在一个兴趣面内必须有能力返回所有首选类型的定位信息（AOI ADT——一个圆、多边形或矩形盒）。

④响应中要说明结果的数量。

用例：

一旦地理编码服务由一个完整或不完整的位置获得了一个地理坐标，那么与之相关的信息元素就可以作为其他服务的参数。

——用例1：一个公司有一个关于它的客户及其地址信息的列表数据库，则可使用该服务来对其进行编码，然后在移动终端上显示客户的位置。

——用例2：小王想要一幅显示他新家位置的地图，但是他只知道“洪山广场”、“白玫瑰酒店”部分地址，把上述部分地址传进地理编码服务，则得到一个完整的规范化的位置和坐标信息，结果再传给路径服务器，用于计算从小王目前的位置到他新家的路线，最终结果就是一幅地图。

——用例3：反地理编码服务一般用来请求一个给定了位置的地址，请求发送一个位置 ADT 给反地理编码服务，则返回这个位置的地址，如“我在哪里”。

4. 表现服务

表现服务即地图/要素显示服务。这个服务用于在移动终端上显示用户请求的地图。任何一个 OpenLS 应用程序都可以调用这个服务来获得一幅地图（背景图）。它可以带有描述了一个或多个 OpenLS 抽象数据类型（例如路径几何、兴趣点、兴趣面、定位、位置和地址）的覆盖图，也可以不带有覆盖图。这个服务也可以用来显示用户请求的地址列表，如路径服务所返回的路径指示列表抽象数据类型。

表现服务最主要的目的就是描绘地图和作为地图覆盖图的 ADT，其过程为从其他的 OpenLS 核心服务获得信息，然后以用户易于理解的风格和形式显示地图。

5. 路径服务

路径服务即用于航行的路径确定服务。首先用户发出一个导航应用请求，请求里必须包括一个起点（这个起点一般通过网关服务获得，也可以是指定的点）和一个终点（可以只知道电话号码或地址名的地方，或是由地址目录服务返回的地点），用户应该可以指定中间点、参数（最快、最端、最少交通事故、最多景点等）和交通方式。必要的时候用户还可以存储该路线和提取已保存的路线。

8.4 移动地理信息服务软件

目前各大位置服务提供商例如 MapInfo、ESRI、AutoDesk、Oracle 等均提供了遵循 OpenLS 规范的移动地理信息服务。下面对 MapInfo、ESRI 和 AutoDesk 以及武汉大学的解决方案作一些介绍。

8.4.1 MapInfo 公司的 MapXtend 软件

1. 体系结构

典型信息设备客户端具有内存小、存储少、屏幕小、性能低、带宽窄、功能有限和输入不方便等局限性。MapXtend 在设计时充分考虑“电池”、“内存”、“处理能力”和“窄带”四个影响因素，采用“胖服务器、瘦客户”的体系结构。业务逻辑层驻留在服务器端。由于大部分移动设备只有很小的内存和存储空间，仅把用户交互等模块放在移动终端。即使是 PDA 型的信息设备，由于大部分内存用来存储用户数据库，因此通常也只剩下 KB 级的内存单元来运行应用程序，并且由于其屏幕大小有限。因此 MapXtend 的客户端设计成轻量型，并且充分利用了服务器端的处理能力。在移动终端和 MapXtend 服务器之间存在着大量的大小不一的消息，一幅地图大约在 5K 左右、路径信息平均在 2K 左右。在无线应用环境中，地图请求通常比较少，而其他请求，例如位置、邻近点、路径、方向和地理编码的请求却非常多。

MapInfo 提供基于 J2ME 和 J2EE 技术的 Java API 函数允许用户二次开发，来创建客户端或服务器端的移动应用，客户端支持具有丰富用户界面和本地永久数据存储的智能应用程序。它提供了一种方便又安全的框架来创建可以运行在蜂窝手机和 PDA 无线设备的应用程序如图 8-5 所示，MapXtend API 函数遵循 3 层体系（客户机、服务器和服务）的分布式架构，在每层中都有相应的二次开发包。

MapXtend 采用基于 XML 和 HTTP 协议的请求-响应模式。它包含编码预处理引擎（Xalan for Apache），允许 XML 编码的信息转化为其他标志语言（例如 HDML、WML 或 HTML）编码的信息。请求和响应的 XML 文档都是由相应的 DTD 来控制其语法和语义。

客户端以 HTTP 的 Get 或 Post 方法提交请求给已知特定 URL 的 MapXtend 服务器，MapXtend 服务器把请求指派给相应的已经注册的服务，这些服务再把请求发送给一个空间处理服务器或第三方的服务器，来共同完成任务。

Web 应用服务器初始化 MapXtend servlet，这个 servlet 接收和解析客户端的 http/XML 请求和发送响应信息。在 Web 应用服务器中的服务配置部件定义了服务的信息和设置。服务配置是 MapXtend XML 配置文件的一个部分，它由服务管理器生成。

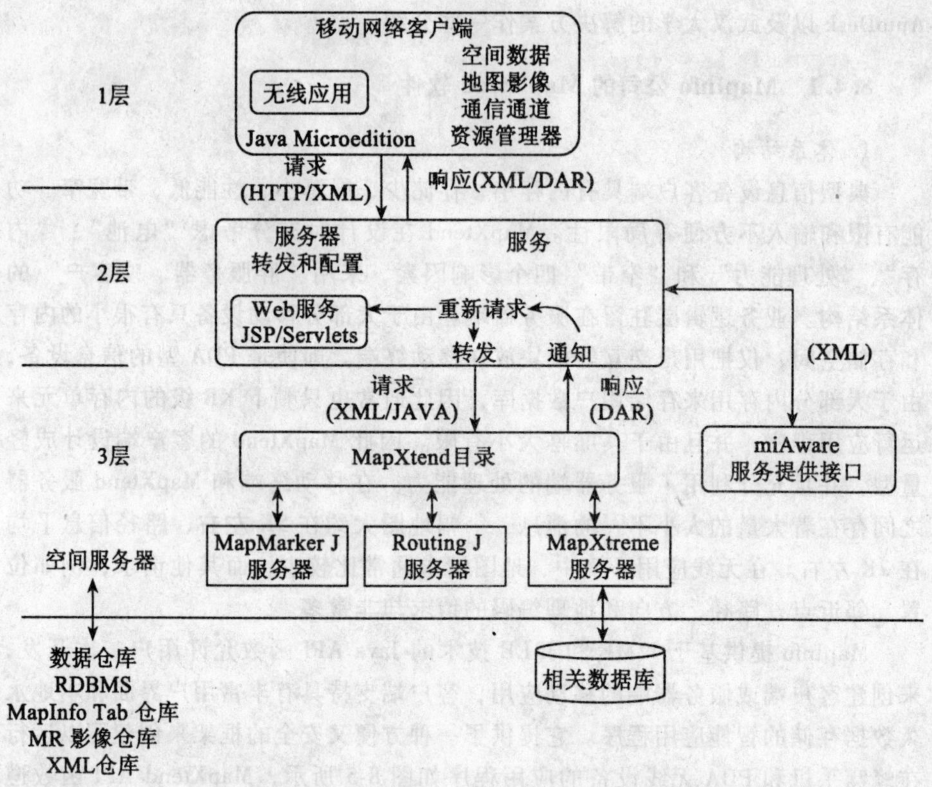

图 8-5 MapXtend 软件体系架构（引自 MapInfo）

服务部件是服务器配置最为重要的部分，它定义了系统中可用的服务。每个服务都必须至少有一个名字和一个特定的类。当这个实现了特定服务的 Java 类存储在网络节点上（jar 文件或类目录时），只要提供网络节点的 URI 地址，就能实现类的远程装载。

数据源配置部件是整个服务器的核心，包含了 MapXtend 服务能够访问的数据库链接信息、数据描述和外部服务器属性。

代理部件是一些专题的集合体。代理部件允许用户指定需要缓冲的数据集，一个专题是一系列层的集合，代表了逻辑数据结构，便于对数据进行分类。

MapXtend 目录是一系列类的集合，允许 MapXtend 直接通过 Java 客户端与其他服务器之间通信。MapXtend 服务器提供访问 MapInfo 服务器，例如

MapXtreme Java、MapMarker、Routing J server、Topology Manager Enterprise 和 Data Manager 的接口。MapXtend 服务器是基于 XML 可动态配置的，因此能够通过网络远程定制。在 MapXtend 目录包中，上述每种服务均有相应的客户扩展类的实现，并且对于多种无线设备提供特定格式数据传递的适配器。由于依赖于这些产品的客户端实现，MapXtend 目录必须包含引用的 jar 文件。

2. MapXtend 服务器

MapXtend 服务器通过分布式服务控制和处理 HTTP/S 请求。服务器要求 Web 服务器必须具有 Servlet 容器的功能。服务器充当服务管理的角色，负责把请求指派给相应的服务。每个输入的请求均有指派的服务实例。请求必须带有特定的"service"参数，例如 http：//localhost/servlet/ MapXtend？service = HelloWorld。MapXtend 服务器是完全可配置的。服务配置文件是以 XML 文档格式进行保存的，包含 4 个主要组成部分：服务器、代理、数据源和服务。这个文件可以放置在网络的任意位置。其主要特点和功能如下：

①通过 HTTP/S 的请求/响应通道支持客户端和其他服务器之间的双向通信。

②分布式体系，允许定制服务动态注册为应用程序业务逻辑的一部分或所提供服务的扩展。

③动态重装载和通过编程改变服务器资源。

④便于访问代理服务器，便于数据处理和资源分发。

⑤支持以 XML、SOAP 和字节流编码方式的请求和响应。

⑥独特的直接非对称记录集（DAR），服务器端和客户端统一的数据载体。

⑦通过使用 MapXtreme Java 程序，动态制图和生成栅格地图包。

⑧通过 DataProvider 或 JDBC 直接访问海量空间数据。

⑨使用 GML v2.0 进行几何数据编码。

⑩使用 MapMarker 服务器支持地址编码。

⑪使用 MapInfo Routing J Server 支持路径服务。

⑫数据管理器完成对非空间数据的访问和查询。

⑬特定于不同设备的栅格和空间数据自适应技术（例如浏览器、Palm、WML、iDEN 等设备）。

⑭支持 SOAP 1.0 格式的请求和响应。

⑮支持多段请求和重定向。客户请求以 XML 流的方式包含了 DAR 数据。

⑯支持 GML 数据的表现和编辑。

⑰支持通过 XSLT 进行样式转换。

⑱能够配置成 WAR，部署在 Servlet 容器中。

3. MapXtend 客户端

MapXtend 提供了基于 J2ME 技术的客户端实现。客户端 API 函数是一系列包的集合，提供了以下功能：与 MapXtend 服务器双向通信功能；远程服务协议-客户端服务通信接口；多部分 http 请求；上载 XML 流数据到服务器；实现了可管理的非对称记录集合-DAR；从服务器动态下载栅格、位置、GML 几何对象和文本数据；图层管理器-本地数据源管理；栅格数据操作界面-彩色/单色转化；缩放和漫游工具；位置数据操作界面-兴趣点工具；GML 数据支持-显示、选择、查询、编辑；文本数据操作界面-标注工具；自定义绘制和符号化。

特定信息设备（例如 Palm）实现的客户端接口被分门别类放置在不同的目录中（例如 client/db/palm 目录）。客户端接口的功能根据设备类型无关的准则进行设计，客户端应用程序设计必须充分考虑有限的内存和较低的处理能力，采用基于设备的特定 J2ME API（MIDP 或 PersonalJava）来进行编写。MapXtend 客户端 API 由以下 6 个主要部分组成：

通信包（com. mapinfo. mapxtend. client. io）；

DAR 模型包（com. mapinfo. mapxtend. client. layer）；

GML 包（com. mapinfo. mapxtend. client. gml 和 com. mapinfo. mapxtend. gml）；

跟踪包（com. mapinfo. mapxtend. client. tools）；

GPS 包（com. mapinfo. mapxtend. client. gps）；

声音包（com. mapinfo. mapxtend. audio. p）。

4. 无线应用构建器（WAB）

无线应用构建器（WAB）是允许用户部署 MapXtend 2. 1 和集成各种 MapInfo 和第三方的服务器或服务的工具。WAB 应用包含两个核心部件：WAB 服务（服务实现）和 WAB 客户（GUI 的客户端）。

WAB 提供给 MapXtend 用户以下功能：在同一个 servlet 容器中部署和运行多个 MapXtend 服务实例的能力；MapXtend 与其他不同版本的服务器绑定的能力（例如 MapXtreme Java 3. 1 或 4. 0）；使用不同版本和结构的 MapXtend 服务生成 Web 应用程序的能力。

应用程序能够使用不同版本在同一个 Web 服务器中部署和运行，具有配置和构建 Web 档案包（WAR）文件的能力。

5. MapXtend 管理器

MapXtend 管理器协助应用程序开发者或系统管理员配置、部署和定制服务。管理器提供了基于 Web 的用户界面控制服务的 XML 配置、状态追踪和运行参数显示。管理器基于后端的 servlet 引擎、前端的 HTML/DHTML 和 JavaScript 进行实现。

8.4.2 ESRI 的移动解决方案

ESRI 的移动解决方案包含针对笔记本电脑的移动桌面系统、针对 PDA 的 ArcPad 和针对手机的 ArcLBS。

1. 移动桌面系统

所有 ArcGIS 桌面系统——ArcReader、ArcView、ArcEditor、ArcInfo 以及在 ArcGIS Engine 构造的客户应用程序均能够在高端移动系统（例如 laptops 和 Tablet PCs）运行，这些主要应用在需要较为复杂 GIS 工具的野外调查中，称之为移动 ArcGIS 桌面系统。ArcGIS 用户能够以下面四种方式之一在一个 Tablet PC 平台上运行：

①笔记本电脑式的 Tablet PC。Windows XP Tablet PC 版本是现有 Windows XP 操作系统的超集。ArcGIS 在 Windows XP 完全支持，因此 ArcGIS 也可以在 Tablet PC 上运行。

②基于光笔技术触摸屏式的 Tablet PC。允许用户使用 Windows XP 操作系统，并且所有基于 Windows 的应用程序均可以用数字光笔取代鼠标。在 ArcGIS 中，可以用数字光笔按工具条中的按钮在地图上绘制对象。

③Windows XP 语音识别器。语音识别功能嵌入在 Tablet PC 的输入面板，与 ArcGIS 结合，能够使用语音功能。

④Tablet PC 数字水印技术。ESRI 扩展了 ArcGIS 制图模块功能，即 ArcMap，在 ArcGIS 中集成了数字水印技术。用户使用数字水印工具条，能够在地图上创建注释或草图，并把它们绑定到某一地理位置。水印也能附加到地图上的 pdf 和草图对象，并且能够完成诸如编辑的 GIS 功能。Tablet 工具条使用了手势和文本识别技术。

2. ArcPad

ArcPad 是移动制图和地理信息系统软件。它提供在野外通过手掌式和移动设备访问数据库、制图、GIS 和 GPS 定位导航功能。通过 ArcPad 的数据采集是非常快速和容易的，并且通过快速检校，保证了数据的有效性。它可以在包含 Windows CE、Pocket PC、Windows Mobile 和 Tablet PC 等多种类型的手掌式设备上使用，具有如下的功能：

①支持多种数据源

ArcPad 支持的数据源如下：

——ESRI shapefiles。

——MrSID。

——BMP。

——JPEG。

——通过 Internet 获得的 ArcIMS 影像服务。

②地图的显示和查询

ArcPad 拥有一系列的地图显示和查询工具，包含：

——可变的缩放和漫游。

——固定缩放。

——缩放到特定的层或空间区域。

——居中显示当前 GPS 位置。

——距离和面积量算，并把结果显示在地图上。

——要素标注显示。

——通过超级链接显示要素的附加信息。

——要素的定位、标注和缩放。

③基于 GPS 的导航

ArcPad 提供与采用 NMEA（国家海洋电子联合会）、TSIP（天宝标准接口协议）和 DeLorme Earthmate Binary Protocol 协议的任意 GPS 或差分 GPS 集成，可以提供：

——当前 GPS 点位到目的地之间的导航信息。

——用户轨迹的 GPS 跟踪日志。

——GPS 数据获取。

——设置 GPS 质量控制（例如位置精度设置 PDOP，位置误差评价 EPE 等）。

④数据编辑

ArcPad 允许用户使用鼠标、光笔或 GPS 等输入设备，创建和编辑空间数据对象。ArcPad 的编辑能力包含：

——创建、编辑、删除和移动要素对象。

——添加、删除、移动线和多边形的节点。

——对已有的线要素增加节点。

——在使用 GPS 跟踪线或多边形时，捕捉 GPS 点位（例如嵌套点）。

——使用 ArcPad 提供的应用构造器创建的客户表单编辑属性信息。

3. ArcLBS

如图 8-6 所示，ArcLBS 主要在 Web 服务层结合 OpenLS 服务规范扩展了 ArcIMS 的导航、地图、兴趣点和地理编码的服务功能，通过无线应用平台在中间层开发了 ArcLBS 连接器，使之通过无线网络支持 WAP 和 J2ME 的手机终端。

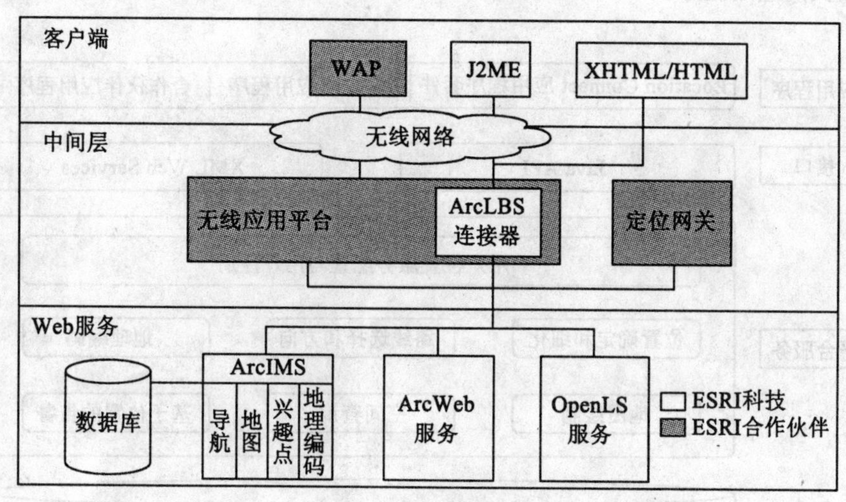

图 8-6　ESRI ArcLBS 软件体系结构图（引自 ESRI）

8.4.3　AutoDesk 的 LocationLogic

Autodesk 的 LocationLogic 是一个基于 Java2 企业级标准（J2EE）的平台应用程序。它使用基于开放标准的 XML 技术，支持远程应用程序开发。使用基于开放标准的数据库连接方法（如 JDBC 和 SQL）来获取业界标准空间数据库管理系统 Oracle Spatial 中的内容。它的应用程序能为有线和无线终端的最终用户提供与位置相关的个性化信息。LocationLogic 提供广泛的功能，包括核心 GIS（地理信息系统）功能、静态和动态内容管理以及空间查询、移动终端管理、位置敏感事件的通知服务，等等。

1. 体系结构

LocationLogic 平台包括一个数据库、访问外部构件（如 SMSC）的接口适配器以及一套用于支持基于位置的应用程序服务。LocationLogic 位置服务由 enterprise java bean 组件构成，可以通过 Java 和 XML API 供应用程序开发人员使用。图 8-7 显示了构成 LocationLogic 系统的逻辑层、组成部分以及它们之间的相互关系。从概念上讲，其主要有 4 个层，即应用层、接口层、服务层和数据层。数据层包含地图数据、动态信息和用户信息的组织与管理；服务层主要包含符合 OpenLS 的信息服务，例如地图绘制、空间查询、地理编码、路线选择、定位和用户服务；接口层包含 Java API 和 XML Web 服务；应用层包含不同层次的应用程序。

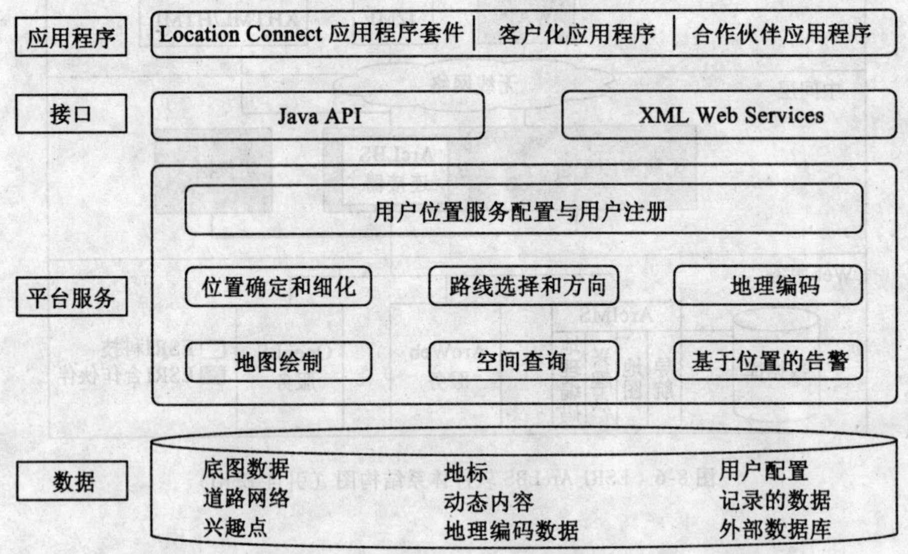

图 8-7　AutoDesk 的 LocationLogic 软件体系结构图（引自 AutoDesk）

2. 无线接入

LocationLogic 支持以下标准：WWW（World Wide Web）、3G（third generation wireless format）、CDPD（cellular digital packet data）、GPRS（general packet radio service）、WAP（wireless application protocol）、SMTP（simple mail transfer protocol）、SMS（short message service）和 J2ME（Java2 micro edition）。

3. Java API

应用程序可以通过 Java 类和接口集来操纵 LocationLogic 中的功能组件，在 J2EE 应用服务器内运行的 EJB。Java API 还能执行更加复杂的平台操作，包括内容和管理功能的操作，如会话和用户管理。开发人员可以使用任何常用的 Java 开发技术，通过 LocationLogic Java API（Java Servlets、Java Server Pages、Java beans 或 Enterprise Java Beans）来开发应用程序。包含以下的功能：

①终端位置确定。

②移动用户和目标跟踪。

③地理编码。

④路线和行进方向计算。

⑤地图绘制和形象化显示。

⑥内容管理和导航。

⑦空间搜索。

⑧位置敏感的事件管理和通知。

⑨用户管理。

⑩个人数据管理。

⑪应用程序定义的日志记录。

4. XML Web 服务

LocationLogic 提供了开放、基于标准的 XML API。这个 XML API 是远程应用程序开发的高效、优化、首选的方法。XML API 将 LocationLogic 功能呈现为 Web Services，以便与该平台最常用的服务操作进行交互，如地理编码、内容搜索和导航、空间查询以及路线和地图的生成等。使用 XML API 的应用程序能够调用通过 HTTP/HTTPS 发送到 LocationLogic 远程服务器接口的 XML 格式的请求。XML API 旨在作为一个理想的远程开发环境，为 Java API 提供补充。

5. 应用程序套件

集成式应用程序套件包含以下几个方面：

①Autodesk 商务连接。Autodesk 商务连接能让移动用户在需要时找到他们想去的宾馆、银行、加油站和其他商务场所。直观的用户界面使得 Autodesk 商务连接使用非常简便，并有助于加快用户采用的速度。商务连接用户能够实现如下目标：

——迅速找到商务场所。

——按类别、名称或喜欢的地点进行搜索。

——获得去往商务场所的方向，包括步骤和地图。

——在不中断会话的情况下给公司打电话。

——通过 SMS 向朋友发送消息和方向。

——创建喜欢地点的列表。

②Autodesk 娱乐连接。Autodesk 娱乐连接能让移动用户在需要时找到想去的饭店、剧院、博物馆等场所。直观的用户界面使得 Autodesk 娱乐连接使用非常简便，并有助于加快用户采用的速度。娱乐连接用户能够实现如下目标：

——迅速找到娱乐场所。

——按类别、名称或喜欢的地点进行搜索。

——获得去往娱乐场所的方向，包括步骤和地图。

——在不中断会话的情况下给娱乐场所打电话。

——通过 SMS 向朋友发送消息和方向。

——创建喜欢地点的列表。

③Autodesk 朋友连接。现在，无线用户可以使用他们的电话查找和连接附近的朋友与同事。Autodesk 朋友连接能让用户确定他们选定的朋友和同事的位置，从而使他们能够更加轻松地汇合。朋友连接用户能够实现如下目标：

——列出、添加和编辑朋友。

——创建和管理朋友组。

——管理隐私和搜索偏好。

——按临近度选择和显示朋友。

——获得去往朋友的方向，包括步骤和地图。

——设置特定位置的会面。

——通过 SMS 向朋友发送消息和方向。

④Autodesk 方向连接。在新城市甚至熟悉的城市进行导航可能是一件十分不易的事情。获得准确的方向可以节省时间、汽油和精力。Autodesk 方向连接能使移动用户生成方向、查看地图甚至将方向发送给他人。方向连接用户能够实现如下目标：

——选择起点/终点（当前位置为默认起点）。

——将终点设置为您的位置（指引他人找到您）。

——通过地图获得逐步性方向。

——获得去往喜欢的场所或以前访问过的场所的方向。

——获得去往地址簿中地址的方向。

——通过 SMS 或电子邮件向他人发送方向。

——设置交通方式：步行或驾车。

⑤Autodesk 交通连接。Autodesk 交通连接为用户提供最新的交通报告。交通连接用户能够实现如下目标：

——基于他们的当前位置。

——某个保存的上班路线沿线。

——以前访问或进入过的地点。

——带有地图和方向。

8.4.4 武汉大学基于 J2EE 的解决方案

1. 体系结构

基于 J2EE 的移动地理信息服务是采用 J2EE 的体系框架来构造基于多层体系结构的移动定位服务系统。如图 8-8 所示，包含信息设备、网关代理软件、GIS 应用服务器和空间数据库 4 个主要的部件。

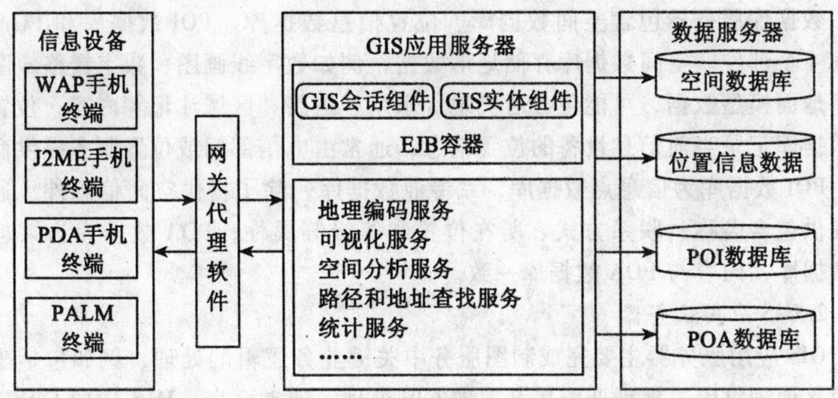

图 8-8　基于 J2EE 的移动地理信息服务软件体系结构

信息设备包含 WAP 手机终端、J2ME 手机终端、PDA 手机终端和 PALM 终端 4 种类型。

GIS 应用服务器中的定位服务业务逻辑可以概括为以下的 5 个方面。

①地理编码服务。地理编码服务是一个基于地理坐标例如经纬度的位置匹配过程。经过编码后的地址能够用于诸如点之间距离量算或在一个边界区域内查找某个地址的空间操作。通常而言，地理编码需要删除一些地址和做一些标准化的工作。

②可视化服务。通过联合使用点、线、面、注记、符号、阴影、颜色和指

标系统来表达空间数据。在地形数据中，采用坐标系统把数据和现实世界有机地联系起来。在大多数基本层次上只是简单地把地理坐标系统简单地增加到可视化的处理流程中。

③空间分析服务。定位信息可以帮助我们完成采用其他方法无法完成的大范围分析任务。包含邻接、点在多边形、线在多边形、面在多边形、缓冲和叠置分析等。

④路径和地址查找服务。它回答“到达目标的最佳路径”和“当前地址是什么”两个问题，提供给用户从简单的驾驶方向到复杂的路线和车辆路线安排信息，可以用于物流配送、紧急事故处理和个性化用户服务。

⑤基于地理的统计服务。如今，能够获得包含购买模式、行为、心理和交通大量的历史和现在的客户信息。可以把客户信息与空间信息整合在一起做统计分析，这种分析可以用于指导生产、部署自动销售机、监测目标市场和分析临近客户。

数据库服务器包含空间数据库、位置信息数据库、POI 数据库和 POA 数据库 4 个部件。空间数据库存储地形数据，例如数字线画图、数字栅格地图和数字地面模型数据，可能包含居民地、水系、道路和区域注记等内容；位置信息数据库记录当前信息设备的位置信息，通常由电信部门或位置服务提供商维护；POI 数据库为信息点数据库，系专业数据库，除了提供空间信息外，通常还提供包含名称、联系方式、所在位置和等级等属性；POA 数据库为兴趣区域数据库，内容与 POA 数据库一致。

2. GIS 应用服务器

GIS 应用服务器主要完成制图服务中关键业务逻辑的处理，例如包括坐标转换、地理编码、地址匹配等耗时的 GIS 处理。通常而言，MLS 中的 GIS 应用服务器要能够完成地图服务、特征服务、地名服务、黄页服务、地物层服务、新闻服务、路况服务和最佳路径服务等。图 8-9 所示为基于 JSP、Servlet 和 XML 的 GIS 应用服务器的结构图。其中，GeoXML 是运行在 Web 服务器上的 JSP 应用程序，同时又是 RMI 客户机。系统通过它与客户机打交道，接受请求和转送请求到 GIS 应用服务器中进行处理，然后返回应用服务器的处理结果到浏览器。当 GeoXML 接受来自客户端的调用请求时，接受客户端到服务器之间的联系 GeoRequestDOM（包括客户端传送的参数名称，客户端正在使用的协议，产生请求并且接受请求的服务器远端主机名，请求的操作类型（例如读取数据，空间分析等），并且把这些请求通过远程方法调用 GIS 应用服务器上的 RMI 服务器，启动相应的部件完成任务，把任务传给 GeoXML，实例化

GeoReponseDOM，返回客户机。GIS 应用服务器是一个基于 Servlet 的应用服务引擎，它通过调用 JavaBean 组件完成地图表现的扩展，通过调用 GIS EJB 组件从远程空间数据库中完成地图数据的获取和其他业务逻辑。

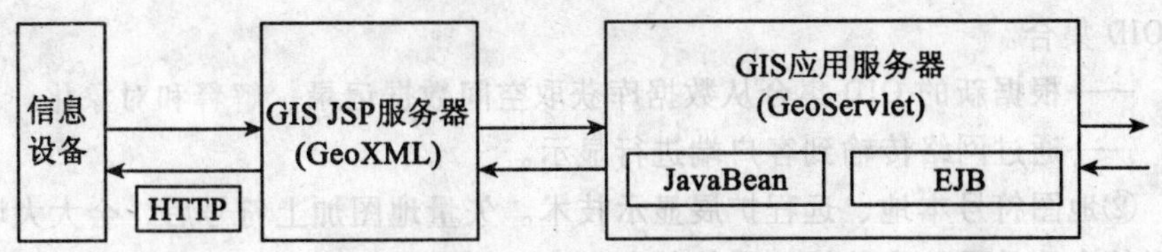

图 8-9　基于 JSP、Servlet 和 XML 的 GIS 应用服务器的结构图

3. 信息设备空间信息可视化

在信息设备地图的可视化方面，笔者采用了矢量地图渐进传输显示和地图符号本地、远程扩展两种方法。

①矢量地图渐进传输显示。在传统的地理信息系统中，一般是通过联合使用点、线、面、注记、符号、阴影、颜色和坐标系统来表达空间数据。在地形数据中，采用坐标系统把数据和现实世界有机地联系起来。在大多数基本层次上只是把地理坐标系统简单地增加到可视化的处理流程中。在 Web 分布式环境中，由于有限的带宽不可能把所有的数据一次性全部下载到客户端，因此矢量地图数据采用渐进传输的方式，包含文件流和对象流的方式。所谓文件流的方式，就是从服务器到客户机传送的数据是以字节数组传输的，数据解释和对象化的工作在客户端进行，可以采取边读边画和读完再画这两种基本的方式来表现矢量地图，这种方式在服务器配置比较低而客户端配置较高的情况下有一定的优势，如果客户机配置较低的话，速度比较慢。所谓对象流的方式，就是从服务器到客户机传送的数据是对象传输的，数据解释和对象化的工作在服务器进行，可以采取边读边画、读完再画这两种基本的方式来表现矢量地图，这种方式在服务器配置比较高的情况下优势比较明显，客户机显示速度快。无论是文件流还是对象流传输方式，在客户机和服务器上都要有数据缓存管理。数据缓存管理的主要任务是完成服务器和客户机之间的数据调度，即保持数据获取的一致性、完整性和快速性。因此数据显示的过程为：

——根据当前的屏幕显示区域的范围｛[screenStartx，screenStarty]，[screenEndx，screenEndy]｝和当前比例尺以及实际库坐标的范围｛[realStartx，realStarty]，[realEndx，realEndy]｝初始化整个画图区域双缓

冲区。

——首先根据当前的比例尺在客户端获得当前可视地物类编码，再根据当前可视地物类编码和屏幕显示区域的范围从数据库中获得对应的 OID 集合。

——根据服务器端的 OID 集合的缓存管理，得到需要重新获取空间数据的 OID 集合。

——根据新的 OID 集合从数据库获取空间数据记录、解释和对象化。

——通过网络传输到客户端进行显示。

②地图符号本地、远程扩展显示技术。矢量地图加上符号后，会大大增加图形的表达效果。在传统地图软件实现中，地图符号已经是一个必不可少的元素。在信息设备上的地图符号化，还必须考虑无线网络的数据传输量。矢量图形在显示或打印时都要经过数据过滤，过滤量在 80% 以上。直接采用过滤后的（屏幕或打印纸）设备坐标进行地图符号化，不仅显示速度快，而且不增加数据传输量。一种直接的做法是不用任何图形拟合，直接对过滤后的设备坐标进行符号化处理。这种方法可以称为地图图形本地扩展。在一幅地图中使用数据助理直接为每一层的数据获取地图属性，然后根据这些属性，符号化这些地图实体或生成专题地图和统计地图。这种方法适合于宽带无线网络环境下 PDA 型的手机。另外一种方法称为地图的远程扩展，即显示和图形扩展在不同的机器上完成，在服务器上先执行地图符号本地扩展的功能，然后生成特定格式的栅格地图，传输到客户机进行显示。这种方法适合于窄带网环境下 WAP 和 J2ME 型手机。例如在 GeoSurf 的影像服务中，GeoSurfImageRenderer 能够从一个 URL 参考到一个 GeoSurfServlet 实例中创建。当 GeoSurfView 使用一个 GeoSurfImageRenderer 时，意味着要从一个 GeoSurfServlet 实例中获取栅格地图，GeoSurfServlet 通过返回一个栅格图像到客户端响应这个请求。

4. 实例

本书采用 GeoSurf 作为服务器端的 GIS 应用中间件平台，采用 Tomcat4. 0. 3 作为基础应用服务器平台，采用 Oracle8i 作为数据库平台，构造了基于 J2EE 的移动地理信息服务系统。在 GIS 应用中间件平台基础上，扩展了地图表现和请求应答模块。采用 JSP 技术来获得 WAP 终端和 J2ME 终端的 XML 请求，把这些 XML 请求分门别类通过业务逻辑引擎处理，再以 XML 打包，发送给客户端。对于 WAP 终端，如图 8-10 所示，系统发送的地图格式为 WBMP；对于 J2ME 终端，如图 8-11 所示，系统发送的地图格式为 PNG 和矢量数据。

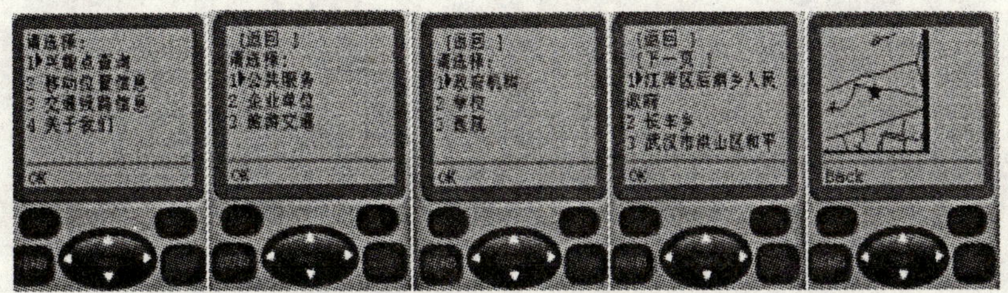

图 8-10 WAP 手机终端地图实例

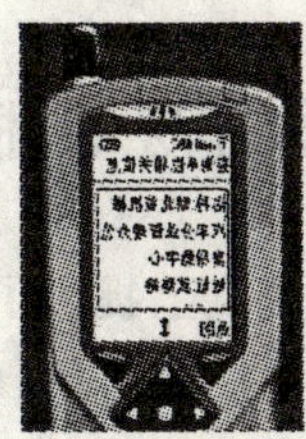
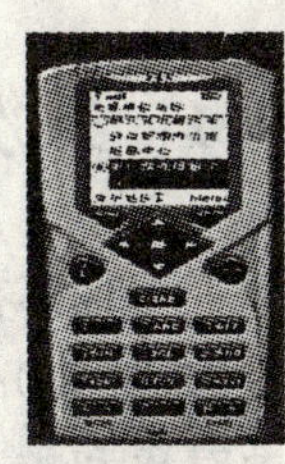
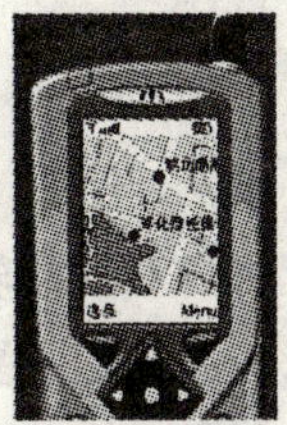

图 8-11 J2ME 手机终端地图实例

第 9 章　网络 GIS 二次开发方法

本章将以网络 GIS 平台软件 GeoSurf 为例，阐述网络地理信息的二次开发方法。

9.1　二次开发方法综述

网络 GIS 的软件很多，而且都在不同程度上提供了二次开发的方法。归纳起来，流行的主要有两种方法：①API 和类；②组件。API 和类方法是通过内嵌在浏览器中的 GIS 函数对象和类与 HTML 中的 JavaScript 或 VBScript 对象完成通信，这些 API 函数和类具有矢栅地图显示、GIS 实体选择、查询、图层控制、报表和缓冲分析等功能。ActiveX 控件和 JavaBean 都属于组件（陈能成等，2002）的设计方法，只是不同语言的具体实现，通过所见即所得的设计方法完成界面的布局。两种方法的区别如表 9-1 所示。

表 9-1　**Web GIS 二次开发方法对照表**

特　征	API、类	组　件
典型软件	MapGuide	Geomedia Web Map MapXtreme for Java GeoSurf
组件开发	否	是
功能支持	最丰富	简单
跨平台	是	否
移动计算	不支持	支持
多层部署	否	否

9.2 GeoSurf二次开发概述

从二次开发来说，应用GeoSurf可以进行两个层次的二次开发，即：基于Java类和接口的二次开发和基于Java控件的二次开发。

基于Java类和接口的二次开发，主要是围绕GeoSurfMap对象进行功能扩展，包括客户端功能和服务器端扩展。例如，通过系统提供的数据源接口实现新数据源的读写操作。

基于Java控件的二次开发，主要是基于GeoSurfBeans提供的丰富组件，用户根据需求定制自己的应用，满足不同行业的需求。

9.2.1 系统包构成

系统包构成如图9-1所示，分为通用包、服务包、客户包和管理包4个部分。

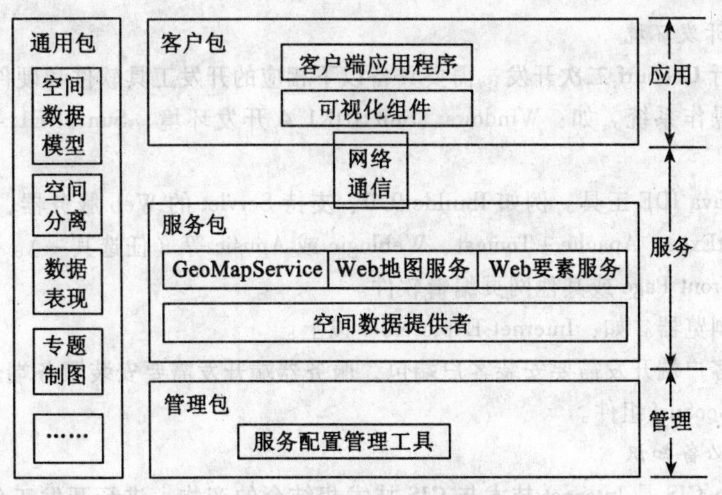

图9-1 系统包结构示意图

1. 通用包——com. geostar. common

通用包实现服务层和客户层中的空间数据模型、空间参考、表现和专题图功能，包含以下几部分：空间数据模型包、空间参考包、空间数据表现包、专题制图包、实用工具包等。

2. 服务包——com. geostar. server

服务包实现服务层数据提供和地图服务功能，包含以下几部分：影像数据提供者、矢量数据提供者、JDBC 连接池包、GeoMapservice 地图服务包、网络地图服务包、网络要素服务包、网络覆盖服务包。

3. 客户包——com. geostar. client

客户包实现客户层可视化功能，包含 Viewer 和 Beans 两个部分。Viewer 代码使用的全部类文件放在 com. geostar. client. vi 包及子包下，编译后打包命名为 viewer. jar，需要部署在服务层，运行时下载到客户端进行安装。Beans 代码使用的全部类文件放在 com. geostar. client. ui 包及子包下，编译后打包命名为 beans. jar，根据用户的需求进行部署。

4. 管理包——com. geostar. admin

管理包实现管理层功能，包含连接管理、日志监控、服务部署和服务监控等功能。

9.2.2 开发环节

1. 开发环境

进行 GeoSurf 二次开发，需要具备以下相应的开发工具软件和硬件：

①操作系统。如：Windows、Sun JDK1.4 开发环境、Sun JRE1.4 运行环境。

②Java IDE 工具。例如 Jbuilder9.0、支持 Servlet 的 Web 服务器，例如 IIS + ServletExec、Apache + Tomcat、Weblogic 或 Apusic 等（任选其一）。

③Front Page 或其他网页编辑软件。

④浏览器。如：Internet Explore5.0 以上。

⑤客户端开发需要安装客户端包，服务器端开发需要安装服务端包。

⑥GeoSurf 组件。

2. 必备知识

Web GIS 是 Internet 技术与 GIS 技术相结合的产物，进行开发工作涉及以下几方面：

①计算机网络编程概念。

②HTML、DHTML、JavaScript 编程。

③HTTP 协议基础。

④JavaBeans 二次开发基础。

⑤JSP 或其他语言开发基础。

⑥GeoSurf 基础知识。

⑦地图编辑与操作基础知识。

⑧GeoSurf 结构与开发方法。

⑨XML 基础知识。

⑩OGC 开放地理信息服务基本知识。

3. 开发流程

①数据准备。通过各种手段收集或采集本系统能够容纳的地理空间数据源。根据数据量大小或要求，选择是否采用数据库进行管理。

②发布数据定义和配置。利用 GeoSurfAdmin 提供的地图定义工具，生成要发布的地图定义文件 *.xmd，并对发布数据的符号进行配置。

③生成 Web 应用程序。利用各种方式进行二次开发，生成符合需求的 Web 应用程序文件 *.war，并对客户端界面进行配置。

④部署 Web 应用程序。Web 应用程序文件 *.war 在系统的"\\ GeoSurf-Install-Directory \\ Tomcat \\ webapps"目录下，如果采用自己的应用服务器，例如 Weblogic，则把 *.war 文件采用其他工具进行部署。

⑤调用 Web 应用程序。Web 应用程序部署完毕后，根据系统提示的服务地址在 IE 或 NetScape 浏览器中调用。

4. 设计考虑

由于我们是在网络上开发，实现地理信息方面的应用，因此在设计时要充分考虑以下条件，以决定选择何种部署方案。

①客户端。须考虑：要将程序部署成何种范围的应用：Internet 网的应用还是企业内部网的应用；网络带宽的状况如何；客户端是小应用程序还是独立应用程序；客户端是否需要额外的软件或资源，例如是否需要运行 JDBC 驱动程序；程序应用在特定的平台还是混合平台；用户当前使用的浏览器类型及版本情况，是否支持 Swing 组件，还是需要额外的浏览器插件；客户端对制图功能的需求有多少，诸如 AddThemeWizard 和 LegendContainer 之类的 JavaBeans 是否需要等。

②服务器端。须考虑目前开发的应用程序的复杂度如何；有无必备的硬件条件；应用程序要满足多少用户的访问需求（最小的、最大的、将来可预估的）；从一个 Web 服务器还是从一个应用服务器获得何种类型的服务；是否有开发服务器端应用程序相应的技能，如 Java 编程、数据库管理、Web 开发等方面的知识和经验；是否需要考虑网络的安全；是否需要与其他程序进行交互；Java 的版本怎样；是否所有部件均支持统一版本等。

5. 部署考虑

GeoSurf的部署可以分为3种类型：瘦客户、中等客户和胖客户。三者的差异在于服务器端向客户端发送的软件代码和数据量。下面简要介绍这3种类型的特点。

①瘦客户。在瘦客户的部署中，用户通过浏览器中的HTML页面与服务器程序交互。地图通常是一幅嵌入在HTML页面的GIF图像，地图的请求处理过程发生在服务器。是不需要Java客户端的经典Internet部署模式。为了构造这种方式的应用程序，必须开发服务器端的应用程序，以便于生成动态的HTML网页。

②胖客户。胖客户与瘦客户截然相反。客户下载Java applet程序在浏览器中运行，提供了比HTML界面更加丰富的用户界面。除此之外，它在客户端操作的是矢量数据。由于增加了Java Applet程序下载的过程，这种部署方式更加适合在局域网中运行，并且这种客户端更加容易控制。为了构造这种方式的应用程序，必须使用GeoSurfBeans开发客户端的Applet应用程序。

③中等客户。介于胖客户和瘦客户之间就是中等客户。与胖客户类似，中等客户也需要下载一个小程序，因此客户端浏览器也必须支持Java；与瘦客户端类似，中等客户也只是接受栅格地图。小程序通过使用诸如复合选择查询工具等额外的地图操作工具，可以获得比HTML页面更加优化的界面。为了构造这种方式的应用程序，用户必须知道如何开发一个与服务器端交互的应用程序，例如GeoMapServiceGeoWMS和GeoWFS等交互的applet程序。

9.3 基于Java类和接口的二次开发

9.3.1 数据结构

GeoSurf基本的内存对象数据模型中，采用地图、图层、要素集合、要素、几何、属性、点、线、面、注记等内存对象来管理和表达发布的地图数据。

GeoSurf地图数据是由多个图层按一定顺序叠加构成的，由地图对象负责加载和保存。通过地图对象GeoSurfMap提供内存地图对象的组织与管理，作为其他子系统数据模型的核心，包含矢量、影像和属性数据在内存中的组织、管理以及矢量和属性数据的查询等功能。GeoSurfMap是一个轻量型的组件，其主要工作是维护地图的状态，包括地图的加载、图层的增加、删除等。

一个地图中可以包括多个图层。图层可分为矢量图层和栅格图层。所有图层都是直接或间接由抽象图层 AbstractLayer 派生出来的。抽象图层定义了图层的基本属性，如名称、可视性以及压盖顺序等。矢量基本图层中定义了针对矢量数据的查询方法等。矢量图层的数据源来自于矢量数据文件或空间表。栅格图层的数据源来自于 GeoStar 的影像库和 DEM 库。

GeoSurfFeatureLayer（对应 GeoSurf4.0 中的 GeoSurfMapFeature）从矢量基本图层 VectorBaseLayer 中继承，GeoSurfImageLayer 和 GeoSurfDEMLayer 从栅格基本图层 RasterBaseLayer 中继承，矢量基本图层和栅格基本图层从抽象类图层 AbstractLayer 继承。用户可以通过继承 AbstractLayer 实现自己的图层。图层之间的继承关系如图 9-2 所示。

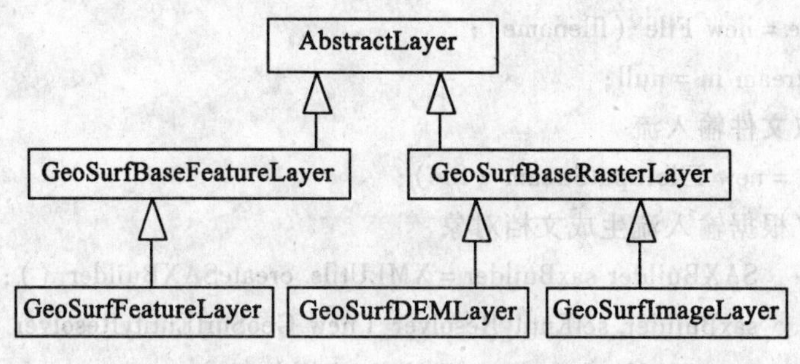

图 9-2　图层之间的继承关系图

9.3.2　地图对象

1. 创建地图

创建地图的过程分两步：初始化地图对象和加载地图数据。

初始化地图对象：在使用地图对象之前需要对地图对象进行初始化。GeoSurf 中提供了一种无参数的构造方法来创建一个空的地图对象。GeoSurfMap map = new GeoSurfMap（""）。

加载地图数据：地图对象可加载的数据分两种，即地图定义文件和地图集合。地图定义文件是 GeoSurf 定义的一种 XML 格式文件，主要用于记录加载数据的图层信息。图层信息是地图定义文件的主要部分。图层信息记录了图层数据的获取地址，可以是本地的矢量数据文件，也可以是数据库的空间表，以及 GeoSurf 矢量和影像服务所提供的矢量或栅格数据。此外，图层信息还包括有图层的画法、相互之间的压盖顺序、标注信息以及所含的专题图集合等内容，但是并不包括具体的要素信息。地图定义文件的加载方式主要分为两种，一种是只加载地图定义文件的内容，不加载任何地图数据；另一种是在加载地图定义文件后根据图层的 fullLoad 属性判断是否加载图层的数据。前一种方式适用于查看地图信息，后一种方式适合一般的数据加载。地图集合是指使用 GeoSurf4.0 创建的地图文件。GeoSurf 加载地图集合时将会把地图集合中的所有数据加入到当前的地图对象中。

以下分别给出了这几种方式实现的例子：

①调用 loadMapDefInfo 方法加载地图定义文件信息

```
//指定地图定义文件的路径
String filename = "E: \\ develop \\ geosurf \\ data \\ 10. xmd";
//根据给定的路径创建文件对象
File file = new File (filename);
InputStream in = null;
//获取文件输入流
    in = new FileInputStream (file);
    //根据输入流生成文档对象
        SAXBuilder saxBuilder = XMLUtils. createSAXBuilder ();
        saxBuilder. setEntityResolver (new GeoSurfEntityResolver (false));
        ocument document = saxBuilder. build (in);
        //在地图中加载地图定义信息
        map. loadMapDefInfo (document);
```

②调用 loadMapDef 方法加载地图

```
//指定地图定义文件的路径
String filename = "E: \\ develop \\ geosurf \\ data \\ 10. xmd";
//根据给定的路径创建文件对象
File file = new File (filename);
InputStream in = null;
//获取文件输入流
    in = new FileInputStream (file);
//根据输入流生成文档对象
        SAXBuilder saxBuilder = XMLUtils. createSAXBuilder ();
        saxBuilder. setEntityResolver (new GeoSurfEntityResolver (false));
        Document document = saxBuilder. build (in);
        //在地图中加载地图
```

map. loadMapDef（document）;

③调用 loadMapSet 方法加载地图集合

//指定地图集合文件的路径

String filename = " E：\\ develop \\ geosurf \\ data \\ changping \\ changping. map";

//在地图中加载地图集合文件

map. loadMapSet（filename）;

2. 加载图层

除了加载整个地图，还可以根据图层的 url 使用 loadMapLayer 方法加载指定的图层。以下代码加载了一层地址位于“e：\ data \ mif”目录下的名为 qtext 的 mif 格式数据，并将该图层加入到当前地图对象 map 中。

//要加载的图层地址和类型

String layerURL = " mif：e：\\ data \\ mif \\ qtxt";

//指定生成的图层类型

String className = " com. geostar. common. spatialmodel. geobase. GeoSurfFeatureLayer";

//设置在加载图层信息时同时加载图层中的要素数据

boolean isLoadFeatureData = true;

//加载指定的图层

AbstractLayer layer = map. loadMapLayer（layerURL，className，isLoadFeatureData）;

//将指定的图层加入到地图中

map. addALayer（layer）;

如果需要加载的是位于“e：\ data \ geostar \ changping”目录下的 geostar 工作区 changping. gws 中名为 mrd_buS 的一层数据，则记为 layerURL = "geostar:E：\\ data \\ geostar \\ changping \\ changping:: mrd_buS"。

如果需要加载的是位于“e：\ TutorialData”目录下的 shape 格式文件 customers. shp，则记为 layerURL = "Shape：E：\\ TutorialData \\ customers"。

如果需要加载的是位于“e：\ develop \ geosurf \ data \ china400-surf \ surfchina400”目录下的 geosurf4. 0 的数据文件工作区 xsqzd_p . suf，则记为 layerURL = " surf：E：\\ develop \\ geosurf \\ data \\ china400-surf \\ surfchina400 \\ xsqzd_p"。

3. 保存地图定义文件

有两种地图定义的保存方式，分别使用文件地址和文件对象作为参数，将当前地图的内容保存到地图定义文件中。以下代码给出了使用文件对象为参数，保存当前地图对象 map 的例子。

```
//指定要保存的文件地址
String files = "c: \\ t10. xml";
//创建文件对象
File file = new File (filename); //
    //如果指定文件不存在，创建一个文件
    if (! file. exists ())
    file. createNewFile ();
    //保存当前地图到指定的文件中
    map. saveMapDef (file);
```

9.3.3 图层对象

GeoSurf 中发布的地图可以同时支持矢量数据和栅格数据。这些数据都是以图层为单位组织的。图层之间的压盖顺序可以通过地图对象提供的方法进行调整。

矢量图层提供了针对二维矢量数据的空间与属性的查询方法，在矢量图层对象中还记录了图层的画法、标注以及专题图等信息。

1. *抽象图层*

在抽象图层中定义了图层的若干个属性，并提供了相关属性的设置和获取的方法。主要的属性如下：

①图层的可视性

//设置当前图层是否可视。public void setVisible (boolean visible)

//查看当前图层是否可视。public boolean isVisible ()

②图层的坐标系

```
//设置图层的坐标系
public void setCoordSys (GeoSurfCoordSys coordsys)
//获取图层的坐标系
public GeoSurfCoordSys getCoordSys ()
```

③图层是否加载全部数据标志

```
//设置当前图层是否加载该层全部数据。
public void setFullLoad (boolean fullLoad)
//查看当前图层是否加载该层全部数据。
```

public boolean isFullLoad ( )

④图层是否在全局图中显示标志

//设置当前图层是否在全局图中显示。

public void setInFullMap (boolean visible)

//查看当前图层是否在全局图中显示。

public boolean isInFullMap ( )

⑤图层是否进行标注标志

//设置当前图层是否进行标注。

public void setLabelable (boolean islabel)

//查看当前图层是否进行标注。

public boolean isLabelable ( )

⑥图层是否可以查询标志

//设置当前图层是否可以查询。

public void setSelectable (boolean newSelectable)

//查看当前图层是否可以查询。

public boolean isSelectable ( )

⑦图层是否使用简单图例标志

//设置是否使用简单图例

public void setSimpleLegend (boolean simpleLegend)

//查看是否使用简单图例

public boolean isSimpleLegend ( )

⑧图层是否控制当前图层的可视比例标志

//设置是否控制当前图层的可视比例

public void setZoomAware (boolean zoomAware)

//查看是否控制当前图层的可视比例

public boolean isZoomAware ( )

⑨图层数据的实际范围

//设置该层数据的实际范围

public void setLayerExtent (float [ ] extent)

//获取该层数据的实际范围

public float [ ] getLayerExtent ( )

⑩图层最大可视的比例尺分母

//设置最大可视的比例尺分母

```
public void setLayerMaxVisibleScale (int maxScale)
//获取最大可视的比例尺分母
public int getLayerMaxVisibleScale ()
```
⑪图层最小可视的比例尺分母

```
//设置最小可视的比例尺分母
public void setLayerMinVisibleScale (int minScale)
//获取最小可视的视野范围
public int getLayerMinVisibleScale ()
```

2. 影像图层

以下代码是获取影像图层在当前显示范围内图像时的例子：

```
//设置请求结果的栅格图像宽度
GeoSurfImageLayer geo Imagelayer;
GeoSurfImageLayer geoImagelayer. setImageWidth(param. getImageWidth());
//设置请求结果的栅格图像高度
geoImagelayer. setImageHeight (param. getImageHeight ());
//设置请求的范围
geoImagelayer. setRequestBox (viewExtent);
//获取请求的图像
Image img = geoImagelayer. getRequestImage ();
```

3. 矢量图层

矢量图层的使用参见“查询”部分。

9.3.4 要素对象

1. 概念

要素对象是组成矢量图层的基本元素。若干具有相同属性结构和空间参考的要素对象构成一个要素集合对象。每个矢量图层都包含有一个要素集合对象。要素对象由几何对象、画法对象和属性值三部分构成。

几何对象中包含了一系列的坐标，描述了对象位置的位置和形状形式，可以是点、线、面或注记。要素的画法对象可以为空，表示该要素使用图层中定义的画法。若图层中的画法也为空，则使用随机颜色绘制。要素对象的属性是由一个 GeoSurfAttributeValue 对象的数组来表示的。数组的长度以及数组中各个属性值元素的顺序都和要素对象所属的要素集合对象中定义的属性结构一致。

多个具有相同属性结构和空间参考的要素对象存放在一个要素集合对象中。一个要素对象只能属于一个要素集合对象，并可以通过调用要素对象的getFeatureCollection 方法获知其所属的要素集合对象。

一个要素集合对象可以属于某个矢量图层或独立存在。通过调用要素集合对象的 getFeatureLayer 方法可获知其所属的矢量图层，如果返回值为空，则该要素集合对象是独立存在的。

要素集合对象和矢量图层中各自保存一份属性结构和空间参考信息。矢量图层中记录的这些信息表明了矢量数据在物理存储时的相关信息，要素集合对象中的属性结构是矢量图层记录的属性结构的子集，它的空间参考也可不同于矢量图层，表明该集合中的要素对象记录的属性格式和使用的空间参考。

2. 创建一个要素集合

要素集合对象提供了两种构造方法：无参数构造方法和以其所属的矢量图层对象为参数构造的方法。使用无参数构造方法生成的要素集合对象可在其后的使用过程中，通过 setFeatureLayer 方法为其指定所属的矢量图层。

3. 创建一个要素对象

要素对象的生成采用无参数构造方法，再调用该对象的 setAttribute、setFeatureGeometry 或 setFeatureRendition 方法设置其内容。由于一个要素对象的几何对象、画法对象都可能为空，可根据实际情况决定调用哪些设置方法。例如查询只需要知道属性值时，生成的要素对象可以只记录属性，而不包括几何对象，则此时不需要调用 setFeatureGeometry 方法。

4. 创建一个点对象

GeoSurf 提供了一个工厂类 GeometryFactory，可用于创建几何对象，可用多种方式创建点对象：

①创建单点对象

创建单点对象只需要使用点的 x、y 坐标为参数，例：创建一个坐标为（100，202）的点：

```
GeoSurfPoint gp = GeometryFactory. createPoint（100，202）;
```

②创建有向点对象

几何对象工厂类提供两种创建有向点的方式，以下列出两种创建方式：

```
float x1 = 25; //起始点 X 坐标
float y1 = 30. 5f; //起始点 Y 坐标
float x2 = 40. 1f; //终止点 X 坐标
float y2 = 50; //终止点 Y 坐标
```

GeoSurfPoint gp1 = GeometryFactory. createVectorPoint (x1, y1, x2, y2); //根据给定的两个点的坐标创建有向点对象

float x1 =40. 5f; //起始点 X 坐标

float y1 =21; //起始点 Y 坐标

float angle =45; //方向

float length =6. 5f; //长度

GeoSurfPoint gp1 = GeometryFactory. createVectorPointByAngle (x1, y1, angle, length); //根据给定的点的坐标和方向、长度创建有向点对象

③创建点群对象

创建点群对象需要使用的参数包括点数和 x、y 坐标数组为参数，例：创建 3 个点的点群对象。

//点数

int pointnum =3;

//x 坐标数组

float [ ] x = {101. 5f, 120. 6f, 115};

//y 坐标数组

float [ ] y = {70. 52f, 81, 76. 3f};

//根据给定的点数和 x，y 坐标创建多点对象

GeoSurfPoint gp = GeometryFactory. createPoint (pointnum, x, y);

5. 创建一个线对象

工厂类 GeometryFactory 提供了 3 种线对象的创建方式。

①根据给定的弧段点数数组和 x、y 坐标数组创建线对象

弧段点数数组的长度等于线对象的弧段数，依次记录各条弧段的点数。x 坐标数组和 y 坐标数组的长度相同，都等于线对象各弧段的点数之和，依次记录各弧段的坐标。

//要创建的线对象由两个弧段构成，弧段的点数分别为 5 和 3

int [ ] pointnum = {5, 3};

//x 坐标数组长度为 8，其中前 5 个是第一条弧段的 x 坐标，后 3 个是第二条弧段的 x 坐标

float [ ] x = {9. 3f, 22. 6f, 18. 9f, 30. 4f, 27f, 32. 45f, 41. 7f, 40f};

//y 坐标数组长度为 8，其中前 5 个是第一条弧段的 y 坐标，后 3 个是第二条弧段的 y 坐标

float [ ] y = {24. 5f, 21. 77f, 19. 6f, 20. 05f, 22. 3f, 40. 6f, 47. 233f,

51. 4f}；

//根据给定的点数和 x，y 坐标创建折线对象

```
GeoSurfLine gl = GeometryFactory. createLine （pointnum, x, y）；
```

②根据给定的弧段点数数组，弧段类型数组和 x、y 坐标数组创建线对象

弧段点数数组的长度等于线对象的弧段数，依次记录各条弧段的点数。弧段类型数组的长度等于线对象的弧段数，依次记录各条弧段的类型。弧段类型由 byte 类型表示：等于 0 时，表示弧段为折线；等于 1 时，表示弧段为三点弧；等于 2 时，表示弧段为三点圆。x 坐标数组和 y 坐标数组长度相同，都等于线对象各弧段的点数之和，依次记录各弧段的坐标。

```
//要创建的线对象由两个弧段构成，弧段的点数分别为 5 和 3
int [ ] pointnum = {5, 3}；
//要创建的线对象的两个弧段分别为折线和三点弧
byte [ ] linetype = {0x00, 0x02}；
//x 坐标数组长度为 8，其中前 5 个是第一条弧段的 x 坐标，后 3 个是第二条弧段的 x 坐标
float [ ] x = {9. 3f, 22. 6f, 18. 9f, 30. 4f, 27f, 32. 45f, 41. 7f, 40f}；
// y 坐标数组长度为 8，其中前 5 个是第一条弧段的 y 坐标，后 3 个是第二条弧段的 y 坐标
float [ ] y = {24. 5f, 21. 77f, 19. 6f, 20. 05f, 22. 3f, 40. 6f, 47. 233f, 51. 4f}；
//根据给定的点数、类型和 x，y 坐标创建线对象
GeoSurfLine gl = GeometryFactory. createLine （pointnum, linetype, x, y）；
```

③根据给定的弧段数目和坐标数组创建线对象

坐标数组中依次记录各条弧段的坐标及类型等信息。每条弧段的记录顺序依照以下规则：[（float）弧段类型，（float）弧段点数，弧段第 1 点 x 坐标，弧段第 1 点 y 坐标，弧段第 2 点 x 坐标，弧段第 2 点 y 坐标……]。

```
//要创建的线对象由两个弧段构成，分别为折线和三点弧，弧段的点数分别为 5 和 3
int arcNum = 2；
float [ ] lineCoordinate = {0, 5, 9. 3f, 24. 5f, 22. 6f, 21. 77f, 18. 9f, 19. 6f,
    30. 4f, 20. 05f, 27f, 22. 3f, 2, 3, 32. 45f, 40. 6f, 41. 7f, 47. 23f, 40f,
    51. 4f}；
//根据给定的弧段数和坐标信息创建线对象
```

GeoSurfLine gl = GeometryFactory. createLine (int arcNum, float [ ] lineCoordinate);

6. 创建一个面对象

工厂类 GeometryFactory 提供了 3 种面对象的创建方式。

①创建具有一个或多个圈，且每个圈只有一个折线弧段的面对象

点数数组的长度等于面对象的圈数，依次记录各圈的点数。圈类型数组的长度等于圈数，记录各个圈的类型。等于 0 表示是内圈，等于 1 表示是外圈。x 坐标数组和 y 坐标数组的长度相同，都等于面对象各圈的点数之和，依次记录各圈的坐标。

//创建由两个圈构成的面，第一个是外圈，有 4 个点，第二个是内圈，有 3 个点

```
int [ ] pointnum = {4, 3};
byte [ ] type = {0x01, 0x00};
float [ ] x = {101.3f, 107f, 220.6f, 221.8f, 143.3f, 188f, 203.6f};
float [ ] y = {23.1f, 77.9f, 81.45f, 20.6f, 31.5f, 68.4f, 40.6f};
GeoSurfPolygon gpoly = GeometryFactory.createPolygon(pointnum,type,x,y);
```

②创建一个单圈的面对象，且这个单圈可由一个或多个弧段构成

使用一个坐标数组作为参数。这个坐标数组中的头两个元素分别记录圈的类型和弧段数目，然后依次记录构成圈的各条弧段的坐标及类型等信息。每条弧段的记录顺序依照以下规则：[(float) 弧段类型，(float) 弧段点数，弧段第 1 点 x 坐标，弧段第 1 点 y 坐标，弧段第 2 点 x 坐标，弧段第 2 点 y 坐标……]。

//创建一个由两条弧段构成的单圈面对象，两条弧段均为折线，分别有 2 个点和 4 个点

```
float [ ] polygonCoordinate = {1, 2, 0, 2, 31.1f, 20.5f, 40.14f, 43.5f, 0,
4, 65.2f, 57f, 49.3f, 73.4f, 43.5f, 61.7f, 39.4f, 53.2f};
GeoSurfPolygon gpoly = GeometryFactory.createPolygon (polygonCoordinate)
```

③创建单圈或具有多个圈的面对象，且每个圈可由一个或多个弧段构成

这种创建方法使用面的圈数和构成圈的线对象组成的数组，数组长度等于圈数。数组中的每个线对象构成一个圈，而且每个线对象可以由多个弧段构成。

//创建一个具有两个圈的面，这两个圈分别由 GeoSurfLine 类型的线对象 gl1 和 gl2 构成

```
int circlenum =2;
```

```
GeoSurfLine [ ] line = {gl1, gl2};
GeoSurfPolygon gpoly = GeometryFactory.createPolygon (circlenum,
    GeoSurfLine [ ] line);
```

7. 创建一个注记对象

可以使用 GeoSurf 中提供的工厂类 GeometryFactory 来创建注记对象。创建时需要的参数包括注记定位点的 x，y 坐标以及注记内容。注记使用的字体颜色等信息不在注记对象中，而是需要另外创建一个画法对象，将该画法对象记入生成的注记对象所属的要素对象中。以下代码可以创建注记。

```
//注记定位点 x 坐标
float x = 101.5f;
//注记定位点 y 坐标
float y = 70.52f;
//注记内容
String anno = "小学";
//根据给定的点数和 x，y 坐标创建多点对象
GeoSurfAnnotation ga = GeometryFactory.createAnnotation (x, y, anno);
```

9.3.5 绘制考虑

1. 模型图

GeoSurf 中的绘制接口 Renderer 定义了绘制所要实现的方法，具体的绘制类例如 ServerRenderProxy、GeoSurfRender 和 LocalRender 实现了这个接口。由于具体绘制时使用的参数较多，采用了参数类 RenderParam 来描述参数。这些类的模型结构如图 9-3 所示。

类 AbstractLocalRenderer 作为类 LocalRenderer 的基类，实现了与本地绘制过程相关的一些方法，如增加、删除以及生成绘制事件并通知监听者；类 LocalRenderer 主要实现了具体的本地绘制过程。类 ServerRendererProxy 实现了 Renderer 接口中定义的方法，在使用远程绘制时完成服务器端绘制代理的功能。接口 RenderListener 定义了绘制监听者所要实现的方法。二次开发用户可以通过实现该接口中的方法在接收到绘制事件后进行相应的处理，如设置鼠标状态以及将缓存中的图像绘制到设备上。类 RenderEvent 为绘制事件给出定义，事件中包含了两种状态：是否被中断以及是否产生了错误。

2. 画法

画法对象 GeoSurfRendition 描述了要素对象进行绘制时所使用的一系列属

性，如颜色、透明度、背景色、大小以及使用的符号 ID 等。每个要素对象中都可定义一个画法，也可为每个矢量图层定义绘制（VectorLayerRendition）的方法。矢量图层的绘制方式可分为 3 种：单一画法、分级画法和独立值画法。以下代码分别为矢量图层 layer1，layer2 和 layer3 设置这 3 种画法。

①layer1 中的所有要素对象都使用统一的画法 rendition1：

```
//将单一画法设置到图层中
VectorLayerRendition layerRendition1 = new VectorLayerRendition (rendition1);
layer1. setLayerRendition (layerRendition1);
```

②layer2 中的要素对象按照其属性项 value 的值的不同，分为 3 级，value 值大于或等于 0，小于 100 的使用画法 rendition21；value 值大于或等于 100，小于 200 的使用画法 rendition22；value 值大于或等于 200，小于 300 的使用画法 rendition23；其余的使用画法 rendition24。

```
//创建分级专题符号
RangedThemeSymbol themeSymbol = new RangedThemeSymbol (layer2);
//设为可见
themeSymbol. setVisible (true);

//设定分级画法使用的属性
themeSymbol. setAttrName (" value");
//设定使用的缺省画法
themeSymbol. setIsUseDefaultRendition (true);
themeSymbol. setDefaultRendition (rendition24);
//创建分级区间画法对集合
RangedBinSet binset = new RangedBinSet ();
//创建分级区间画法对，并加入到分级区间画法对集合中
GeoSurfAttributeValue value21 = new GeoSurfAttributeValue((double)0);
GeoSurfAttributeValue value22 = new GeoSurfAttributeValue((double)100);
GeoSurfAttributeValue value23 = new GeoSurfAttributeValue((double)200);
GeoSurfAttributeValue value24 = new GeoSurfAttributeValue((double)300);
RangedBin bin1 = new RangedBin (value21, value22, rendition21);
RangedBin bin2 = new RangedBin (value22, value23 rendition22);
RangedBin bin3 = new RangedBin (value23, value24, rendition23);
binset. add (bin1);
```

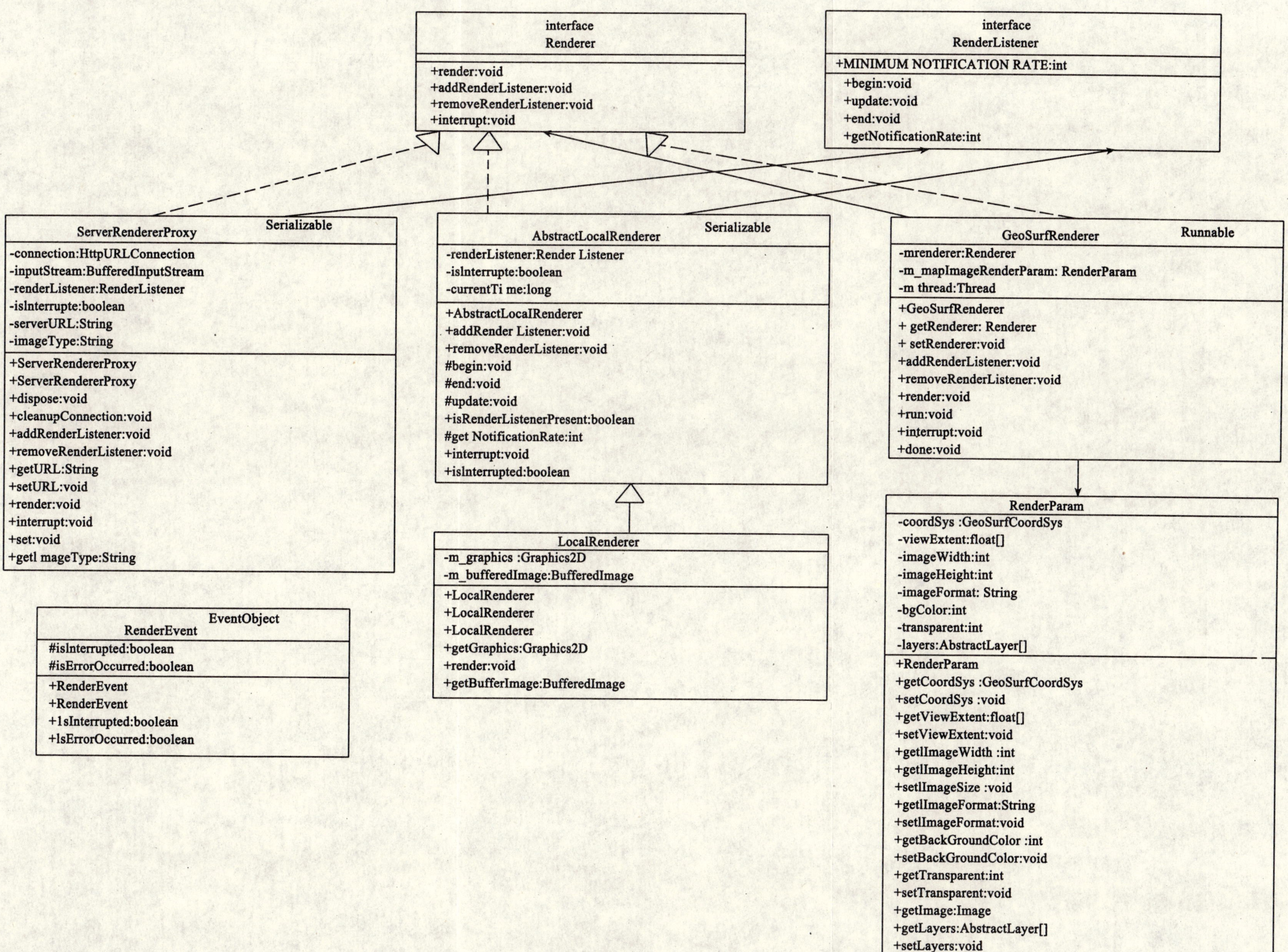

interface
Renderer
+render:void
+addRenderListener:void
+removeRenderListener:void
+interrupt:void
interface
RenderListener
+MINIMUM NOTIFICATION RATE:int
+begin:void
+update:void
+end:void
+getNotificationRate:int
ServerRendererProxy
Serializable
-connection:HttpURLConnection
-inputStream:BufferedInputStream
-renderListener:RenderListener
-isInterrupte:boolean
-serverURL:String
-imageType:String
+ServerRendererProxy
+ServerRendererProxy
+dispose:void
+cleanupConnection:void
+addRenderListener:void
+removeRenderListener:void
+getURL:String
+setURL:void
+render:void
+interrupt:void
+set:void
+getI mageType:String
AbstractLocalRenderer
Serializable
-renderListener:Render Listener
-isInterrupte:boolean
-currentTi me:long
+AbstractLocalRenderer
+addRender Listener:void
+removeRenderListener:void
#begin:void
#end:void
#update:void
+isRenderListenerPresent:boolean
#get NotificationRate:int
+interrupt:void
+isInterrupted:boolean
GeoSurfRenderer
Runnable
-mrenderer:Renderer
-m_mapImageRenderParam: RenderParam
-m thread:Thread
+GeoSurfRenderer
+ getRenderer: Renderer
+ setRenderer:void
+addRenderListener:void
+removeRenderListener:void
+render:void
+run:void
+interrupt:void
+done:void
LocalRenderer
-m_graphics :Graphics2D
-m_bufferedImage:BufferedImage
+LocalRenderer
+LocalRenderer
+LocalRenderer
+getGraphics:Graphics2D
+render:void
+getBufferImage:BufferedImage
RenderParam
-coordSys :GeoSurfCoordSys
-viewExtent:float[]
-imageWidth:int
-imageHeight:int
-imageFormat: String
-bgColor:int
-transparent:int
-layers:AbstractLayer[]
+RenderParam
+getCoordSys :GeoSurfCoordSys
+setCoordSys :void
+getViewExtent:float[]
+setViewExtent:void
+getIImageWidth :int
+getIImageHeight:int
+setIImageSize :void
+getIImageFormat:String
+setIImageFormat:void
+getBackGroundColor :int
+setBackGroundColor:void
+getTransparent:int
+setTransparent:void
+getImage:Image
+getLayers:AbstractLayer[]
+setLayers:void
EventObject
RenderEvent
#isInterrupted:boolean
#isErrorOccurred:boolean
+RenderEvent
+RenderEvent
+1sInterrupted:boolean
+lsErrorOccurred:boolean

图 9-3　绘制模块类图

```
binset. add (bin2);
binset. add (bin3);
//设定专题图使用的属性区间画法对集合
themeSymbol. setBinSet (binSet);

//将分级画法设置到图层中
VectorLayerRendition layerRendition2 = new VectorLayerRendition (themeSymbol);
layer2. setLayerRendition (layerRendition2);
```

③layer3 中的要素对象按照其属性项 value 的值的不同，设置如下：value 值等于 0 的使用画法 rendition31；value 值等于 100 的使用画法 rendition32；value 值等于 200 的使用画法 rendition33；其余的使用画法 rendition34。

```
//创建独立值专题符号
IndividualThemeSymbol themeSymbol = new IndividualThemeSymbol (layer3);
//设为可见
themeSymbol. setVisible (true);

//设定独立值画法使用的属性
themeSymbol. setAttrName ("value");

//设定使用的缺省画法
themeSymbol. setIsUseDefaultRendition (true);
themeSymbol. setDefaultRendition (rendition34);

//创建属性值画法对集合
IndividualBinSet binset = new IndividualBinSet ();
//创建属性值画法对，并加入到属性值画法对集合中
GeoSurfAttributeValue value31 = new GeoSurfAttributeValue((double)0);
GeoSurfAttributeValue value32 = new GeoSurfAttributeValue((double)100);
GeoSurfAttributeValue value33 = new GeoSurfAttributeValue((double)200);
ValueBin bin1 = new ValueBin (value31, rendition31);
ValueBin bin2 = new ValueBin (value32, rendition32);
ValueBin bin3 = new ValueBin (value33, rendition33);
binset. add (bin1);
```

```
binset. add (bin2);
binset. add (bin3);
//设定专题图使用的属性值画法对集合
themeSymbol. setBinSet (binSet);

//将分级画法设置到图层中
VectorLayerRendition layerRendition3 = new VectorLayerRendition (themeSymbol);
layer3. setLayerRendition (layerRendition3);
```

3. 符号

在 GeoSurf 中支持两种类型的符号：栅格符号与符号库符号。

栅格符号是指直接使用 gif 或 jpeg 格式的图片作符号，只适用于点对象。

符号库符号是指使用 GeoStar4.0 符号设计工具制作的符号，在处理过程中需要使用工具先将 GeoStar4.0 符号库文件转换成以字节流方式记录的 GeoSurf 符号库文件（*.symx)，它能够转换点符号、线符号和面符号。

符号表现模块中使用一个类 SymbolPool 来管理读入内存的符号，以避免符号的重复读取。这些符号以哈希表形式存放，其关键字采用字符串类型，其构成方式为：符号库名的大写 + "\\ nSYMID" + 符号类型 + 符号 ID 的字符串值。栅格符号的符号库名称使用长度为 0 的字符串""。符号类型是指点符号、线符号或面符号，取值分别为 1、2、3。

4. 地图绘制

地图绘制是指根据地图中图层的压盖顺序和可视性，依次将图层绘制到指定的设备上。"设备"包括屏幕或内存图像。根据进行绘制时的具体位置，可以分为本地绘制和服务器端绘制。

本地绘制将直接绘制内存中的要素对象或图层；服务器端绘制时，本地不直接绘制要素对象或图层，而是通过服务器端绘制代理，将绘制的请求发送到服务端，由服务端将空间数据绘制到内存图像上，再将图像传回客户端显示。其中，处理客户端绘制请求的服务端进行绘制时使用的是本地绘制。

本地绘制时，图层数据已经位于本地内存中或者可以载入本地内存。绘制时，按照图层的压盖顺序，依次将各个图层绘制到指定的设备上。在两种情况下会使用到本地绘制：一种是在客户端能下载数据，并能在客户端进行绘制；另一种是处理客户端发来的绘制请求的服务器端。

在二次开发时，有时根据需要，在客户端并不下载图层数据，只是将当前的绘制参数作为请求发送给指定的服务器端，并接收从服务器端传来的图像，将图像绘制到指定的设备上。服务器端绘制代理就是用来完成这种绘制任务的。

5. 如何调用本地绘制

GeoSurf 提供的本地绘制对象 LocalRenderer 的构造方法只需要绘制设备（Graphics2D）。要完成绘制过程，首先需要生成一个绘制参数 RenderParam，然后用它作参数调用 LocalRenderer 的 render 方法。

在绘制过程中会产生开始绘制、更新以及绘制结束等绘制事件（RenderEvent），用户需要自定义一个监听类，实现 GeoSurf 中定义的绘制监听接口（RenderListener），处理相关的事件。例如，在监听到开始绘制事件时改变鼠标的形状，或是在监听到绘制结束事件时刷新当前屏幕的显示等。

6. 如何调用服务器端绘制代理

使用 GeoSurf 提供的服务器端绘制代理对象 ServerRendererProxy 的构造方法，只需要给出服务器端的地址和绘制设备（Graphics2D）。要完成绘制过程，需要先生成一个绘制参数 RenderParam，然后将其当做参数，调用 ServerRendererProxy 的 render 方法。

与本地绘制相同，调用服务器端绘制代理时，也需要监听并处理绘制事件。

7. 如何绘制地图

用户可以根据具体需要，确定是采用本地绘制还是采用服务器端绘制代理。为了避免在向屏幕绘制时出现闪烁，建议用户使用双缓冲技术，即创建一个与屏幕显示范围相同的 BufferImage，绘制时使用该 BufferImage 的图形设备来绘制各个图层的数据，最后再将 BufferImage 绘制到屏幕设备上。

GeoSurf 中提供了一个支持线程的绘制对象 GeoSurfRenderer，该对象的构造方法需要使用 LocalRenderer 对象或 ServerRendererProxy 对象的实例作参数。将绘制过程放在一个线程中，可以通过调用该对象的 interrupt 方法中止当前的绘制。

以下的例子中使用了一个 LocalRenderer 对象的实例作参数绘制地图 map，并对地图进行全图显示（脱机图像的设备为 g）。

```
//构造一个线程绘制对象
GeoSurfRenderer renderer = new GeoSurfRenderer (localRenderer);
//获取当前的图的图层
AbstractLayer [ ] layers = map. getLayers ( );
//设置当前的显示范围为地图的范围
```

```
float [ ] viewExtent = map. getMapExtent ( );
//构造绘制参数，指定使用图层本身的空间参考，图层，显示范围，绘制
    设备的宽度、高度，不需要对图像进行编码，背景颜色为白色以及背
    景半透明。
RenderParam param = new RenderParam ( null, layers, viewExtent,
    rectangle. width, rectangle. height, null, Color. white. getRGB ( ),
    128);
//进行绘制
renderer. render (param);
```

9.3.6 查询

1. 基本概念

查询方法包含在 GeoSurfFeatureLayer 对象中，提供的查询类型有：所有查询、点查询、线查询、矩形查询、圆形查询、面查询、根据属性查询、SQL 查询和过滤器查询。查询结果的返回类型为 GeoSurfFeatureCollection 对象。

在上述提供的矢量查询方式中，可以根据需要设置查询参数。可以使用参数定义查询条件、返回结果使用的空间参考，以及查询方式是包含查询或相交查询，还可以设置选择查询结果包含的属性项、是否同时返回几何对象等。

查询参数中的空间参考和属性项也将记录在查询结果的对象 GeoSurf-FeatureCollection 中，从而维持要素对象集合与其内部要素对象的一致性。

2. 所有查询

利用矢量图层提供的“所有查询”方法，可以查询到该图层中所有要素对象。查询结果中的要素对象将使用查询参数中的空间参考，如果查询参数中没有指定空间参考，或空间参考为 null，则查询结果中的要素对象的空间参考与图层的空间参考相同。

如在参数中指定不查询几何对象，此时返回的要素对象中所含的几何对象为 null。查询参数还包括了由需要查询的属性项的名称组成的数组，使得结果中只包括指定的属性值。以下是“所有查询”应用的例子：

```
//查询结果包含几何对象
boolean querygeometry = true;
//只查询 name 和 id 这两项属性
String [ ] queryAttributes = {"name","id"};
//查询该层的全部对象以及指定的属性，使用图层的空间参考
```

```
GeoSurfFeatureCollection result = fLayer.searchAll (querygeometry,
    queryAttributes);
```

3. 点查询

利用矢量图层提供的“点查询”方法，可以查询到该图层中指定位置及其容差范围内的要素对象。查询结果中的要素对象将使用查询参数中的空间参考，如果查询参数中没有指定空间参考，或空间参考为 null，则查询结果中的要素对象的空间参考与图层的空间参考相同。

如在参数中指定不查询几何对象，此时返回的要素对象中所含的几何对象为 null。查询参数还包括了由需要查询的属性项的名称组成的数组，使得结果中只包括指定的属性值。根据几何位置查询的方法都有一个是否为精查的参数，如果不选精查，则查询时是根据几何对象的包围盒而不是根据几何对象本身进行的。以下是“点查询”应用的例子：

```
//特定点位置
Point2D.Double pickPoint = new Point2D.Double (40.5, 117.6);
//容差范围
float tolerance = 0.005;
//不为精查
boolean isRelate = false;
//查询结果不包含几何对象
boolean querygeometry = false;
//只查询 name 和 id 这两项属性
String [ ] queryAttributes = {"name", "id"};
//根据指定的查询位置和结果形式查询特定点一定范围内的对象
GeoSurfFeatureCollection collection = fLayer.searchAtPoint (pickPoint,
    tolerance, isRelate, querygeometry, queryAttributes);
```

4. 线查询

利用矢量图层提供的“线查询”方法，可以查询到该图层中与指定的线段（使用 searchOnLine 方法）或折线（使用 searchPolyLine 方法）相交的要素对象。以下是“线查询”应用的例子：

```
//特定线位置
Line 2D.Double pickLine = new Line2D.Double (117, 4, 30.004, 116.5,
    30);
//容差范围
```

```
float tolerance = 0.005;
//不为精查
boolean isRelate = false;
//查询结果不包含几何对象
boolean querygeometry = false;
//返回结果中不包含属性
String [] queryAttributes = new String [0];
//根据指定的查询位置和结果形式查询该层的特定线上的全部对象
GeoSurfFeatureCollection collection = fLayer.searchOnLine (pickLine,
    tolerance, isRelate, querygeometry, queryAttributes);
```

5. 多边形查询

利用矢量图层提供的“多边形查询”方法，可以查询到该图层中与指定的多边形相交或被包含的要素对象。通过指定是否要求全包含的参数值，决定是相交查询还是包含查询。以下是“多边形查询”应用的例子：

```
//包含查询
boolean isInclude = true;
//使用精查
boolean isRelate = true;
//查询结果包含几何对象
boolean querygeometry = true;
//返回结果中不包含属性
String [] queryAttributes = new String [0];
//根据指定查询位置和结果形式查询该层特定多边形范围包含对象
GeoSurfFeatureCollection collection = fLayer.searchWithinPolygon (pickPolygon,
    isInclude, isRelate, querygeometry, queryAttributes);
```

6. 矩形查询

利用矢量图层提供的“矩形查询”方法，可查询到该图层中与指定的矩形相交或被包含的要素对象。以下是“矩形查询”应用的例子：

```
//包含查询
boolean isInclude = true;
//使用精查
boolean isRelate = true;
//查询结果包含几何对象
```

```
boolean querygeometry = true;
//返回结果中不包含属性
String [ ] queryAttributes = new String [0];
//根据指定查询位置和结果形式查询该层特定矩形范围内包含对象
GeoSurfFeatureCollection collection = fLayer.searchWithinRectangle (pickRectangle,
    isInclude, isRelate, querygeometry, queryAttributes);
```

7. 圆形查询

利用矢量图层提供的“圆形查询”方法，可查询到该图层中与指定的圆形相交或被包含的要素对象。以下是“圆形查询”应用的例子：

```
//相交查询
boolean isInclude = false;
//使用精查
boolean isRelate = true;
//查询结果包含几何对象
boolean querygeometry = true;
//返回结果中不包含属性
String [ ] queryAttributes = new String [0];
//根据指定查询位置和结果形式查询该层中与指定圆形范围相交对象
GeoSurfFeatureCollection collection = fLayer.searchWithinRadius (pickCircle,
    isInclude, isRelate, querygeometry, queryAttributes);
```

8. 属性查询

矢量图层提供两种属性查询：单列属性值查询和 SQL 查询。单列属性值查询可查出图层中指定属性项的值与给定的属性值相等的对象。SQL 查询是利用用户给定一个 SQL 查询的 where 子句作参数进行的查询。以下分别是“单列属性值查询”和“SQL 查询”的例子：

```
//属性列名称
String attrName = "value";
//属性值
GeoSurfAttributeValue attribute = new GeoSurfAttributeValue (100.5);
//查询结果包含几何对象
boolean querygeometry = true;
//返回结果中不包含属性
String [ ] queryAttributes = new String [0];
```

//查询图层中属性项“value”的值等于100.5的对象

GeoSurfFeatureCollection collection1 = fLayer. searchByAttribute (attrName, attribute, querygeometry, queryAttributes);

//特定的sql查询条件

String sqlStr = " where value = 100.5";

//查询图层中满足指定的sql查询条件的对象

GeoSurfFeatureCollection collection2 = fLayer. searchByAttributes (String sqlStr, boolean querygeometry, String [] queryAttributes);

9. 过滤器查询

过滤器Filter查询包含两种模式:

①根据指定的<code>Filter</code>对象、空间参考和查询结果内容参数，查询该层中的特定列属性与指定属性相等的所有对象。

//filter指定的Filter条件

//querygeometry查询结果是否包含几何对象

//queryAttributes查询结果包含的属性的名称数组

GeoSurfFeatureCollection collection = searchByFilter (GeoSurfCoordSys coordSys, Filter filter, boolean querygeometry, String [] queryAttributes)

②根据指定的<code>Filter</code>对象，查询该层中的特定列属性与指定属性相等的所有对象。

//filter指定的Filter条件

//querygeometry查询结果是否包含几何对象

//queryAttributes查询结果包含的属性的名称数组

GeoSurfFeatureCollection collection = searchByFilter (Filter filter, boolean querygeometry, String [] queryAttributes)

10. 自定义查询

用户可以通过继承GeoSurfBaseFeatureLayer或GeoSurfFeatureLayer来实现自定义的图层，在其中添加自定义的查询方法。需要注意的是：返回结果的要素集合对象中，空间参考、属性结构与其中的要素对象相一致。

9.3.7 标注

1. 基本概念

标注是将地物某个或某几个属性值字符串，以一定形式进行组合，作为注记在图上进行显示，从而可提供一种明确且直观的地图显示方式。

GeoSurf 采用动态标注方式，可以根据图面中已显示标注，以及待标注地物对象形状，自动计算当前标注位置。如图面上已没有合适位置显示标注内容，该标注将被隐去，从而保证地图清晰显示。

要素对象标注内容和样式记录在矢量图层对象中。标注内容可由该矢量图层若干指定属性项值，以及用户定义字符串构成。

设置标注内容和画法可以随图层一起保存在地图定义文件中，并可再次加载显示。

2. 属性标注

要素对象的标注内容由若干指定属性项的属性值和若干用户定义的字符串构成，以 Object 数组的形式存放在矢量图层对象中，并可以随图层信息一起保存在地图定义文件中。构成标注内容的 Object 数组的元素可以为字符串（string）类型或整数（integer）类型的对象。如果元素的类型为字符串，表明该元素是连接字符串，其内容直接显示在每个要素的标注中。如果元素的类型为整数，则表明了指定属性项在图层属性结构中的索引号。数组的顺序表明了标注内容的组成顺序。一个矢量图层的属性表结构如表 9-2 所示。

表 9-2　　**矢量图层的属性表结构**

索引号	名　称	类　型	…
0	Id	long	
1	name	String	
2	value	float	
…	…	…	…

该层的标注内容数组如下：

Object [ ] content = {new Integer (1), new String ("_"), new Integer (2)}

要素对象的相关属性值及其对应的标注内容如表 9-3 所示。

一般情况下，一个矢量层中的所有要素对象都具有相同的标注画法。当该矢量层中有可视的专题标注时，各个要素对象的标注画法也将会有不同，可参

表 9-3　　要素对象的相关属性值及其对应的标注内容

id	name	value	…	标注内容
1001	北京	332. 5	…	北京_332. 5
1002	天津	205	…	天津_205
1003	上海	389. 12	…	上海_389. 12
…	…	…	…	…

见“专题制图”。

3. 标注二次开发示例

以下是设置矢量图层 featureLayer 标注的例子：

```
//设定图层的标注内容
Object [ ] labelContent = new Object [3];
labelContent [0] = new Integer (1);
labelContent [1] = " _ ";
labelContent [2] = new Integer (2);
featureLayer. setLabelContent (labelContent);
//设定图层的标注画法
GeoSurfRendition rendition = new GeoSurfRendition ( );
rendition. setColor (fillcolor, fillcolorOpacity, edgecolor, edgecolorOpacity);
rendition. setFont (fontName, fontStyle, fontBackgroundstyle);
rendition. setSize (size, pixelsize, angle);
featureLayer. setLabelRendition (rendition);
//设定图层为可标注
featureLayer. setLabelable (true);
```

9. 3. 8　专题制图

1. 基本概念

专题制图可以根据空间数据的属性值，以不同颜色符号或者直方图、饼图等来表现，从而直观表现数据所指定属性间的相互关系。每一个具有属性数据地物类都可以创建多个专题图层。

专题图创建可以通过服务配置管理工具中专题图创建向导生成，也可以直接调用 GeoSurf 提供的专题图组件生成所需的专题图层。

创建好的专题图层可以和图层信息一起保存在地图定义文件中，用户下一次打开地图时，访问地图定义文件，就可以显示已保存的专题图层。

GeoSurf 提供的专题图，根据其表现属性不同方式可以分为两大类：专题表现和专题图表。专题表现又分为专题符号和专题标注两类。

在表现上，专题符号将会覆盖所属图层要素对象原有的绘制方式；专题标注将会覆盖所属图层要素对象原有标注的绘制方式。

一层专题表现类的专题图只能用来表现所属图层的某一项属性。该项属性可以为数值型、字符型、字符串型、日期型或布尔型。

专题表现的定义方式又可分为分级和独立值两种。分级方式是通过指定多个属性区间画法对来定义，独立值方式是通过指定多个属性值画法对来确定。属性区间画法对（RangedBin）包含一个取值区间及其相对应的画法，属性值画法对（ValueBin）包含一个属性值及其对应画法。

不论采取哪种定义方式，用户都可以指定是否采用缺省画法以及缺省画法的定义。当采用缺省画法时，对于没有落在任何指定取值区间或不与任何指定属性值相等的对象将采用缺省画法绘制；当不使用缺省画法时，将不会绘制这些对象。

专题图表只是在所属图层要素对象之上根据指定属性值进行绘制，包括直方图、饼图、格网图和趋势图 4 种样式。与专题表现不同，一层专题图表类型的专题图可同时表示其所属图层的多个数值型属性项的取值。

每个矢量图层都有一个专题图集合来存放该图层的专题图。一个专题图集合中的专题图层之间的压盖顺序可以调整。当矢量图层的专题图集合中包含多幅专题图时，专题符号、专题标注和专题图表这 3 种专题图都只显示其可视的最上层专题图。

2. 获取专题图集合

一个专题图集合只能与一个矢量图层相关，并存放在该矢量图层内，不需要用户去单独创建。调用以下代码即可获取专题图集合：

ThemeCollection themeCollection = featureLayer. getThemeCollection ( );

生成的专题图通过以下代码可加入到专题图集合中：

themeCollection. addThemeMap (map);

3. 生成分级专题图符号

以下代码实现了为矢量层 featureLayer 创建分级专题图符号的功能，该专题符号使用 featureLayer 层中名为“population”的字段制作，不使用缺省画法。

```
//根据指定的矢量图层创建分级专题符号
RangedThemeSymbol themeSymbol = new RangedThemeSymbol (featureLayer);
//设定专题图名称
themeSymbol. setThemeMapName ("RangedThemeSymbolExample");
//设定专题图为可见
themeSymbol. setVisible (true);
//设定专题图使用的属性
themeSymbol. setAttrName ("population");
//设定不使用缺省画法
themeSymbol. setIsUseDefaultRendition (false);
//创建属性区间画法对集合
RangedBinSet binset = new RangedBinSet ();
//创建属性区间画法对，并加入到属性区间画法对集合中
RangedBin bin1 = new RangedBin (attValueB1, attValueT1, rendition1);
RangedBin bin2 = new RangedBin (attValueB2, attValueT2, rendition2);
RangedBin bin3 = new RangedBin (attValueB3, attValueT3, rendition3);
binset. add (bin1);
binset. add (bin2);
binset. add (bin3);
//设定专题图使用的属性区间画法对集合
themeSymbol. setBinSet (binSet);
```

4. 生成独立值专题图符号

以下代码实现了为矢量层 featureLayer 创建独立值专题图符号的功能，该专题符号使用 featureLayer 层中名为“population”的字段制作，并使用指定的缺省画法 defaultRendition。

```
//根据指定的矢量图层创建独立值专题符号
IndividualThemeSymbol themeSymbol = new IndividualThemeSymbol (featureLayer);
//设定专题图名称
themeSymbol. setThemeMapName ("IndividualThemeSymbolExample");
```

```
//设定专题图为可见
themeSymbol. setVisible (true);
//设定专题图使用的属性
themeSymbol. setAttrName ("population");
//设定使用缺省画法
themeSymbol. setIsUseDefaultRendition (true);
themeSymbol. setDefaultRendition (defaultRendition);
//创建属性值画法对集合
IndividualBinSet binset = new IndividualBinSet ();
//创建属性值画法对，并加入到属性值画法对集合中
ValueBin bin1 = new ValueBin (attValue1, rendition1);
ValueBin bin2 = new ValueBin (attValue2, rendition2);
ValueBin bin3 = new ValueBin (attValue3, rendition3);
binset. add (bin1);
binset. add (bin2);
binset. add (bin3);
//设定专题图使用的属性值画法对集合
themeSymbol. setBinSet (binSet);
```

5. 生成分级专题图标注

以下代码实现了为矢量层 featureLayer 创建分级专题图标注的功能，该专题标注使用 featureLayer 层中名为“population”的字段制作，并不使用缺省画法。

```
//根据指定的矢量图层创建分级专题标注
RangedThemeLabel themeLabel = new RangedThemeLabel (featureLayer);
//设定专题图名称
themeLabel. setThemeMapName ("RangedThemeSymbolExample");
//设定专题图为可见
themeLabel. setVisible (true);
//设定专题图使用的属性
themeLabel. setAttrName ("population");
//设定不使用缺省画法
themeLabel. setIsUseDefaultRendition (false);
//创建属性区间画法对集合
```

```
RangedBinSet binset = new RangedBinSet ( );
//创建属性区间画法对，并加入到属性区间画法对集合中
RangedBin bin1 = new RangedBin (attValueB1, attValueT1, rendition1);
RangedBin bin2 = new RangedBin (attValueB2, attValueT2, rendition2);
RangedBin bin3 = new RangedBin (attValueB3, attValueT3, rendition3);
binset. add (bin1);
binset. add (bin2);
binset. add (bin3);
//设定专题图使用的属性区间画法对集合
themeLabel. setBinSet (binSet);
```

6. 生成独立值专题图标注

以下代码实现了为矢量层 featureLayer 创建独立值专题图标注的功能，该专题标注使用 featureLayer 层中名为“population”的字段制作，并使用指定的缺省画法 defaultRendition。

```
//根据指定的矢量图层创建独立值专题标注
IndividualThemeLabel themeLabel = new IndividualThemeLabel (featureLayer);
//设定专题图名称
themeLabel. setThemeMapName ("IndividualThemeSymbolExample");
//设定专题图为可见
themeLabel. setVisible (true);
//设定专题图使用的属性
themeLabel. setAttrName ("population");
//设定使用缺省画法
themeLabel. setIsUseDefaultRendition (true);
themeLabel. setDefaultRendition (defaultRendition);
//创建属性值画法对集合
IndividualBinSet binset = new IndividualBinSet ( );
//创建属性值画法对，并加入到属性值画法对集合中
ValueBin bin1 = new ValueBin (attValue1, rendition1);
ValueBin bin2 = new ValueBin (attValue2, rendition2);
ValueBin bin3 = new ValueBin (attValue3, rendition3);
binset. add (bin1);
binset. add (bin2);
```

```
binset.add (bin3);
//设定专题图使用的属性值画法对集合
themeLabel.setBinSet (binSet);
```

7. 生成饼图

以下代码实现了为矢量层 featureLayer 创建饼图功能，该专题图表使用 featureLayer 层中名为“pop1990”、“pop1995”、“pop1999”的字段制作，并为这三个属性分别指定蓝色、绿色和红色。

```
//根据指定的矢量图层创建饼图
PieThemeGraph graph = new PieThemeGraph (featureLayer);
//设定专题图名称
graph.setThemeMapName ("");
//设定专题图为可见
graph.setVisible (true);
int baseScale = 1;
int pieOutR = 25;
int pieAperture = 0;
//设定的饼图相关参数
graph.setPieGraphParam (pieOutR, pieAperture, baseScale);
//设定专题图表的定位方式为中心定位
graph.setLocStyle (0);
//设定专题图表使用的颜色，排列顺序与属性项名称相对应
int [ ] colorArray = {255, 65280, 16711680};
graph.setAttrColor (colorArray);
//设定专题图表使用的属性项名称
String [ ] attrNames = {"pop1990", "pop1995", "pop1999"};
graph.setAttrName (attrNames);
//最后调用专题图表计算方法
graph.calculateData ();
```

8. 生成直方图

以下代码实现了为矢量层 featureLayer 创建直方图的功能，该专题图表使用 featureLayer 层中“pop1990”、“pop1995”、“pop1999”字段制作，并为这三个属性分别指定蓝色、绿色和红色。

```
//根据指定的矢量图层创建直方图
```

```
RecThemeGraph graph = new RecThemeGraph (featureLayer);
//设定专题图名称
graph.setThemeMapName ("");
//设定专题图为可见
graph.setVisible (true);
byte recStyle = 0;
int baseScale = 1;
int recSizeW = 5;
int recSizeH = 30;
int recSizeGap = 2;
//设定的直方图相关参数
graph.setRecGraphParam ( recSizeW, recSizeH, recSizeGap, recStyle,
    baseScale);
//设定专题图表的定位方式为中心定位
graph.setLocStyle (0);
//设定专题图表使用的颜色，排列顺序与属性项名称相对应
int [] colorArray = {255, 65280, 16711680};
graph.setAttrColor (colorArray);
//设定专题图表使用的属性项名称
String [] attrNames = {"pop1990", "pop1995", "pop1999"};
graph.setAttrName (attrNames);
//最后调用专题图表计算方法
graph.calculateData ();
```

9. 生成格网图

以下代码实现了为矢量层 featureLayer 创建格网图的功能，该专题图表使用 featureLayer 层中“pop1990”、“pop1995”、“pop1999”字段制作，并为这三个属性分别指定蓝色、绿色和红色。

```
//根据指定的矢量图层创建格网图
GridThemeGraph graph = new GridThemeGraph (featureLayer);
//设定专题图名称
graph.setThemeMapName ("");
//设定专题图为可见
graph.setVisible (true);
```

```
int baseScale = 1;
int gridSize = 5;
int gridW = 4;
int gridH = 4;
//设定的格网图相关参数
graph.setGridGraphPrarm (gridSize, gridW, gridH, baseScale);
//设定专题图表的定位方式为中心定位
graph.setLocStyle (0);
//设定专题图表使用的颜色，排列顺序与属性项名称相对应
int [] colorArray = {255, 65280, 16711680};
graph.setAttrColor (colorArray);
//设定专题图表使用的属性项名称
String [] attrNames = {"pop1990", "pop1995", "pop1999"};
graph.setAttrName (attrNames);
//最后调用专题图表计算方法
graph.calculateData ();
```

10. 生成趋势图

以下代码实现了为矢量层 featureLayer 创建趋势图的功能，该专题图表使用 featureLayer 层中"pop1990"、"pop1995"、"pop1999" 字段制作，并为这三个属性分别指定蓝色、绿色和红色。

```
//根据指定的矢量图层创建趋势图
TrendThemeGraph graph = new TrendThemeGraph (featureLayer);
//设定专题图名称
graph.setThemeMapName ("");
//设定专题图为可见
graph.setVisible (true);
byte trendStyle = 0;
byte trendLocModel = 0;
int baseScale = 1;
int trendMaxSize = 30;
//设定的趋势图相关参数
graph.setTrendGraphParam ( trendMaxSize, trendStyle, trendLocModel,
    baseScale);
```

```
//设定专题图表的定位方式为中心定位
graph.setLocStyle (0);
//设定专题图表使用的颜色，排列顺序与属性项名称相对应
int [] colorArray = {255, 65280, 16711680};
graph.setAttrColor (colorArray);
//设定专题图表使用的属性项名称
String [] attrNames = {"pop1990", "pop1995", "pop1999"};
graph.setAttrName (attrNames);
//最后调用专题图表计算方法
graph.calculateData ();
```

9.3.9 用户自定义数据源的扩充

在 GeoSurf 中分离了空间数据获取与空间数据模型，用户可以通过自定义数据获取方法自行扩充系统的数据源。针对数据库和文件类型的数据源分别提供了两种方式进行用户自定义数据源扩充。下面分别介绍这两种扩充方法。

①针对数据库类型数据源的扩充

以 SQLserver 来存储矢量数据：生成 SqlServerDataProvider 类，让其由 VectorDBDataProvider 类继承而来，实现该类中的一系列抽象方法。必须实现的是：矩形查询等一些查询方法、元信息获取的方法、检查传入数据源类型的方法。按照 GEOSURF_XML_Config_DataSourceTypeConfig.dtd 格式的要求，生成一个 dataSourceTypeConfig.xml 文件，如下所示：

```
<?xml version="1.0" encoding="UTF-8"?>
<DataSourceTypeConfig>
    <Config>
    <DataSourceType>sqlserver</DataSourceType>
    <DataSourceDesc_className>DBDataSourceDesc</DataSourceDesc_className>
    <DataProvider_className>SqlServerDataProvider</DataProvider_className>
    <Layer_ClassName>GeoSurfFeatureLayer</Layer_ClassName>
    </Config>
</DataSourceTypeConfig>
```

把上面生成的 xml 配置文档放入 classpath 下面的 config 文件夹下。在描述

地图模型的地图定义文件中，在来自 sqlserver 数据库的层中的描述数据源路径的 URL 元素中，放入 sqlserver：poolname. owner. table 样式的字符串，poolname. owner. table 的意思和上面 OracleDataProvider 的意义一样。对于上面的情况，数据源名称格式必须是 type：connectionName：owner. table。如果要实现一个不按照这样的格式的描述（注意，“type：”是必须要的），那么就必须自定义数据源描述类(但必须继承自 DataSourceDesc)。此时，在上面的一系列步骤中,有两处需要修改:自定义的数据提供者类应由 VectorDBDataProvider 的超类 VectorDataProvider 继承而来；dataSourceTypeConfig. xml 中 DataSourceDesc_className 元素的文本就应该是自定义的数据源描述类。

②针对文件类型数据源的扩充

自定义文件格式 type1 在文件中存储矢量数据：从 VectorFileDataProvider 类继承，实现自定义类 Type1DataProvider（当然，用户可以起自己喜欢的名字，不过最好还是和整个体系的命名法则一致），实现超类中的一系列抽象方法。必须实现的就是全部查询的查询方法，以及元信息获取的方法，检查传入数据源类型的方法。按照 GEOSURF_XML_Config_DataSourceTypeConfig. dtd 格式的要求，生成一个 dataSourceTypeConfig. xml 文件，如下所示：

```
<? xml version = "1.0" encoding = "UTF-8" ? >
<DataSourceTypeConfig>
    <Config>
    <DataSourceType>type1 </DataSourceType>
    <DataSourceDesc_className>FileDataSourceDesc </DataSourceDesc_
className>
    <DataProvider_className>Type1ServerDataProvider </DataProvider_
className>
    <Layer_ClassName>GeoSurfFeatureLayer</Layer_ClassName>
    </Config>
</DataSourceTypeConfig>
```

把上面生成的 xml 配置文档放入 classpath 下面的 config 文件夹下。在描述地图模型的地图定义文件中，在来自 type1 格式文件的层的描述数据源路径的 URL 元素中，放入 type1：filePath 样式的字符串，type1：filePath 必须和 FileDataSourceDesc 要求的格式一样。参照上面的 Sql server 的例子，也可以实现自定义数据源描述类。

9.3.10 用户自定义服务

GeoSurf 可以允许用户利用系统提供的 5 类服务增加服务 Servlet，提供自定义的服务，甚至可以替换已经预先写好的 Servlet。下面就介绍编写自定义服务的方法：所有的请求都是 XML，可以根据 xml 的内容找出请求的类型。为了方便 GeoMapServlet 的分发，依据 http 请求中的“GEOSURF_XML_ProtocolRequest”的值，来决定请求类型。

本系统预置的几个请求类型是：GeoSurfRenderRequest——远程绘制请求；GeoSurfVectorRequest——矢量请求；GeoSurfImageRequest——影像请求；TableInfoRequest——表元信息请求；ColumnStatisticsRequest——列统计请求。

另外，根据“GEOSURF_XML_ProtocolVersion”的值也可以确定请求的版本。当 GeoMapServlet 根据上面的头域寻找对应 Servlet 的名字时，可利用 getServletConfig()、getServletContext()、getNamedDispatcher（servletName）来转发请求。请求类型和 Servlet 名字对应关系是由一个 xml 类型的配置文件 geoMapServiceConfig.xml 来确定的，该配置文件还定义了是否验证请求文档。其对应的 DTD 如下所示，这个配置文档应该放在 Web 应用目录结构的 WEB-INF 文件夹下面。

```
<?xml version="1.0" encoding="UTF-8"?>
<!ELEMENT GeoMapServiceConfig (Service*) >
<!ATTLIST GeoMapServiceConfig validateRequest (true | false)
"false">
<!ELEMENT Service (ServiceName, Servlet) >
<!ELEMENT ServiceName (#PCDATA) >
<!ELEMENT Servlet (#PCDATA) >
```

在运行时如果没有找到该配置文件，GeoMapServlet 将根据默认的对应关系来分发请求，默认的对应关系如下：GeoSurfRenderRequest—geoRenderServlet，GeoSurfVectorRequest—geoVectorServlet，GeoSurfImageRequest—geoImageServlet，TableInfoRequest—geoMetaServlet，ColumnStatisticsRequest—geoMetaServlet。找到了 Servlet 的名字后，需要根据名字找到类。因此，必须在 web.xml 里面配置具体服务 Servlet 类，如：GeoRenderServlet、GeoVectorServlet 等的信息。配置信息如下：

```
<servlet>
    <servlet-name>geoMapServlet</servlet-name>
```

```
<servlet-class>com.geostar.server.servlet.GeoMapServlet</servlet-class>
<load-on-startup>1</load-on-startup>
</servlet>
<servlet>
<servlet-name>geoVectorServlet</servlet-name>
<servlet-class>com.geostar.server.servlet.GeoVectorServlet</servlet-class>
</servlet>
<servlet>
<servlet-name>geoImageServlet</servlet-name>
<servlet-class>com.geostar.server.servlet.GeoImageServlet</servlet-class>
</servlet>
<servlet>
<servlet-name>geoRenderServlet</servlet-name>
<servlet-class>com.geostar.server.servlet.GeoRenderServlet</servlet-class>
</servlet>
<servlet>
<servlet-name>geoMetaServlet</servlet-name>
<servlet-class>com.geostar.server.servlet.GeoMetaServlet</servlet-class>
</servlet>
<servlet-mapping>
<servlet-name>geoMapServlet</servlet-name>
<url-pattern>/geoMapServlet</url-pattern>
</servlet-mapping>
```

如果需要增加自定义的服务，按以下步骤进行：定义一个客户端和服务端交流的协议；请求的类型必须是按照前面所说的样式，响应类型可以任意定，只要客户端可以识别；根据 GEOSURF_XML_Config_AddedServiceConfig. dtd 的样式，编写 addedServiceConfig. xml 文档，描述前面设计的请求类型，以便让系统能够支持，具体的格式参见 DTD；根据协议编写一个 Servlet 来处理 xml 文档数据的提取。这个文档已经在 GeoMapServlet 中解析出来了，放在了 HttpRequest 的“req_data” Attribute 里，只需从中获取 Object，然后 Cast 生成 JDOM 的 Document。后面的处理，包括响应输出，必须自己编码实现。把上面编写的 addedServiceConfig. xml 放在 Web 应用目录结构的 WEB-INF 文件夹下面；在 web. xml 文件中配置前面编写的 Servlet 的名字，以便让 GeoMapServlet

可以将请求分发给用户自定义的 Servlet。完成这些步骤后，还需要进行后期工作，如：将发布的服务进行打包、部署。相关内容请参考所使用的应用服务器的相应文档。

9.4 基于 Java 控件的二次开发

9.4.1 基于 Java 控件的二次开发基本概念

GeoSurfBeans 运用 JavaBeans 组件技术，对地图表现和一些基本的地图操作进行封装，创建可以复用、平台独立的可视化组件。GeoSurfBeans 包含可视化组件的属性、方法、事件、属性编辑器和事件监听器。GeoSurfBeans 按照功能可以划分为地图显示、基本操作、查询、量算、打印、图层控制、专题图和图例 8 个子模块。这些模块中包括提供给二次开发用户使用的 Bean 组件，包含 19 个 JavaBeans 组件：GeoSurfMapBean，OverViewMapBean，ZoomOutToolBean，ZoomInToolBean，PanToolBean，CenterZoomOutToolBean，CenterZoomInToolBean，ZoomAllToolBean，QueryByPointToolBean，QueryByLineToolBean，QueryByRectToolBean，QueryByPolygonToolBean，QueryByCircleToolBean，MeasureToolBean，LayerControlToolBean，LengendBean，AddThemeBean，PrintBean 和 TrackBean。

地图显示模块是 JavaBeans 子系统的核心模块，提供地图显示的核心功能。其他模块都依赖于地图显示模块，如图 9-4 所示。

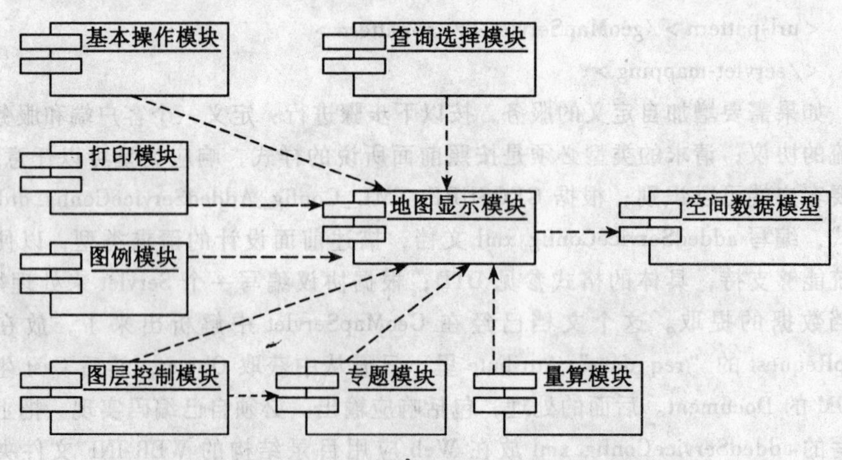

图 9-4 可视化 JavaBeans 子系统模块关系图

9.4.2　GeoSurfBeans 的功能分类

使用 GeoSurfBeans 控件以及对控件提供的若干对象进行基本的应用开发，主要实现以下几个功能：地图显示，图层加载，图层显示、卸载、符号设置、图层控制等；地图的放大、缩小、漫游等浏览操作；地图图例；地物的选择；地物的几何查询；地物的专题图制作向导；地图的量算和地图的打印等。

1. 地图显示模块

提供 GeoSurfBeans 的核心功能，包括地图显示、图层加载、符号设置、图层显示、卸载。GeoSurfMapBean 组件使用说明如下（在组件面板添加组件，就可以在窗口编辑器中使用组件了）：

如图 9-5 所示，在窗体编辑器选择 GeoSurfMapBean 将其拖曳到容器中，在窗体编辑器中将显示 GeoSurfMapBean 及其属性编辑栏；

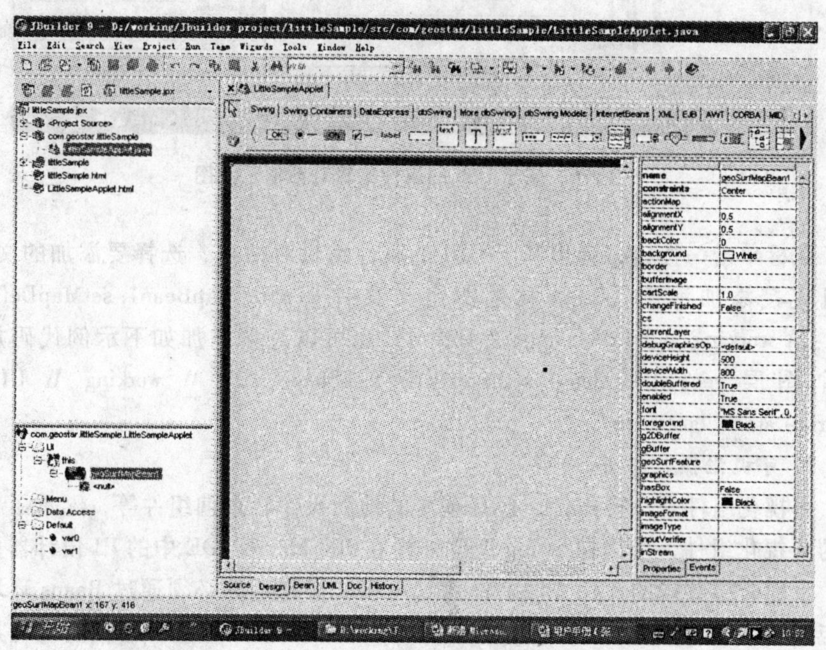

图 9-5　GeoSurfMapBean 及其属性编辑栏示意图

选择基于 GUI 的属性编辑项 mapDefURL，鼠标单击…按钮，弹出如图 9-6 所示基于 GUI 的属性编辑对话框；

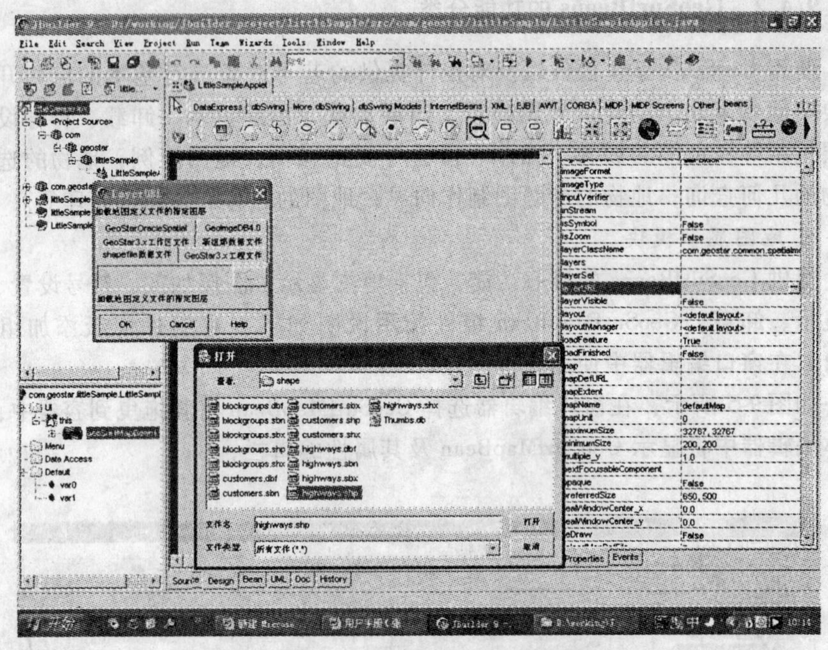

图 9-6 基于 GUI 的属性编辑对话框示意图

鼠标单击…按钮，弹出基于 GUI 的属性编辑对话框，选择要添加的文件；也可直接添加示例代码加载地图定义文件 geoSurfMapBean1. setMapDefURL ("d: \\ working \\ UI \\ sample1. xml")；也可以直接添加如下示例代码加载单个图层 geoSurfMapBean1. setLayerURL ("Shape: d: \\ working \\ UI \\ TutorialData \\ customers")。

2. 可视化操作组件

可视化组件是一类组件，包括基本的地图操作、查询组件等，继承了 Tool 类的可视化组件，可以像 Swing 组件一样在 JBuilder 等 IDE 中的 UI 设计器里使用。下面介绍共同的使用方法。注意：可视化操作组件必须通过 Beans 环境机制与 GeoSurfMapBean 组件关联，并且作为 JButton 组件的监听器，实现与用户操作的交互。使用过程如下：

将基本操作组件直接添加到 GeoSurfMapBean 组件上，并且配置 mapBean 的属性项，与 GeoSurfMapBean 关联起来。

将可视化操作组件作为 JButton 组件监听器与 JButton 组件关联，在

"Content" 视窗中按【Source】按钮，编辑 JButton 组件的属性。

3. 基本的地图操作

提供基本的地图操作功能，包括放大、缩小、中心放大、中心缩小、全图显示、漫游，通过属性页设置相应属性。组件添加方法参见"可视化操作组件"一节。放大指用户通过属性项面板设置相应属性，如 toolTipText；缩小指用户通过属性项面板设置相应属性，如 toolTipText；中心放大指用户通过 zoomFactor 属性项设置中心放大因子，如 2.0；中心缩小指用户通过 zoomFactor 属性项设置中心缩小因子，如 0.2；全图显示指用户通过属性项面板设置相应属性，如 toolTipText；漫游指用户通过属性项面板设置相应属性，如 toolTipText。

4. 查询模块

提供地图数据的查询功能，包括点选择查询、矩形选择查询、多边形选择查询、圆形选择查询。还可以维护查询结果，并且突出显示查询结果（组件添加方法参见"可视化操作组件"一节）。下面分别介绍各个查询方式：

①点选择查询。用户通过属性项面板设置相应属性，如 tolerance。运行程序，点击【点查询】菜单，在图形显示窗口中单击鼠标左键，则系统弹出查询到的信息。

②线选择查询。通过属性项面板设置相应属性，如 isRelate 是否为精查，querygeometry 查询结果是否包含几何对象。运行程序，点击【线查询】菜单，在图形显示窗口中单击鼠标左键画线，单击鼠标右键结束，则系统弹出查询信息。

③矩形选择查询。通过属性项面板设置相应属性，如 isRelate 是否为精查，是否要求全包含 isInclude 运行程序，点击【矩形查询】菜单，在图形显示窗口中拉框，则系统弹出查询信息。

④多边形选择查询。通过属性项面板设置相应属性，如 toolTipText。运行程序，点击【多边形查询】菜单，在图形显示窗口中单击鼠标左键画线，单击鼠标右键结束，则系统弹出查询信息。

⑤圆形选择查询。通过属性项面板设置相应属性，如 isRelate 是否为精查。运行程序，点击【圆查询】菜单，在图形显示窗口中画圆，则系统弹出查询信息。

5. 打印输出模块

提供指定区域内地图和相应图例的打印，可预览打印输出的图形。点击工具条上的【打印】按钮，显示打印组件。点击【页面设置】按钮，显示打印设置。点击【打印】按钮，设置参数打印。

6. 量算模块

目前仅提供折线量算功能。

7. 图层控制模块

模块提供对地图图层的控制，包括图层添加、删除，图层属性更改，专题图层添加、删除等功能。包括 LayerControllToolBean 组件，提供图层控制功能，LayerIndexEditor 类提供获得地图定义文件图层的 URL 基于 GUI 的属性编辑器的功能。

LayerControllToolBean 组件可以包含地图图例（Legend），可以由图例组成。为了和地图上代表的相应内容随时保持一致，LayerControllToolBean 可以对图例进行控制。LayerControllToolBean 组件的格式由 LayerControllBeanFormat 控制。

8. 图例模块

图例组件（LegendBean）是管理图例单元（Legend）的组件，一个图例组件（LegendBean）里拥有一个图例容纳器，这个图例容纳器里容纳多个图例单元。图例组件的格式由 LegendBeanFormat 控制。

9. 专题图模块

专题图模块提供专题图管理及显示功能。包括 AddThemeToolBean 组件，提供专题图制作功能（创建、增加、删除、打开、关闭）。AddThemeWizard 类提供制作专题图向导页面，如 DefaultSeletThemePattern（选择专题图样式向导页面），DefaultSelectThemeData（选择专题图图层向导页面），DefaultSelectThemeAttribute（选择专题图制图属性项向导页面），DefaultSetThemeProperties（设置专题图参数向导页面）。点击工具条上的【专题图】按钮，弹出如图 9-7 所示专题图向导对话框。

选择生成专题图的图层，点击【下一步】按钮选择专题图的显示比例尺参数，输入专题图名称，点击【下一步】按钮；选择相应的制图属性项并设置相应的属性值，点击【下一步】按钮；选择相应的制图参数，点击【下一步】按钮，可以看到生成的专题图的效果，如图 9-8 所示。

10. Tracker 组件

Tracker 组件系列中 Tracker 组件主要处理协助用户创建特定的 Geometry 和在屏幕上表示，管理用户界面的表现行为，如画一根折线还是一个圆，如何绘制，使用什么符号等，其本身不响应任何界面消息。

Tracker 按不同的处理内容分成很多种类，如线生成器 LineTrackerBean，圆

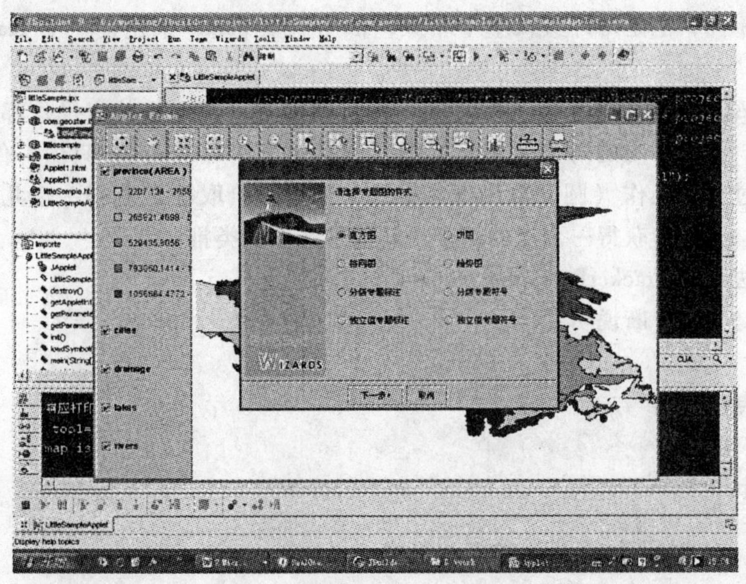

图 9-7　专题图向导对话框示意图

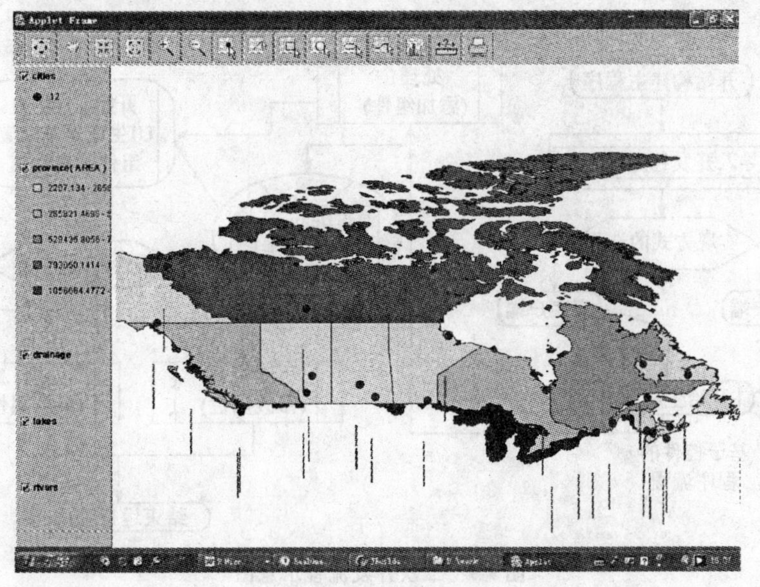

图 9-8　专题图效果图

形生成器 ArcTrackerBean，多边形生成器 polygonTrackerBean 等。它们各自的处理内容不同，但是对外接口基本一致，都用点集 points 来创建一个 Tracker 对象。

Tracker 的种类非常多，对于每一种特定的几何类型和特定操作都有相应的实现。绘制不同的对象使用不同的 Tracker。每一个 Tracker 只做一件事情。包括通过鼠标操作（圆、矩形框、折线、多边形拾取等）获得一个几何对象的方法。下面为获得一个点的例子，其他种类依此类推。

方法 PointTrackerBean. makeShape

关键代码片断说明：

```
/**
 *点生成器
 */
shape = PointTrackerBean. makeShape (points);
```

9.4.3 基于 Java 控件的二次开发例子

基于 Java 控件的二次开发流程如图 9-9 所示，包含生成主类工程、添加组件、通过 Beans 环境机制实现关联和运行测试等几个过程。

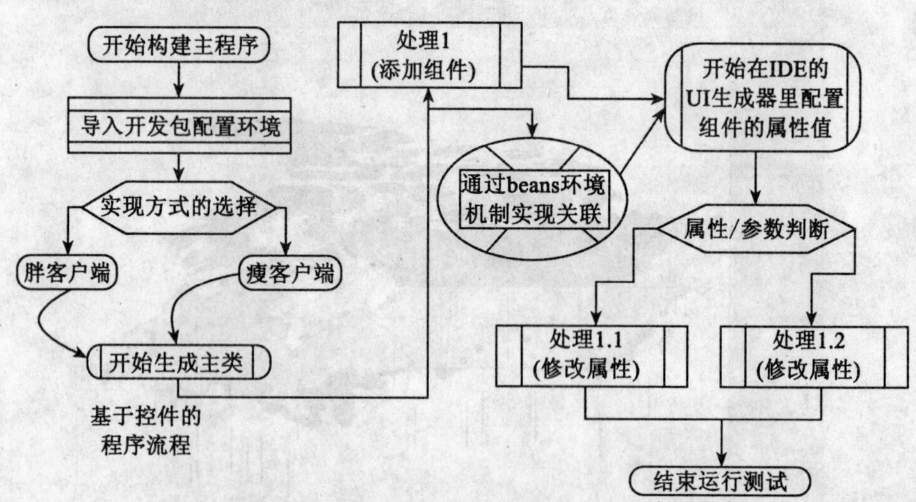

图 9-9　二次开发流程示意图

下面将介绍如何在 Jbuilder9 集成开发工具里使用 GeoSurfBeans 组件，建立 Web 应用。

1. 新建一个 littleSample 的工程

如图 9-10 所示，选择【new】→【new project】启动 project 向导，键入 littleSample 项目名，根据向导生成一个工程。

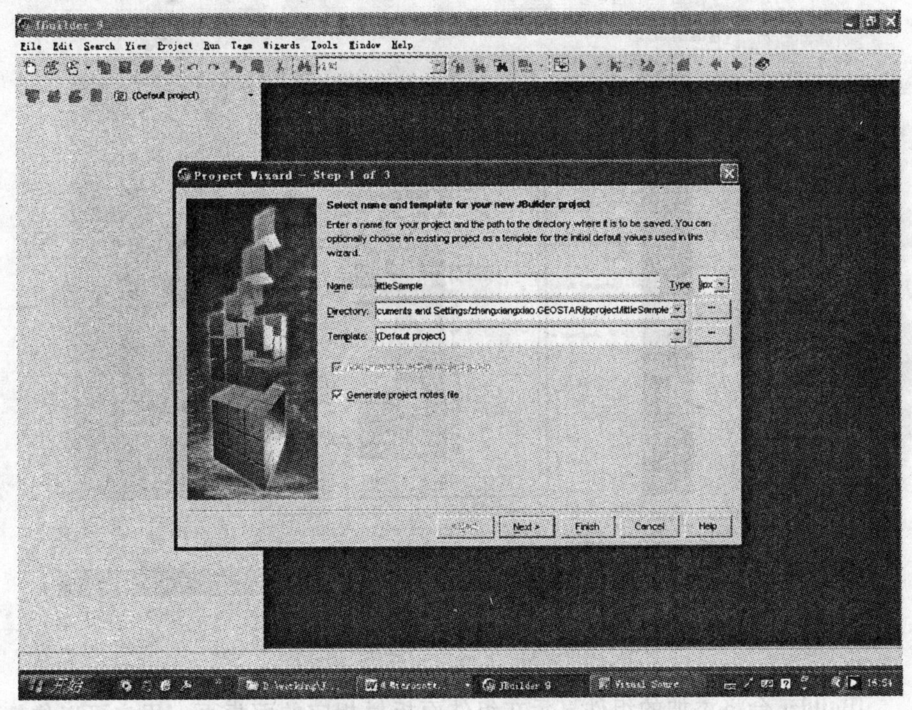

图 9-10 JBuilder 界面示意图

2. 导入二次开发文件

将 beans. jar 等相关的二次开发包拷贝进工程目录下的 lib 包下，并且在工程属性里配置。

3. 建立 Web 应用程序

点击【新建】按钮，弹出 Object Gallery 对话框，选择【Web】→【Web Applcation】，生成一个名为 LittleSample 的 Web 应用程序。

4. 通过 Applet 向导建立一个 Applet

点击【新建】按钮，选择 Applet，根据向导自动生成一个 Applet。

5. 在 ui 设计器中导入 beans 组件

如图 9-11 所示，选择【Tool】→【Configure Palette】，显示 Palette Properties 对话框，选择【Add components】选项，在类浏览器界面选中要添加的 Java 组件，选择【OK】按钮，确认刚才所作的改变。

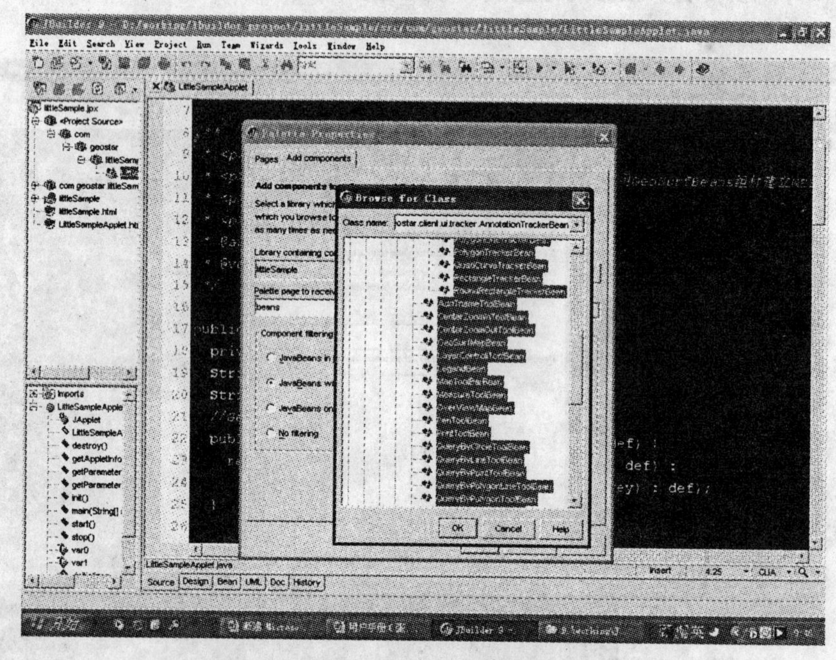

图 9-11　JavaBeans 组件添加界面示意图

JBuilder 会将添加的组件显示在组件面板栏相应的面板页，用户可以像使用其他 JBuilder 内置的组件（如 Swing 组件）一样使用这些组件。添加 GeoSurfMapBean 组件，具体使用见 9.4.2 节。加一个工具条，作为基本操作组件的容器，在工具条上添加 Swing 的 JButton 组件，个数与基本操作组件对应。将基本操作组件直接添加到 GeoSurfMapBean 组件上，并且配置 mapBean 的属性项与 GeoSurfMapBean 关联起来。将可视化操作组件作为 JButton 组件监听器与 JButton 组件关联，在“Content”视窗中按【Source】按钮。添加图层控制组件，美化 Html 文件，如图 9-12 所示，即可启动 Applet，在 JBuilder 里直接看到效果，也可以独立运行 Applet。

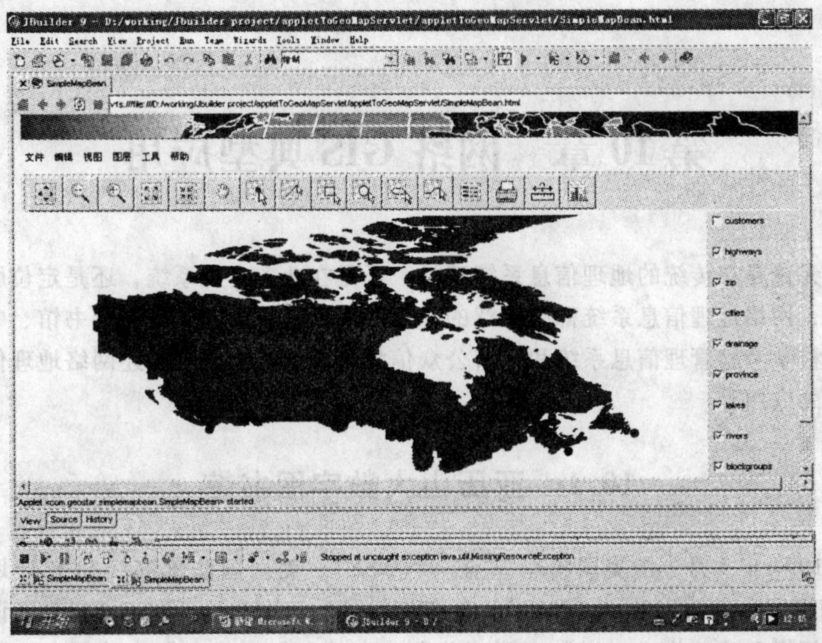

图 9-12　Applet 在 JBuilder 的效果图

第10章　网络GIS典型应用

无论是在传统的地理信息系统建设，还是在业务支持系统，还是定位服务系统，网络地理信息系统都有广泛的应用。下面以亚历山大数字图书馆、中国极地科学考察管理信息系统和城市公众信息查询系统为例来阐述网络地理信息系统的应用。

10.1　亚历山大数字图书馆

1994年9月，由美国科学基金会（NSF）、美国国防部高级研究计划署（DARPA）、美国宇航局（NASA）发起资助的数字图书馆计划正式启动。该计划的目标在于“推进对以数字形式收藏、存储和组织信息方法的研究，并使得信息能通过网络进行搜寻、检索和加工”。其任务是共同研究和开发用于创立、操作、利用与评价不断发展的数字图书馆试验平台。加州大学圣巴巴拉分校的亚历山大数字图书馆（Alexandria Digital Library，简称ADL）（Linda等，2000）项目正是该计划实施的六个子项目之一，是基于该校大量地理文献馆藏所实现的一个分布式地理关联数字图书馆。

分布式地理关联数字图书馆数据内容主要为与地球空间技术相关的科学资料，形式包含文字、影像、地图、音讯、影讯及多媒体等，涉及馆藏、服务基础设施和知识管理系统等各个方面的设计和建设。加州大学圣巴巴拉分校（UCSB）图书馆及地图与图像实验室（MIL）拥有加州南部地区及部分国际范围地理文献资料。该项目自1994年启动起共经历了两个阶段：第一阶段（1994—1999年）亚历山大数字图书馆（ADL）搭建；第二阶段（1999—2004年）亚历山大数字地球原型（ADEPT）系统的实现。目前该项目的运行系统是亚历山大数字图书馆（ADL），已经作为加利福尼亚数字图书馆（CDL）一部分在运行。截至2001年底，ADL的馆藏已经包括一个4.8M的可登录地名词典，2.4M的地理关联元数据记录和超过2TB的地图、影像及航空照片，并且数量还在增加。亚历山大数字地球原型系统（ADEPT）不仅能够获取ADL

馆藏，还能获取小部分用于支持本科生教育的馆藏。ADL 和 ADEPT 为公众提供了一种基于地理空间位置的信息服务平台，即通过 Internet 可以获取地理显式关联或隐式关联的分散馆藏资源。ADL 和 ADEPT 都可被看做一种可扩展的服务，可以支持：在多种不同来源的馆藏中，对具有大范围空间索引的资料进行地理空间查询和获取；地理空间关联信息馆藏的创建和开发；在私人和合作环境下，地理空间关联信息馆藏的使用。

ADL 项目是研究者、开发者和教育人员的一个联盟，在跨越学术的、公众的和私有的范围内，探究与地理相关信息的分布式数字图书馆相关的问题。分布式意味着图书馆的组件可能分散在网络上，或者存在于同一个桌面，即各系统在保持自主性的基础上，采用并遵循统一的访问协议，在系统间实现无缝的交换、共享信息资源和信息服务。

10.1.1 ADL 系统

ADL 是亚历山大数字图书馆项目的主体，是由加州大学圣巴巴拉分校戴维森（Davidson）图书馆的地图与图像实验室（MIL）发起的一个在线信息系统。目前，ADL 可以通过互联网提供对 MIL 的资源及其他地理关联数据库的子集的访问。

ADL 主界面左边有 5 个链接：Operations（操作），Research（研究），Alexandria Digital Libraty（亚历山大数字图书馆），Gazetteer（地名词典）和 Feature Type Thesaurus（特征种类词典）。界面如图 10-1 所示。

Operations 和 Research 这两个链接主要是介绍说明性文字；Operations 主要介绍 ADL 的概念、操作规范、馆藏建立和元数据管理等相关使用指南；Research 链接介绍了有关 ADL 的服务、发展历史及项目人员和相关文档及研究等，还提供了其他一些链接，例如软件、数据和协议的下载链接等。

Alexandria Digital Library，Gazetteer 和 Feature Type Thesaurus 这三个更多地是对用户提供服务：Alexandria Digital Library 提供对馆藏的查询；Gazetteer 提供对地名词典的查询；Feature Type Thesaurus 是地理术语词典。

1. ADL 架构

自 1994 年该项目启动起，出现过 4 种不同的 ADL 系统结构：第一种是“快速原型”，其实现思想是采用桌面地理信息系统（GIS）的用户界面连接单一的 ADL 目录数据库；第二种是“网络原型”，其结构用一个 HTTP 服务器替代了桌面地理信息系统，呈现出一个动态生成的 HTML 页面用户界面；第三种是一种通用的支持多客户端多服务器界面的网络原型。

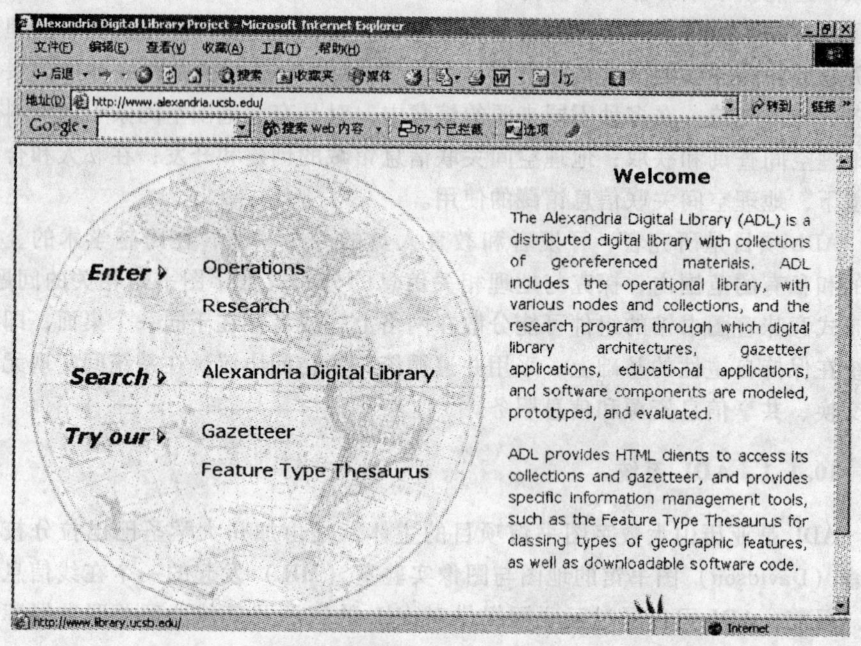

图 10-1　ADL 主页界面图

目前的 ADL 系统采用了服务器/中间件/客户端三层结构模型：服务器管理图书馆馆藏，中间件执行基于这些馆藏数据的标准服务，客户端提供服务的表现界面。中间件为多个客户提供异质馆藏数据库的统一视图。系统结构见图 10-2。

ADL 服务器负责对描述图书馆资源（holdings）的元数据集合（collections of metadata）实现维护以及执行元数据查询与检索机制。资源的元数据可包括对在线资源表达（representations）（如 URL）的引用，但这不是必需的。ADL 也可以被用做一个为脱机的或非数字化地理空间信息服务的在线目录。所以，ADL 服务器是传统图书馆目录的推广。ADL 服务器本身是自治的，只需要为中间件开放正确的接口，例如，一个地址能够只通过另一地址的中间件而获得执行 ADL 服务器“发布”特定馆藏的任务。

ADL 客户端负责呈现 ADL 服务给图书馆用户。这些用户有的是交互用户（如使用 GUI 的用户），有的是将 ADL 用作数据源的其他程序。ADL 客户端可以支持复杂的实时用户交互（如 rellover 帮助）。

ADL 架构的关键是中间件层，即用于将不同馆藏的服务器的分类映射到

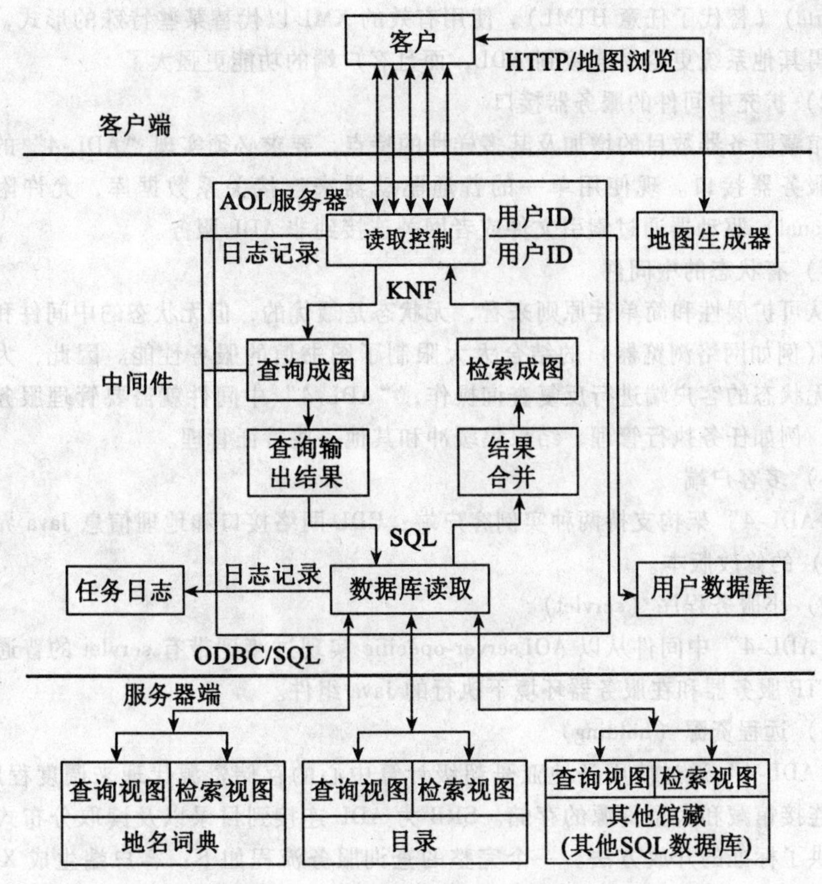

图 10-2　三层结构模型的 ADL 系统结构图

标准客户端接口，以便于元数据的查询、检索和数字资源的检索。中间件的客户端接口是 ADL 架构的主要公共产品，定义并界定了图书馆的能力。这些客户端接口十分通用，可以支持任意的客户。实际上，它们是一个地理空间数字图书馆所应提供的，实现从 ADL 项目研究向服务提供的简单映象（snapshot）。

CDL 和 ADEPT 的发展对 ADL 的结构提出了更高的要求，“ADL-4”在“ADL-3”的基础上作了局部的调整与改变。新的“ADL-4”现仍然在不断发展着，在现有的结构中增加了以下变化：

1）采用 XML 进行数据传递

所有外部可见的数据流都基于 XML 的编码。所有 XML 元素都具有参考了元素语义的源属性。XML DTDs 用来实现查询（替代了 KNF）和读取报告（reports）（替代了任意 HTML）。使用有效的 XML 以代替某些特殊的形式，不仅使得其他系统更容易连接到 ADL，而且客户端的功能更强大了。

2）扩充中间件的服务器接口

馆藏服务器数目的增加及其多样性的特点，要求必须实现“ADL-4”的中间件服务器接口。现使用单一的普通驱动器来连接关系数据库，允许附加（aditional）驱动器通过索引文件或者网关连接到非 ADL 服务。

3）有状态的中间件

从可扩展性和简单性原则来看，无状态是最优的，但无状态的中间件和客户端（例如网络浏览器）的结合大大限制了图书馆的服务性能。因此，为了允许无状态的客户端进行反复查询操作，“ADL-4”中间件就需要管理服务的状态，例如任务执行管理、结果集缓冲和其他一些特征管理。

4）多客户端

“ADL-4”架构支持两种实例客户端：CDL 网络接口和地理信息 Java 界面（JIGI）的修改版本。

5）小服务程序（servlet）

“ADL-4”中间件从以 AOLserver-opecific 实现过渡到带有 servlet 的普通扩展 HTTP 服务器和在服务器环境下执行的 Java 组件。

6）远程资源（holding）

“ADL-4”通过使用圣地亚哥超级计算中心的存储资源代理来调度程序、远程连接馆藏和大型资源的存储。SRB 为 ADL 连接到目录以及读取分布式仓库提供了标准的开放方法。一个完整的查询服务流程如下：客户端生成 XML 查询条件，中间件服务器将客户端的 XML 查询语句翻译成基于 SQL 的馆藏服务器特定语法的查询语句，并将生成的查询传递给馆藏服务器，馆藏服务器接受、分析和处理请求，并将结果返回中间件服务器，生成一个结果集，客户端读取结果。

2. ADL 实现

1）ADL 客户端的实现

目前，客户端有两种实现方法：一种是 CDL 的 Web 界面，把一个标准的 Web 浏览器作为界面。界面的执行是在胖服务器端将 ADL 中间件协议转换成 HTML 页面来完成。另一种是采用了更强大的地理信息 Java 界面（JIGI），该界面完全依靠 JAVA 实现，并作为自安装独立应用程序而发布，可以适用于包括 Windows、Macintosh、Sun 和 SGI 在内的任何平台，且支持 Java 虚拟机 1.1

或更高的版本。作为独立应用程序，与浏览器为主体的小程序相比，JIGI 具有更多功能，而且避免了不同浏览器执行 Java 虚拟机时的不相容性。

JIGI 使用 4 个协同操作窗体来执行 ADL 的图形用户界面：地图浏览器、查询选择窗体、工作区、元数据浏览器。地图浏览器（见图 10-3）允许用户在地球表面进行拉框查询、放大、缩小和刷新，还能显示查询返回的资源所在的地理位置。

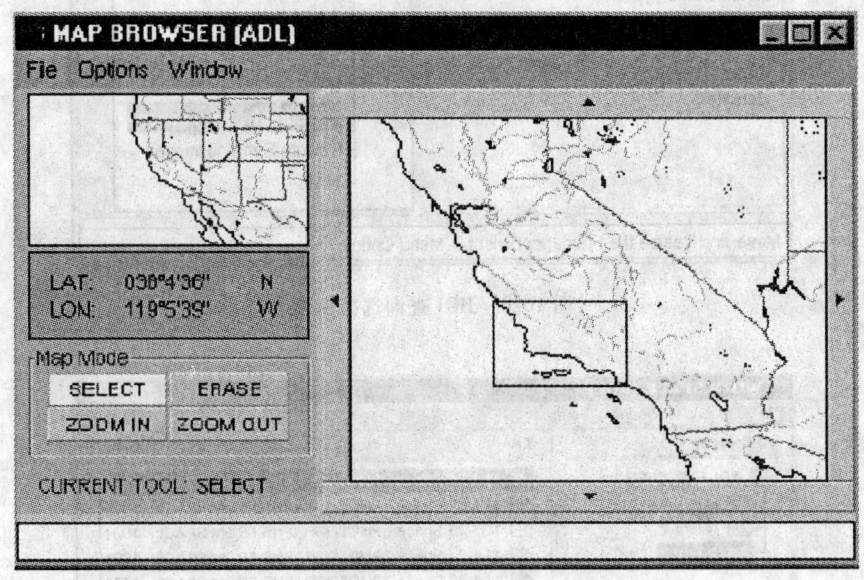

图 10-3 JIGI 地图浏览器

查询选择窗体（见图 10-4）允许用户选择一个或多个馆藏服务器进行查询，还可以对馆藏支持的任何查询桶（bucket）指定限制条件。查询选择窗体也控制查询提交和其他查询限制，如结果集的最大容量设置等。

工作区（workspace，见图 10-5）将查询结果储存在一个树状结构中，提供类似文件系统中目录服务的浏览功能。所选中的资源具有缩略图显示，在地图浏览器中标注出其地理轨迹，在元数据浏览器中显示出所有的元数据，链接的 URL 地址也被调用出来。工作区还允许将查询结果集存储为本地文件并重载入后续的 JIGI 任务中。

元数据浏览器（metadata browser，见图 10-6）作为一种可扩展文本等级结构，提供了对选中资源的所有元数据的显示功能。

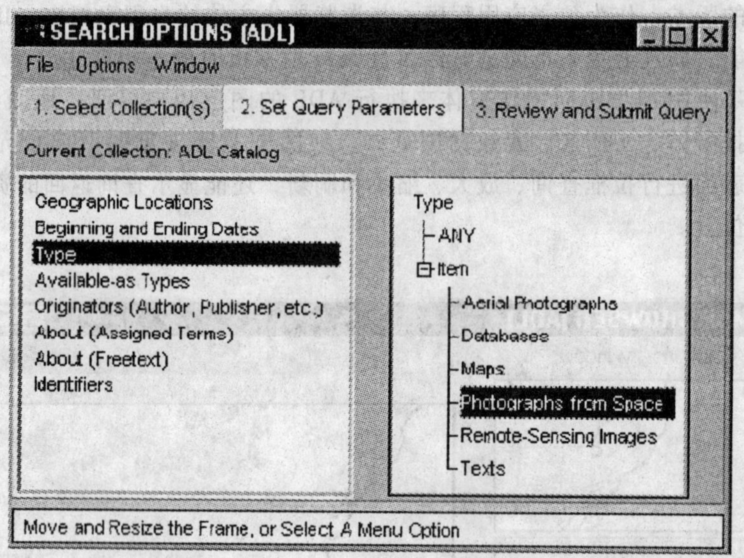

图 10-4　JIGI 查询选择窗体

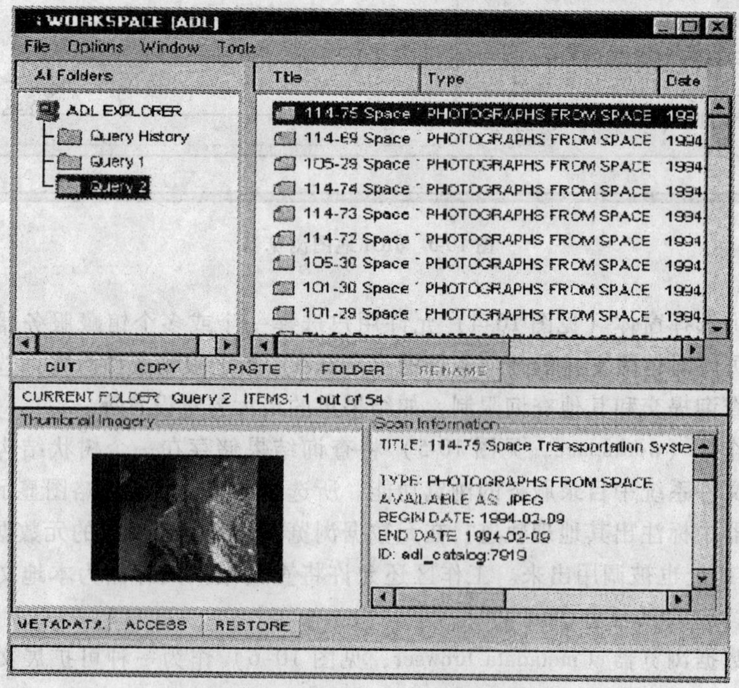

图 10-5　JIGI 工作区

JIGI 目前并不直接获取数字资源。相反地，如果资源的读取接口返回一个 URL 地址，JIGI 就将这个 URL 传递给用户首选的 Web 浏览器。

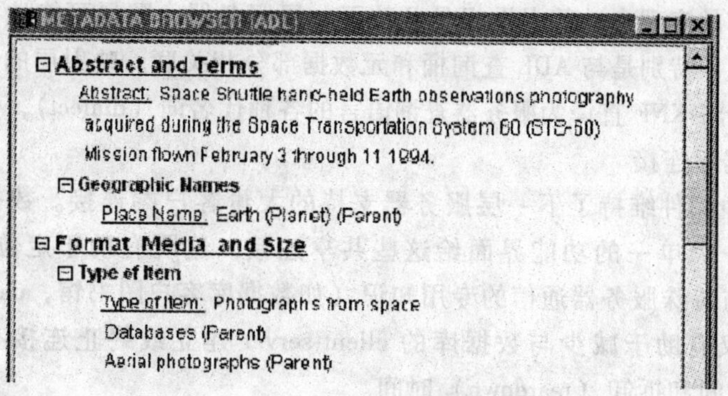

图 10-6 JIGI 元数据浏览器

2）ADL 中间件的实现

ADL 中间件负责客户-中间件接口实现，并将它们映射为与任意数目的元数据目录的交互。此外，中间件还执行 ADL 需要的任何读取控制。ADL 中间件通过 HTTP 与客户进行通信。目前 ADL 中间件层由 AOLserver HTTP 服务器实现。所有 ADL 功能由 C 程序和 Perl 脚本在 AOLserver 环境下执行。读取控制、查询与检索映射（map）和数据库连接是 ADL 中间件实现的关键，下面分别予以阐述。

①读取控制

只要读取策略是符合 ADL 规定的，ADL 中间件就予以支持。目前，它支持两种特定的读取控制方式：基于主机的方式和基于用户的方式。

基于主机的读取控制用来拒绝客户端非 ADL 许可网址的链接。目前，这种方式将 ADL 的读取只局限于那些连接加州大学所管理的 IP 网络的主机。虽然这一机制具有不可升级的缺陷，但它仍然满足了一些特殊的需求，即由第三方提出的在加州大学内部分配 ADL 馆藏中一些私人拥有的资料的要求。

任务（session）接口可被用于执行一种未加工的基于用户的读取控制机制，只需通过修改其他的接口来实现，这样这些接口就不接受非法任务标识了。目前，在网络安全方面，这一方式的优势还不明显。

②查询与检索映射

ADL 中间件将 KNF 查询和馆藏请求映射成特定的下一层的 ADL 服务器。

如果必须查询的是多服务器或单一服务器上的多数据库，这一层将处理必需的扇出和扇入。这里，假定多数据库是不相交的（disjoint），扇入过程只是简单的核对，也不需要重复检测或解决其他冲突。

在目前的实现中，基本设想是开放下一层服务器，即尽可能地接近特殊服务器的许可，特别是与 ADL 查询桶和元数据部分相关联。映射层的解释功能暂时只局限于将 KNF 直译为服务器查询语言的各种代名词（dialect），如 SQL。

③数据库连接

ADL 中间件维持了下一层服务器支持的大量客户端连接。数据库连接层负责呈现一个单一的功能界面给这些共享连接。这既有助于定位（localize）那些需要与特殊服务器通信的专用知识（如数据库客户图书馆，database client library），又有助于减少与数据库的 client-server 建立或终止连接有关的启动（setup）时间和拆卸（teardown）时间。

3）ADL 服务器

ADL 体系结构对馆藏服务器制定了最一般的要求，即公开了中间件赖以映射到客户端的接口查询和元数据接口。特别指出的是，馆藏服务器不必非要执行特定的内部元数据计划，只要计划的正确观点能被中间件所获知即可。而且，服务器也不一定非要成为一个数据库系统。

然而目前实现的 ADL 馆藏服务器都是关系型数据库。复杂的关系型数据库要求馆藏服务器承担保管员的角色，这对馆藏支持组织非常重要。对这些组织而言，馆藏服务器还长期作为元数据仓库，特别是当它不能直接连接到 ADL 时。

目前馆藏服务器采用了 Informix 动态服务器——Universal Data Option（IDS-UDO）数据库管理系统。IDS-UDO 扩展了复杂数据类型的标准关系数据模型，这一模型是 ADL 研究者们在馆藏层次为支持近似于 ADL 查询桶能力的查询机制而设计的。确切地说，它们使用 MapInfo SpatialWare 的空间数据类型来实现空间查询，使用 Verity 文本数据类型来实现文本查询。与标准关系数据库类型相比，这些扩展类型提供了附加查询功能和更高效的大型馆藏索引机制。然而，中间件的馆藏接口仍然无法自行在任何特殊的元数据管理系统中实现馆藏。

10.1.2 ADEPT 系统

1. ADEPT 简介

ADETP（alexandria digital earth prototype）即亚历山大数据地球原型系统，其目的是建立关于个人馆藏的地理关联信息分布式数字图书馆的框架，它也是 ADL 项目目前主体研究的延伸。ADEPT 力图扩展 ADL 的服务，包括可视化、数据融合、个人馆藏和合作式的教育环境。ADEPT 的近期重要目标是建立支持本科生教育（涉及物理、人文、文化地理和相关学科）的原型馆藏，并评价是否使用这项资源帮助学生科学地推断。一旦 ADEPT 所建立的馆藏和服务体系成熟了，ADEPT 研究者们最终将把它们移植到 ADL 中去。

2. ADEPT 架构

ADEPT 架构（见图 10-7 ADEPT 的基本结构和图 10-8 ADEPT 的架构与实现）扩展了 ADL 体系结构，并从后者的传统 C/S 结构中分离了出来。

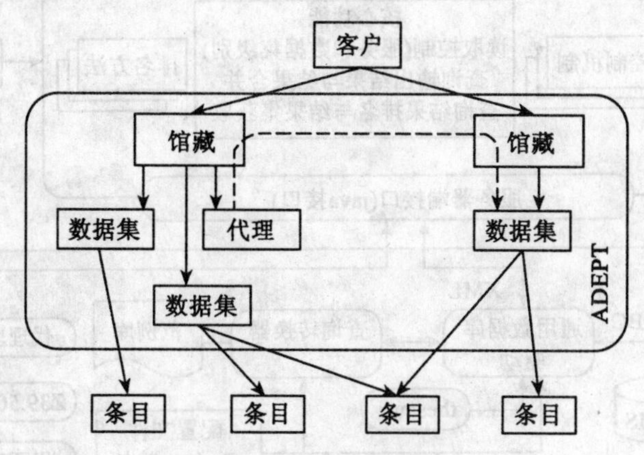

图 10-7　ADEPT 的基本结构

ADEPT 是分布式对等实体的集合，每个实体都支持一个或多个对象的馆藏，某个馆藏的子集可能已经发布给其他的对等实体。图书馆就是这样一些馆藏的总和。馆藏（collection）是 ADEPT 中主要的结构代表。一个馆藏是一些独立的类型（typed）对象和某些馆藏层的结构型或语境型元数据的集合。除了提供对象层元数据的能力和识别的唯一性以外，对象大部分都未定义。尽管图书馆的内容可能完全不同，但三个特征将图书馆集成为一个统一的整体：

①公共的馆藏层元数据。

②ADEPT“存储桶（bucket）”系统（即公共的对象层元数据模型）。

③中心馆藏发现服务。

其中，ADEPT“存储桶”系统明显与其他元数据计划不同，譬如内容标准（参照 FGDC）和高层次定义（参照 Dublin Core），它是一个透明的元数据集成系统，语义相近、类型相似的元数据字段被正规地分组以提供较高层次的查询功能和描述功能。

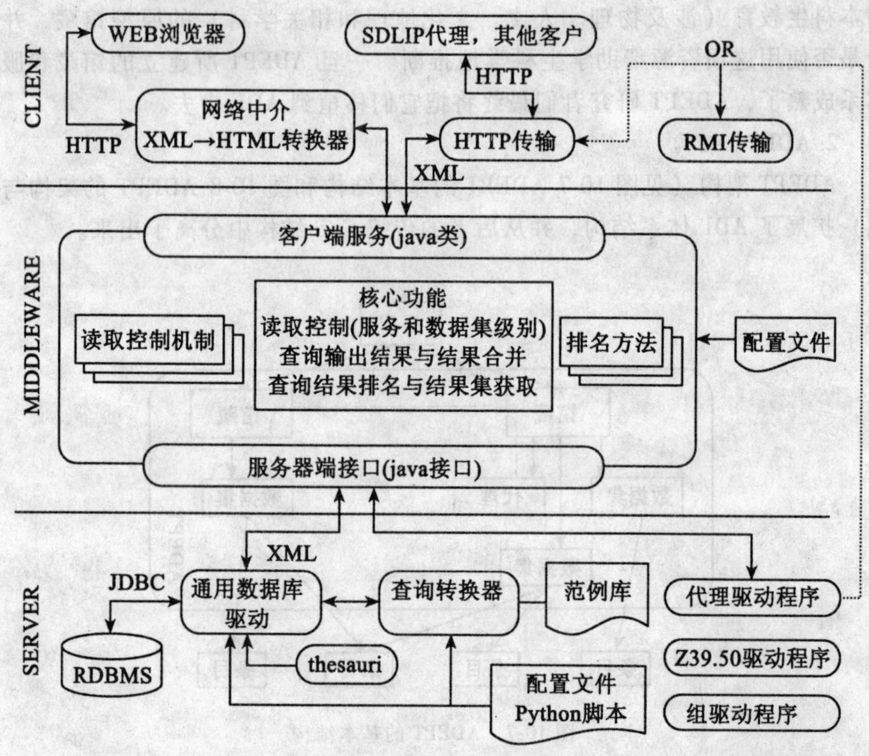

图 10-8　ADEPT 的架构与实现

ADEPT 结构支持三种类型的外部可见信息：元数据，查询和结果集。ADEPT 中的元数据是关于条目（item）和馆藏的信息，它可以从文本对象转变成单一的条目和馆藏。ADEPT 中的查询具有 ADEPT 查询桶构架定义的标准语义。结果集是满足查询条件的标识集。ADEPT 客户端查询的目的是为查找感兴趣的条目，并使用标识符从结果集中获得关于条目的说明信息。

3. ADEPT 的馆藏

由于 ADEPT 系统尚在实施当中，对其系统实现部分的资料比较少。现将 ADEPT 中较有特色的馆藏部分简单介绍一下。

ADEPT 项目的数字馆藏包括：学习物件馆藏 2000 多件，全部做了详细的元数据记录；科学概念知识库现有 1200 余个概念，每个概念根据特征和关系理论模型作入知识库；教学材料馆藏根据每堂课要讲的概念准备的讲义。

10.2 中国极地科学考察管理系统

10.2.1 系统概述

武汉测绘科技大学（现武汉大学）于1999年创建了第一个南极互联网地理信息系统（陈能成等，2000），由于我国极地科学考察是在全国数百个单位、机构共同参与下进行的，并且涉及十几个大的学科领域，科研计划、管理与协调工作非常复杂。随着极地考察事业的蓬勃发展，考察的广度和深度也在不断加大，地域从南极扩展到了两极，考察站从原先的2个扩展到了4个，运行的科研项目的数量在增多，项目的综合性也在加强。依靠传统的人工管理模式显然已经难以胜任，中国南极考察办及时引入数据库技术、地理信息系统技术、计算机网络技术，建立基于网络GIS的中国极地科学考察管理系统。

10.2.2 主要功能

基于GIS的极地科学考察管理信息系统划分为管理信息的数据层、数据的管理层和数据应用层三大部分，如图10-9所示。在这三层结构中，它们由数据共享产生的数据流联系在一起，对统一数据结构下的同一个数据库系统进行数据操作。

<table>
<tr><td colspan="7">应用层</td></tr>
<tr><td colspan="4">普通用户</td><td colspan="3">极地办</td></tr>
<tr><td>浏览</td><td>查询</td><td>下载</td><td>GIS应用管理</td><td>统计分析</td><td>数据报表打印</td><td>数据备份及恢复</td></tr>
<tr><td colspan="7">数据管理层</td></tr>
<tr><td>数据整理准备</td><td>建库</td><td>数据录入</td><td>数据编辑</td><td colspan="3">数据删除</td></tr>
<tr><td colspan="7">数据层</td></tr>
<tr><td>考察活动的数据</td><td>队员数据</td><td>项目数据</td><td>空间数据</td><td colspan="3">其他数据</td></tr>
</table>

图10-9 系统逻辑层

10.2.3 逻辑视图

本系统从功能结构上划分为如图 10-10 所示的 6 个子系统。

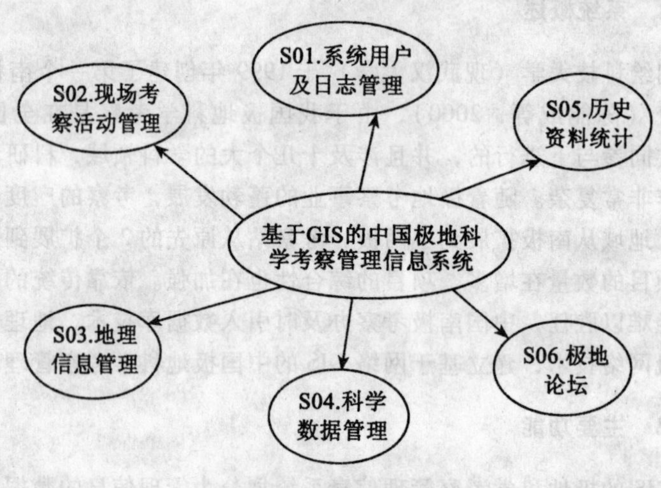

图 10-10 子系统划分

1. *系统用户及日志管理(S01)*

系统用户及日志管理(S01)包括用户注册、用户授权、用户登录验证以及操作日志的管理等。对于进入系统的每一个用户，要对其进行验证，获取用户的级别权限，并将用户登录信息和重要操作记录保存到系统日志中。注册用户的权限由管理员进行管理。

2. *考察活动管理(S02)*

考察活动管理(S02)分为考察规划与计划、科研项目管理、现场考察管理、队次队员信息管理 4 个部分。

①S02-1 考察规划与计划。包含了极地科学考察相关的中长期规划、年度计划以及项目指南等信息。极地办主管人员可以通过网络实时发布最新的计划变更信息，为科研工作者提供指导性的信息，同时也可作为极地办主管进行管理工作的参考信息。

②S02-2 科研项目管理。管理历次考察活动中实施的各个科学考察项目的相关信息，以及科学考察项目的实施计划与实际结果的对比。科学考察项目是南北极考察活动中的核心问题，每一个科学考察项目包括项目编号、项目名称、人员、仪器设备、时间、地点、样品及成果等诸多要素，而每一次考察活

动又包含了诸多项目。如何处理项目的各个环节以及项目之间存在的问题，需要把科研项目作为一个专题来处理。

③S02-3 现场考察管理。从逻辑上来说，科研项目是一个独立于南北极现场环境的数据信息，因为有的科研项目不需要到极地现场进行考察。这里说所的现场考察，指的是必须到极地现场去工作的科研活动。由于不同的科研项目到南北极进行科研活动需要的支撑条件是不一样的，所以我们必须特别关注极地现场考察这样一个特殊的环节，这也是与极地考察管理者和被管理者最直接相关的一个环节。

④S02-4 队次队员信息管理。由于每一次南北极考察活动是一个相对独立的行为，具有时间的阶段性和空间位置的差异，因此将其分离出来，作为系统的一个入口点。从每次的考察活动出发，就可以进一步追踪到跟考察活动相关的时间、考察路线、实施的科考项目、人员等相关信息，进行考察规划和实施情况的对比，以及考察路线规划与实际情况的对比等。考察队员是极地考察的现场执行者，考察队员的自身素质和现场状态直接影响考察活动的进展以及取得成果的质量。管理每一个考察队员的详细信息，包括队员基本情况、联络方式、考察活动完成之后的评价等，有助于为以后的队员选拔和聘用提供有力的辅助参照，也为记录历史资料提供帮助。

3. 地理信息管理（S03）

地理信息管理（S03）包含了极地测绘数据管理和电子地图管理两个部分。

①S03-1 极地测绘数据管理。管理测绘相关的空间数据，包括地图、考察站点数据、控制点、GPS 数据以及地图投影等空间参考信息和电子地图相关的多媒体数据。

②S03-2 电子地图管理。该模块提供南北极相关的网络电子地图，包括南北极小比例尺地图以及长城站、中山站的大比例尺地形图。该模块不仅提供地图浏览的功能，还与数据库相结合，提供选定的空间范围内相关的考察项目和人员信息。地图从数据类型上可以分为矢量和栅格两种。电子地图根据现有的地图数据，尽可能地提供南北极相关的各种地图，包括地形图、地质图、海图、植被分布图等。地图是科学考察的先行者，地图要经常保持更新，才能更好地为制定考察计划、划定考察范围服务，满足考察全过程的需要。

4. 科学数据管理（S04）

科学数据管理（S04）包括科考数据元数据管理、南极地名数据库管理和极地著作及文章数据库管理 3 个部分。

①S04-1 科考数据元数据管理（metadata）。按照《南北极现场观测数据注册表》、《南北极考察样品注册表》、《南北极样品分析数据注册表》的要求，科考活动中取得的观测数据、样品、样品分析数据等珍贵的第一手资料，要尽可能地长久保存，以便将来检索和使用。该模块就是对于这些注册表的元数据项进行提取保存，并在系统中对可以进行数字化存档的原始数据资料进行存档。本系统不解决科学数据本身的共享及使用问题，只是提供数据的所有者和极地办需要的数据管理信息，具体的数据可以到上海极地中心科学数据库网站获取，本系统提供与上海中国极地科学数据库的关联。

②S04-2 南极地名数据库管理（gazetteer）。管理现有的南极地名要素，包括中英文名称、地理类型、经纬度、高程、命名国家、命名时间、描述信息等。

③S04-3 极地著作及文章数据库管理（article）。对于现有的南北极考察相关的文章及著作进行登记入库，借此来统计和评价考察队员和考察项目的可行性和优先级等参数。

5. 历史资料统计报表（S05）

仅仅对于科学考察进行客观的描述还不够，对各个子系统中的数据，还要根据极地办编制考察报告和决策参考的需要进行统计分析。统计报表包括项目的考察计划和现场执行情况的统计、科学考察人员的统计、科学考察数据的统计分析等。统计的方式有按照时间范围统计、按照空间范围统计、按照人员相关统计等。

6. 极地公告与论坛（S06）

开辟一个供大家自由讨论的互动板块，交流极地考察的经验、发布极地会议通知和其他资料。

10.2.4 物理视图

1. 系统服务器以及网络空间分布

按照分布式数据处理的设计，如图 10-11 所示，本系统从网络空间上分为北京、上海、武汉三地；从功能上来说分为系统应用、科学数据、电子地图三个服务器，通过 Internet 将三地的服务器联系成为一个基于 GIS 的中国极地考察管理信息系统。

2. 系统软硬件平台配置

①系统功能分布

A. 系统应用服务器：系统的总服务器，网络访问的入口，实现子系统

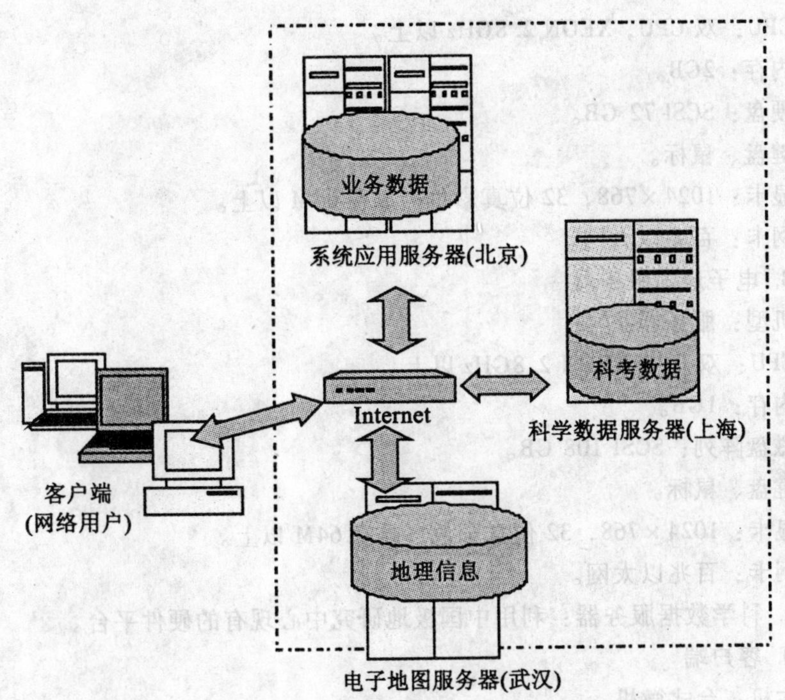

图 10-11　系统服务器及其网络空间分布图

S01、S02、S05、S06 的功能。

B. 电子地图服务器：与总服务器交互，实现子系统 S03 的功能。

C. 科学数据服务器：与总服务器交互，实现子系统 S04 的功能。

②软件平台

A. 系统应用服务器：

网络服务器：采用 Windows2000 Server 操作系统下的 Apache2、PHP5。

数据库服务器：采用 Windows2000 Server 操作系统下的 Oracle8i 企业级数据库。

B. 电子地图服务器：Windows2000 Server，Tomcat 4.1，GeoSurf。

C. 科学数据服务器：利用中国极地研究中心已有的软件平台。

D. 客户端：采用 Internet Explorer 5.0 以上版本浏览器。

③硬件平台

A. 系统应用服务器

机型：服务器。

CPU：双 CPU，XEON 2.8GHz 以上。

内存：2GB。

硬盘：SCSI 72 GB。

键盘、鼠标。

显卡：1024×768，32 位真彩色，显存 64M 以上。

网卡：百兆以太网。

B. 电子地图服务器

机型：服务器。

CPU：双 CPU XEON 2.8GHz 以上。

内存：1GB。

磁盘阵列：SCSI 108 GB。

键盘、鼠标。

显卡：1024×768，32 位真彩色，显存 64M 以上。

网卡：百兆以太网。

C. 科学数据服务器：利用中国极地研究中心现有的硬件平台。

D. 客户端

主机：台式微机。

CPU：PIII 1GHz 以上。

内存：64 MB 以上。

磁盘：可用空间 100M 以上。

显卡：1024×768，32 位真彩色，显存 32M 以上。

网卡：百兆以太网。

10.2.5 网络地图查询子系统

1. 子系统概述

南极互联网 GIS 电子地图管理子系统是建立在因特网基础上的浏览器/服务器体系结构的信息查询服务系统，是用户通过 Internet 环境来了解有关南极地区相关信息的一个可视化的便捷窗口；是用户查询地理空间数据的基于 Web 浏览器的图形化界面；是一个公众化的信息服务平台。该子系统采用三层体系结构，其用户界面如图 10-12 所示。

2. 子系统功能

该子系统功能包含如下部分：

图 10-12　用户界面图

①地理图层控制模块和管理图层控制模块。地理图层控制模块使用户能够将初始化时没有加载的地理图层数据下载到客户端，能够对当前地图的所有图层进行显示与不显示的切换。以 .Java 文件存放。带有参数：SurfView (GeoSurfView 类型，系统当前的地图窗口)。根据该参数，可以获得当前窗口所对应地图图层总数及各个图层名称。管理图层控制模块使用户能够查询得到当前地图显示窗口范围内的站点、路线、队员和测绘基准点。以 .Java 和 .jsp 文件存放。带有参数 applet（NJGIS applet)。该模块与地理图层模块都放置在一个面板上，通过 CardLayout 切换显示一个控制面板。默认情况下显示地理图层面板模块。

②动态标注模块。其功能是根据读入的地图标注配置文件，将地图上的某些几何对象的某一属性以设定的字体颜色和字体大小动态地标注在现有的地图上面。

③地图基本操作模块。该模块是本子系统的主要功能模块，通过工具条操作主图区的地图，实现地图的放大、缩小、中心放大、中心缩小、漫游、1:1 显示、鹰眼等基本功能。

④查询模块。实现考察站点查询、考察路线查询、考察队员查询、时空记

录查询、测绘基准点查询、清除前次查询记录和选择其他图幅等功能。

10.3 城市公众信息查询系统

10.3.1 系统概述

总体目标是采用 B/S 结构设计城市公众信息查询及展示系统，并采用 ArcIMS 平台完成系统中网络电子地图、城市信息查询和展示功能的实现。在电子地图数据（即地物数据）、专题兴趣点基础上，建设 B/S 三层架构的网络电子地图及信息查询和展示系统。该系统建设的主要目标有以下三点：网上电子地图服务；基于电子地图，实现专题信息的位置和属性查询；建立该系统的远程管理模块，供管理员远程管理整个系统。

10.3.2 体系架构

整个系统架构基于网络平台上，采用业界标准三层结构，即数据层、应用服务层和表现层，如图 10-13 所示。

1. *数据层*

数据层是空间数据和业务数据的存放地。数据层采用 SQL Server 2000 数据库系统软件。

在数据层，系统通过 IIS 和 ServletExec 提供的 JDBC-ODBC 技术来访问数据库，生成持久对象。

在数据层，同时还包含了网站维护和设计所使用的数据，即网站的元文件/元数据具体包含 XML 业务描述、XSLT 表单样式定义、HTML 网页模板文件、JavaScript 脚本语言、自定义模板标签和 CSS 栏目样式。

2. *应用服务层*

应用服务层是实际业务规则的执行部分。应用服务层通过将正规的过程和业务规则应用于相关数据，来实现客户通过表现层发出的业务请求。

通过部署 ArcIMS 软件，绑定网络电子地图数据和专题数据，生成地图服务。

管理和执行用户的角色定义、权限定义，把角色与权限进行绑定，执行发布栏目管理。

3. *表现层*

表现层提供用户服务，通过可视化的用户界面表现信息和收集数据，是用户使用应用系统的接口。

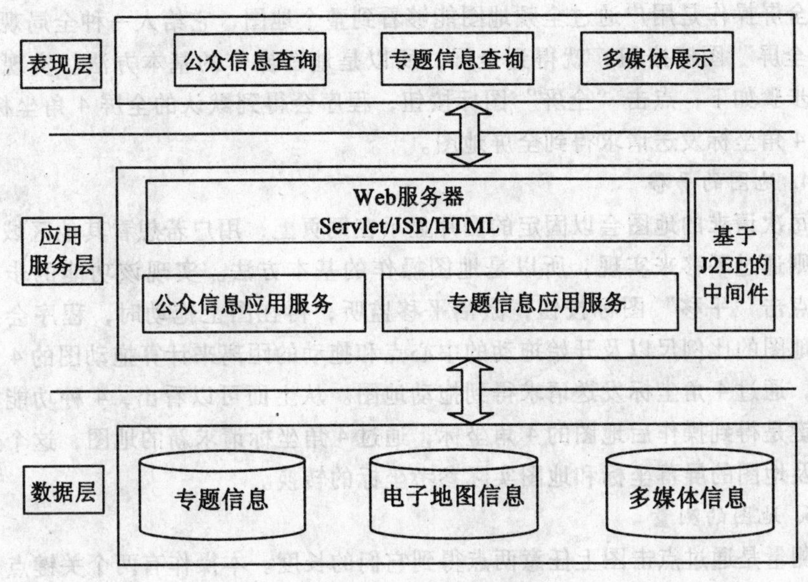

图 10-13 系统体系架构图

系统的主界面展示了系统的所有功能，用户可以通过主界面看到整个地图窗口以及系统配置的各个模块的操作工具。

10.3.3 网络电子地图功能

1. 地图的放大

地图的放大是用户通过放大地图能够能更详尽看到感兴趣的区域，它是从小比例到大比例地图的必须操作方法，所以是地图操作的基本方法。实现该功能的步骤如下：点击“放大”图标按钮，激活放大监听，再在图上点击时，程序会按照当前地图的比例尺和放大系数以及点击的中心点来计算放大图的4角坐标值，通过4角坐标发送请求得到放大的地图。

2. 地图的缩小

地图的缩小是用户通过缩小地图能够看到更大范围感兴趣的区域，它是从大比例到小比例地图的必须操作方法，所以是地图操作的基本方法。实现该功能的步骤如下：点击“缩小”图标按钮，激活缩小监听，再在图上点击时，程序会按照当前地图的比例尺和放大系数以及点击的中心点来计算缩小图的4

角坐标值，通过 4 角坐标发送请求得到缩小的地图。

3. 地图的全屏

全屏操作是用户通过全频地图能够看到整个地图，它给人一种全局观。点击“全屏”图标按钮，就得到全屏，所以是地图操作的基本方法。实现该功能的步骤如下：点击“全屏”图标按钮，程序会得到默认的全屏 4 角坐标值，通过 4 角坐标发送请求得到全屏地图。

4. 地图的平移

每次请求的地图会以固定的图片显示在网页上，用户若想看其他区域的地图，则通过平移来实现，所以是地图操作的基本方法。实现该功能的步骤如下：点击“平移”图标按钮，激活平移监听，再在图上拖动时，程序会按照当前地图的比例尺以及开始拖动的中心点和拖动的距离来计算拖动图的 4 角坐标值，通过 4 角坐标发送请求得到拖动地图。从上面可以看出，4 种功能实现的关键是得到操作后地图的 4 角坐标，通过 4 角坐标请求新的地图，这个过程也涉及地图的屏幕坐标和地图实际参考坐标的转换。

5. 地图的测量

测量是通过点击图上任意两点得到它们的长度。本操作有两个关键点：一是通过点击的图上两点，记录两点坐标并通过坐标计算距离；一是用 VML 方法通过点的坐标在图上（网页里）画点画线，示意测量过程。测量的操作是先点击“测量”图标按钮，激活测量监听，在图上点关心的两点，双击左键结束，会有个弹出窗口告诉测量结果。

6. 地图的清除

图上标示地物的方法是先在地图页面框架里设几个分栏，再根据地物坐标转化成图上坐标，这样就可以在图上显示地物，其实这个地物可用闪动的图片来标示。根据地物标示的原理，当点击“清除”按钮时，会隐藏所有标示地物的分栏，这样标示在图上的标记都不可见，也就达到“清除”的效果了。

7. 地图的标注

标注是将自己的单位信息标注在地图上，这样单位的信息就可以发布到网上。标注的方法是：先放大地图，找到要标注的地方，点击“标注”图标按钮，再在地图上点击要标注的地方，立刻会有个标记登记信息弹出窗口，这个窗口是接收单位的各种信息，填完提交后标注信息会写入数据库临时记录表中。只有管理员通过这些标注（数据管理里有通过标注操作，实质是临时标注信息正式写到地物数据库中），地物才能在网上发布。

10.3.4 专题信息查询功能

该模块允许用户由专题的单个属性直接查询到关于该专题的详细信息。用户可通过专题编号、专题位置等查询到专题的详细信息，也可以通过专题的等级分类直接浏览专题的基本信息。

1. 地物查询和图上显示

地物查询和图上显示是用户使用电子地图的主要原因。地物查询和图上显示的过程是：首先用户在地物查询栏目中选择查询条件（选择地物类别和地物所在的政区，也可以选全部），并输入查询关键字（不输入查询关键字也可以，相当于查询满足前面选择条件的所有地物），点击查询按钮进行查询。查询结果栏中得到结果，再点击任一个查询结果，详细结果中会出现详细信息，地图上也会做标注地物。根据条件查询地物是根据条件构造查询语句查询数据库，得到结果。结果的详细信息（包括坐标信息）传到客户端。查询结果分页显示，每页10条。用户点击某一查询结果，详细信息会出现在详细信息栏中，此时会根据地物的坐标信息将地物标注在地图上。

此处介绍一下地图上标示地物的原理：网页上的地图其实是放在一个框架中的一个分栏里的一个地图图片。一个框架中可以有多个分栏，分栏可以重叠，上面的分栏可以覆盖下面的分栏，分栏也可以设置透明。当要标注地物时，根据地物的坐标转换成图上的坐标，这样就可以把标注的图片定位到一个分栏中。此分栏层透明，覆盖在地图分栏层上，这样像是在地图上表示一样。图上表示的原理都是根据这个原理，所以标示的必要条件是知道要标示地物的坐标，设置要标示地物的透明分栏。

2. 周边查询和图上定位

周边查询是查询感兴趣地物周边其他地物的过程。周边查询依赖地物查询或专题查询。它查询的结果是地物周边一定范围里的所有地物，点击每个地物就可以查看点击的地物。它查询的原理是：当在感兴趣的地物周围做周边查询时，根据地物坐标和查询范围就可以构造一个查询语句，查询条件是满足距离公式，得到的结果就是周边查询的结果。周边查询时可以设置的参数有查询关键字（表示查询结果要含的关键字，不输入时就相当查询满足条件的所有地物）、查询的类别（可以是全部，也可以是某种类别）和查询的半径。

3. 点图查询和图上标示

点图查询是对周边查询的补充。周边查询的一个问题是用户必须依赖一种查询（地物或专题）结果。点图查询是直接点击地图就可以查询。点图查询有两种，一种是点击查询，一种是拉框查询。点击查询的查询原理是图上点击一点，根据此点坐标构造查询语句在数据库中查询地物，此处雷同于周边查询。拉框查询是得到拉框的4个点角坐标，根据4个点角坐标构造查询语句查询数据库，得到结果。

10.3.5 远程管理功能

该模块是整个系统的管理核心，管理员可以通过远程方式对本系统实行管理。该模块包括管理员登录的界面设计，添加、修改或者删除专题详细信息，上传、修改或者删除地图服务的有关文件，启动或停止以及添加、修改或者删除地图服务等。

1. 电子地图地物管理功能

管理员通过此接口可以添加、修改、删除图层及其图层地物的属性信息和专题信息。

对地物的操作分为插入地物、修改地物和删除地物。插入地物就是输入要插入地物的性息，插入到数据表中即可。修改地物是根据名称查询到相关的地物，再直接修改要修改的信息，提交保存即可。删除地物是根据名称查询到相关的地物，再点击删除按钮就可以删除地物，删除地物时是根据地物的 id 号删除的，因为不同的地物有不同的 id 号。

2. 标注管理功能

对标注的操作分为根据用户的标注申请通过的操作和新写入操作两种。根据用户的标注申请通过的操作实质上是将保存在临时表中地物的信息写入正式地物表中的过程，管理员只要点击“标注”按钮就可以完成这步操作。新写入操作就是直接输入标注地物的信息，并提交插入到地物属性数据表中。

3. 管理地图服务功能

管理员用户可通过该功能开启、停止地图服务，并能添加、修改或者删除地图服务。

4. 管理管理员账号

管理管理员账号就是添加、修改和删除管理员账号以及密码。修改登录用户名和密码是修改在数据库中的用户名和密码表，用户名和密码只有一个，没有设置多个用户名和密码（留言板管理是这样）。

第11章 总结和展望

11.1 全书总结

归纳起来，本书的主要内容包含以下9个方面：

在网络地理信息系统的概念及特征上，首先在概念上阐明了广义地理信息系统包含桌面地理信息系统、网络地理信息系统和嵌入式地理信息系统，网络地理信息系统包含万维网地理信息系统和移动地理信息系统；介绍了网络地理信息系统技术特征及其与桌面地理信息系统的联系与区别；概括了网络地理信息系统的十大基本特性。其次，指出网络地理信息系统包含异构空间数据库、地图服务器、浏览器客户机、客户机生成器和服务目录5大部分，具备网络环境下空间数据采集、数据管理、数据服务和处理服务4大功能。再次，阐述了网络地理信息系统包含原始数据下载、静态图像显示、元数据查询、动态地图浏览、数据预处理、基于Web的GIS查询和移动定位服务7种应用类型。最后，介绍了网络地理信息系统包含企业内部、领域专家、地理信息系统和公众4种用户类型及管理级、超级、普通和Guest 4个级别用户权限。

在网络地理信息系统的体系结构上，从服务器/客户机体系结构和GIS软件体系的迁移方面研究了网络地理信息系统的体系架构。①分析了软件体系结构的基本概念，阐述了服务器/客户机体系结构的基本概念、结构模式和逻辑层结构。②详细论述了GIS软件体系结构的4个发展阶段：从20世纪60年代的主机/终端（host/terminal）体系结构，到90年代客户机/服务器（client/server）体系结构，再到目前流行的浏览器/服务器（browser/server）体系结构以及面向服务的GIService体系结构（SOA，service oriented architecture）。③指出目前分布式地理信息服务主要包含面向服务的体系架构（SOA）、开放式网格服务体系架构（OGSA）、面向资源的体系架构（ROA）3种形态。阐述了GIS Web服务的概念和特征，指出Web GIS、DGIS与GIS Web服务之间的联系与区别。阐述了通用GIS Web服务框架，以及地理信息服务注册、查找和发现过程。最后探讨了 GIS Web 服务的 3 种主要解决方案。

在网络地理信息系统的构造模式上，首先对 CGI、ASP、GIS 桌面扩展、GIS Java Applet、GIS ActiveX、Plug-in、J2EE 服务 7 种模式的特征、工作原理、优缺点和实例等作了详细分析，把构造模式分为服务器端、客户机端及服务器客户机并重型 3 种构造方法。其次以 J2EE 构建方法，重点针对服务器客户机并重型模式，阐述了基于 J2EE 的网络 GIS 模式服务器端组件、GIS EJB 组件、GIS 引擎和地理信息服务核心部件；针对空间数据连接池、海量矢量数据远程查询和海量影像数据多级缓冲技术进行了详细探讨。最后从执行能力、相互作用、可移植性和安全等方面进行比较。从总体上看，基于 .Net 和 J2EE 模式的网络 GIS 由于采用服务器与客户机并重模式，具有最好的执行能力。基于 .Net、J2EE、Plug-in、Java Applet 和 ActiveX 控件模式的网络 GIS 具有较好的用户界面和相互作用性。基于 J2EE 和 Java Applet 的网络 GIS 具有较好的可移植性。服务器端模式网络 GIS 具有较高的安全性。

在分布式空间数据组织与访问上，阐述了分布式地理信息服务中空间数据具有异质、异构、多数据源和跨平台的特点。介绍了分布式地理信息服务中空间数据的流程，指出它是一个从数据到信息再到知识的过程。阐述了分布式地理信息服务中分布式数据源、分布式中间件和地理信息自主服务的分布式地理信息的访问方法。阐述了基于超地图的分布式空间数据组织。介绍了超地图的概念及其发展、超地图的原理与功能和分布式超地图概念；重点阐述了分布式地理信息服务中间件中基于超地图模型的地理空间数据组织与处理以及客户端基于超地图对象的导航。

在分布式空间数据可视化方面，从空间信息可视化的角度讨论了网络地理信息系统，空间信息网络可视化包含查询、生成、扩展和显示四个最基本的过程。首先分析了互联网空间信息可视化的四个阶段：栅格地图、矢量地图、三维地图和虚拟地理环境，具体介绍了各个模式所采用的原始数据、扩展服务模式、实现技术和表达内容。其次阐述了基于 Java2D 和基于 SVG 技术的二维表达模式。介绍了 Java2D 的概念、基本功能、几何模型、编程接口及其在网络 GIS 中的实现例子；介绍了 SVG 的概念、规范、特征、数据模型及其在网络 GIS 中的实现例子。最后阐述了基于 Java3D 和 X3D 的网络三维地图表达模式。介绍了 Java3D 的概念、场景图数据结构、三维图形 API 及其在网络 GIS 中的实现例子；介绍了 X3D 的概念、基本组成、组件分类等。

在网络地理信息系统软件平台上，从体系结构、部件组成、功能特征和通信协议等方面阐述了 ESRI 的 ArcIMS、MapInfo 的 MapXtreme、AutoDesk 的

MapGuide、GeoStar 的 GeoSurf 和 SuperMap 的 IS。ArcIMS 是美国 ESRI 公司继 MO IMS 推出的第二代网络地理信息系统平台，主要用于空间信息发布与服务开发，目前有和 ArcGIS Server 融合的趋势。ArcIMS 由展示层、逻辑事务层和数据存储层 3 部分组成。展示层包含常用的 4 种浏览器：HTML 页面、标准 Java、Flex 客户端和可定制 Java 客户端浏览器；逻辑事务层由 Web 服务器、连接器、应用服务器、空间服务器以及管理工具 5 部分组成。连接器包含 Servlet 连接器、ColdFusion 连接器、ActiveX 连接器、. NET 链接和 Java 连接器 5 种类型。空间服务器包含栅格、要素、查询、地理编码、裁切和元数据服务 6 大功能。管理器包含地图设计器、网站设计器和服务管理器。MapXtreme 2008 是在 MapXtreme for Windows、MapXtreme for Java、MapXtreme 2004 及 2005 版本的基础上，使用 Microsoft. NET 基础结构重新设计的新产品。它包含核心命名空间、对象模型、桌面应用程序和 Web 应用程序 3 个层次。AutoDesk MapGuide 6. 5 提供了新一代网络地图服务技术，为地图网络发布和空间数据共享提供了一个功能强大的分布式服务平台。它包括 4 个核心部件：服务器、地图工作室、服务器扩展和浏览器。它包含 3 种不同类型的网络扩展：. NET，Java 和 PHP。用户可以使用两种方式到网上进行浏览、查询和分析地图服务，包含 DWF 浏览器和 AJAX 浏览器。它包含 4 种方法的二次开发：APIs、PHP、JSP 和 ASP. Net 模式。GeoSurf 是基于 J2EE 体系架构的跨平台、分布式、多数据源、开放式的网络 GIS 平台软件，是国内最早的国产网络 GIS 软件之一，主要用于空间数据的发布与共享。GeoSurf 5. 0 分为管理层、服务层和应用层 3 个层次，包含 4 个部分：可视化地图 JavaBeans 组件 GeoSurfBeans、地图服务引擎 GeoSurfServer、服务配置与管理工具 GeoSurfAdmin 和客户端地图浏览器。SuperMap IS. NET 5 是新一代网络地理信息系统开发平台，它基于 Microsoft . NET 技术和 SuperMap Objects 组件技术开发，设计全新的面向服务的技术体系结构，提供更灵活的二次开发方式和更强的并发访问能力。

在移动位置服务上，从移动地理信息服务的概念与特征、构建环境、开放式位置服务体系和移动地理信息服务解决方案 4 个方面对移动地理信息服务进行了探讨。在概念上指出移动地理信息服务，是指通过无线网络，无论何时、何地，提供基于个人注册信息和当前或者预定位置增强的无线空间服务。具有基于无线网络、全天候、有偿信息服务、广泛设备支持和实时交互系统 5 大特征。在构建环境上重点阐述了 3 种移动信息设备、7 种无线接入技术、7 种无线 Web 标记语言、7 种移动定位技术和 5 种移动操作系统。它们构成了移动地理信息服务的终端设备载体、网络通信协议、位置信息编码、定位信息获取和应用软件载体的基础设施。在开放式位置服务体系上，重点阐述了信息模型、服务接口规范和典型流程。它们为移动地理信息服务软件的设计与实现提供了标准的参考框架。在移动地理信息服务解决方案上重点介绍了 MapInfo 公司的 MapXtend、ESRI 的移动解决方案、AutoDesk 的 LocationLogic 和武汉大学基于 J2EE 的解决方案。为移动地理信息服务系统的建设实施提供参考。

在二次开发上，以网络 GIS 平台软件 GeoSurf 为例阐述网络地理信息的二次开发方法，为用户开发网络地理信息应用系统提供参考。首先比较了两种二次开发方法，介绍了 GeoSurf 软件系统包含通用、服务、客户和管理 4 种类型开发包，阐述了开发环境、开发必备知识、开发流程、设计考虑和部署考虑等二次开发需要考虑的问题。其次从包含数据结构、地图对象、图层对象、要素对象、绘制考虑、查询、标注、专题制图、用户自定义数据源和用户自定义服务等方面阐述了网络地理信息系统基于 API 类的二次开发方法。最后从基于 Java 控件的二次开发基本概念、GeoSurfBeans 的功能分类和基于 Java 控件的二次开发例子阐述了网络地理信息系统基于组件的二次开发方法。

在实践上，以亚历山大数字图书馆、中国极地科学考察管理信息系统和城市公众信息查询系统阐述了网络地理信息系统的典型应用。亚历山大数字图书馆是由美国科学基金会（NSF）、美国国防部高级研究计划署（DARPA）、美国宇航局（NASA）发起资助的地理关联数字图书馆。它经历了两个阶段：ADL 架构和 ADEPT 架构。ADL 系统采用了服务器/中间件/客户端三层结构模型，采用二维地图来表达地理关联馆藏资料；ADETP-亚历山大数据地球原型系统采用三维或虚拟现实来建立个人馆藏的地理关联信息。基于 GIS 的极地科学考察管理信息系统划分为数据层、管理层和应用层 3 大部分，它基于网络 GIS 软件 GeoSurf、PHP 及 JSP 技术开发，包含考察活动管理、地理信息管理、科学数据管路、历史资料统计管理、系统用户及日志管理和极地公告与论坛等功能。城市公众信息查询系统是基于 ArcIMS 和 JSP 技术开发的针对城市专题信息管理和查询的网络地理信息系统，它包含网络电子地图、专题信息查询和远程管理功能。

11.2 发展趋势

地理信息系统技术经过近五十年的发展，已经逐步与计算机技术、多媒体通信技术和地学支持决策等融合，从而能够在更广泛的领域为更多用户提供空间信息服务。目前，网络 GIS 具有如下发展趋势。

11.2.1 实时地理信息服务

传感器网络（sensor network）是计算机可访问的，能够用传感器在分布式环境下监视和测量诸如温度、声音、速度、压强、浓度等物理特性的分布式设备组成的网络，侧重于硬件基础设施。传感网（sensor Web）是由美国宇航局（NASA）于 2001 年首次提出的，并且定义为（Delin 和 Jackson，2001）：能够被部署用来监控和探测新环境的内部相互通信分布式传感器组成的网络系统，侧重于软件基础设施。2005 年，加拿大约克大学 GeoICT 实验室从传感器的类型及其应用扩展了上述概念，认为（Liang，2005）：是地球的电子表皮，在全球、区域和局部多种层次上提供全维、全比例尺和全时段的感知和监测，包含动态和静态的本地及远程传感器。如果认为 Web 是连接了各种计算资源的“集中式计算机”，那么传感网就可以认为是连接所有传感器和观测的“全球传感器”。传感网系统分为传感器、通信和信息处理 3 层，具有互操作、智能、低成本、高可扩展、高可靠和高分辨率等特征。

OGC 和 ISO 一直在致力于制订传感网的标准和协议。假设所有的传感器都已连接上网，OGC 的 Sensor Web Enablement（SWE）项目已制订了 7 个标准规范，包含 3 个信息模型和 4 个服务实现规范，即①传感器描述语言编码标准（Botts，2005），几何的、动态的、可观测特征的传感器总体模型和 XML 编码，将成为 ISO 19110 的应用模式。②观测和测量编码标准（Cox，2003），描述框架和 GML 编码。③Transducer 模型语言（TML）（Steve 等，2006），描述 transducer 和支持发送到或来自于传感器系统中的实时数据流的概念模型和 XML 模式（OGC05-085）。④传感器规划服务（SPS）（Simonis，2005）是一种开放的接口，通过这个服务，客户能够判断从一个或多个传感器或模型中收集数据的可行性或向传感器提交收集数据的请求和配置处理（OGC 05-089）。⑤Web 通知服务（WNS）（Simonis 和 Wytzisk，2003）。是一种开放的接口，通过这个服务，客户能够在一个或多个其他服务之间执行同步或异步的对话（OGC 05-111）。⑥传感器预警服务（SAS）。是一种开放的接口，通过这个服务能够发布和订阅传感器或仿真系统的预警信息（OGC05-098）。⑦传感器观测服务（SOS）（Na 和 Priest，2005）。是一种开放的接口，通过这种服务，客户能够获取或注册来自于一个或多个传感器的观测、传感器和平台的描述（OGC05-088）。

当上述传感器基础设施、编码标准和服务规范协同在一起，形成一个集数据采集、数据处理和模型应用为一体的观测数据服务系统时，传感器就能被发现、访问和控制，就能实现实时或准实时空间信息服务。实时或准实时空间信息服务 RGIS 是网络 GIS 新的发展动向。

11.2.2 开放地理信息服务

传统 GIS 体系结构是封闭的，网络 GIS 体系结构应该具备开放、互操作、可升级和可扩展性。开放地理信息服务 OGIS 包含三个层次，即数据交换模型的标准化、数据服务接口的规范化和功能服务的可互操作。

数据交换模型标准化是指分布在异构数据库中的信息能共享，地理标记语言（GML）、Keyhole 标记语言（KML）提供了很好的解决方案；数据服务接口的规范化，即不同地理信息系统软件数据服务接口具有一致的定义，网络要素服务（WFS）和网络覆盖服务（WCS）提供了较好的解决方案；功能服务的可互操作指按照标准接口，暴露服务的操作，例如网络处理服务标准（WPS）。

OGIS 通过开放地理信息联盟 OGC 一系列互操作规范来实现。它提供了地理数据和操作交互性和开放性接口规范，为软件开发者提供了一个框架，使他们能够开发一些访问和处理各种来源的地理数据软件。与传统 GIS 相比，OGIS 建立起通用技术框架以进行开放式地理信息处理。其特点是具有互操作性、可扩展性、技术公开性、可移植性、兼容性等。OGC 的规范对网络 GIS 的发展及空间数据共享与互操作有很好的促进作用，许多厂商已经开始推出支持 OGC 规范的网络 GIS 产品。开放式地理信息服务 OGIS 是网络 GIS 发展的一种趋势。

11.2.3 网格地理信息服务

广义空间信息网格是指在网格技术支持下，在信息网格上运行的天、空、地一体化地球空间数据获取、信息处理、知识发现和智能服务的新一代整体集成的实时、准实时空间信息系统；狭义空间信息网格指网格计算环境下的新一代地理信息系统，是广义空间信息网格的一个组成部分（李德仁等，2004）。网格地理信息服务是网络地理信息系统的进一步发展方向。

在国际上，网格已经成为空间信息领域一种主流技术方向。CEOS 制定了 CEOS Grid 计划，在 WGISS 中有网格任务组，每年两次会议，进行深度的交流和项目合作；GEO/GEOSS 提出的系统的概念也体现了网格的思想。国外主要的空间信息服务机构都已经将网格作为解决其空间信息数据服务的关键技术，包括 NASA、NOAA、USGS、ESA 等，形成了很多基于网格数据分发服务平台，实现了一站式服务。

在美国，1998 年前副总统戈尔提出了“数字地球”（digital earth）的概念，以利用数字技术和方法将地球及其上的活动和环境的时空变化数据存入全球分布的计算机中，构成一个全球的数字模型。美国宇航局 NASA 最早参与到了标准网格平台 Globus 项目的研制，是美国网格研究的领头羊，大量的 NASA 项目中都已经使用到了网格技术。NASA 成功参与和影响了 OGC、ISO 等组织中的空间信息网格相关标准的工作，并已经实现了基础技术研究向应用过渡。另外，USGS 的 CAL/VAL WTF 中使用了网格技术来进行参照数据的发布，NOAA 的 NOMADS 项目（NOAA 存档和数据分发系统）中也用到了网格技术。此外，美国还有地理科学网络 GEON（GEOsciences network）、普渡环境数据门户（purdue environmental data portal）、端到端环境探索信息基础设施门户（cyberinfrastructure for end-to-end environmental exploration portal）、地球系统网格 ESG（earth system grid）等。

欧洲的空间信息网格研究起步比美国稍晚，但依托一些大型网格计划，比如 DataGrid、e-Science、EGEE 等，研究已经取得了可观的成果。法国 CNES、德国 DLR、英国 ESYS 都进行了大量独立的网格研究。ESA 启动了一些大型项目和计划（如 EU-IST 计划），目前正在构建 EO-Grid。

11.2.4 智能地理信息服务

智能地理信息服务提供了网络环境下空间信息智能注册、发现和访问机制，是网络 GIS 的新方向。目前地球空间信息语义网是智能地理信息服务的主要技术基础，而数据及服务语义建模、注册、搜索与推理是地球空间信息语义网开发的关键环节。

本体概念起源于哲学领域，通常在信息技术领域，本体被认为是“概念的规范化”。在地学领域，为了描述数据集和科学概念的语义，美国和欧洲开展了多个地学本体项目的研究。典型的诸如美国 NASA 的地球和环境术语语义 WEB（SWEET）、自然科学基金委 NSF 的地理信息元数据本体和地理空间局 NGA 的基于语义 Web 的地学知识发现。SWEET 采用 OWL 语言进行本体建模，范围涉及地球系统科学及相关领域的几千个术语（例如 NASA 的全球变化主目录 GCMD、地球系统建模语言 ESML、地球系统建模框架 ESMF、网格计算和开放地理信息联盟所包含的术语），它提供了地球系统科学高层次的语义描述。地理信息元数据本体项目遵循 ISO 19115 和 FGDC 元数据标准，对数据提供者、观测仪器、传感器和数据体本身及之间的联系增加了语义描述信息，以便于对数据集的统一理解。基于语义 Web 的地学知识发现，在 NASA 的日地观测系统中，面向所研究的专题发展了地球空间数据挖掘本体。

11.2.5 网络三维地理信息服务

随着 Internet 的飞速发展及三维技术的日益成熟，人们已经不满足 Web 页上二维空间的交互特性，而希望将 WWW 变成一个立体空间。所谓“网络虚拟地理环境”，是指用计算机技术来生成一个逼真的三维视觉、听觉、触觉或嗅觉等感觉世界，让用户可以从自己的视点出发，利用自然的技能和某些设备对这一生成的虚拟世界客体进行浏览和交互考察。这一定义强调的是：逼真的感觉、自然的交互、个人的视点及迅速的响应。

网络三维地理信息服务是在网络环境下结合三维可视化技术与虚拟现实技术，完全再现分布式地理环境的真实情况，把所有管理对象都置于一个真实的三维世界里，真正做到了管理意义上的“所见即所得”网络。三维地理信息服务技术的应用将使工程人员能通过全球网或局域网按协作方式进行三维模型的设计、交流和发布，从而进一步提高生产效率并削减成本。

目前网络三维地理信息服务实现技术主要有 JAVA3D、OpenGL、DirectX、GeoVRML 和 X3D 等，大多数属于胖客户端模式。先后出现的产品主要有国外的 Google Earth、TerraExplorer、Virtual Earth、World Wind，国内的 GeoGlobe（武大吉奥）、EV-Globe（国遥新天地）、LTEarth（灵图软件）和 IMAGIS（武汉适普）。

11.2.6 网络化空间分析服务

随着地理空间科学的不断发展，解决每一个新的科学问题所需的地理空间信息量也越来越大，并且常常跨越不同的地理空间科学领域。所以，一种能够跨越不同地理空间科学领域而且能促进分布地理空间信息共享的分析服务非常关键。网络环境下可互操作的空间分析服务就是基于领域标准并提供通用的机制，用于注册、管理、发布、搜索和组合地理空间信息分析服务。

国际上，目前网络环境下可互操作的空间分析研究已成为空间信息服务互操作的研究热点。2000 年，OGIS 采用了扩展维数的九交叉模型（DE-9IM）导出空间关系算子，根据矩阵各元素的不同取值对应了 512 种不同的空间关系，为空间基本分析奠定了可互操作的模型基础。2002 年，OGC 在网络服务参考框架和扩展维数的九交叉模型的基础上，发展和颁布了网络处理服务标准规范，为网络环境下可互操作的空间分析服务实现提供了基本的参考框架，目前其实用版本为0.4.0和1.0.0。与0.4.0版本相比，1.0.0版本的每个处理服务具有更强的个性化、灵活的异步机制和更宽松的输入输出机制。目前WPS有多种实现框架，例如基于Python的WPS实现YWPS，基于JAVA的WPS实现N52WPS。二次开发人员只要定义输入输出的XML模式、输入输出数据的解析与生成和算法，就可以实现一个遵循OGC标准的网络服务。（Yang等，于2005年）提出了分布式空间信息处理服务的概念，并在Condor网格计算环境中进行了部署，在交通流量的预测服务中进行了应用。2006—2007年，OWS-4，OWS-5把地理信息处理服务链的建设作为其重要的测试计划，并演示了数据服务、处理服务之间同异步服务（Di等，2007）。2008年，OGC的测试计划OWS-6把网格环境下的遥感图像处理服务、空间信息分析服务作为其核心任务，开展高性能的分析服务技术和试验研究（Yu等，2008）。

在国内，网络环境下可互操作的空间分析研究相对滞后，但发展势头较为迅猛。武汉大学（张霞等，2004）提出了网络环境下的空间分析体系框架和基于JAVA和C++的混合实现模式，对空间分析中的一些简单算法的网络化实现，做了一些探讨，具备了初步的原型系统。中科院（沈占锋和骆剑承等，2005）等在基于网格的GIS中间件中探讨了空间分析的实现，基于Globus基础平台，实现了一系列空间分析算法试验，并具备了网格环境下空间分析功能。武汉大学测绘遥感信息工程国家重点实验室（谢吉波，2006）把空间分析和网格计算技术成功运用于长江流域的河道信息提取，大大提高了水文分析的效率。中国地质大学（马维峰等，2008）提出了基于计算网格Alche-mi的DEM空间分析，计算网格平台给出了模型系统的架构设计和层次设计，将系统划分为DEM分析服务器、计算网格节点和空间数据库服务器，通过集中式空间数据库服务器和基于数据分解的方法，设计了系统的并行算法。

目前网络环境下空间分析服务呈现以下几种发展趋势：①开放式的服务体系。地理空间分析体系逐渐从原来的函数、模块模式走向基于Web服务的空间分析服务。②高性能的空间分析服务。通过中间件，进行任务和数据的合理调度，结合高性能计算机、计算机集群、网格计算等汇集计算资源，实现高性能的空间分析服务，大幅度缩短计算时间。③智能的分析服务。基于SOA服务体系架构和语义网络的标准规范，开发智能化的分析服务，实现机器的智能理解。④自动化的分析服务组合。通过地学处理知识、目录服务、决策服务和流程引擎，实现空间信息分析服务的自动组装。

11.2.7 空间信息搜索引擎

过去十年里，搜索引擎从使用经典的信息检索方法发展到从分析网络图表来推断相关联系的信息检索方法。通过结合从网络资源推断来的地理知识来改进搜索系统的性能，找到一种自动方法来将地理范围和这些资源联系起来。这个问题的研究获得了持续的关注，在地理背景的基础上存取资源的信息获取（IR）系统已经开始出现。例如，在学术界诸如 SPIRIT，或商业系统诸如 Mirago，Yahoo 和 Google 等。

信息检索技术的发展分为 3 个层次，即语形、语义和语用搜索。语形搜索是用户需求表达在语言表面上的意思，如传统的关键字搜索。语义搜索是通过本体论，在元数据结构层面上，解决对“模拟”的语言编码解码的问题，同时通过分词技术和语料库积累，解决关键字与文本的匹配问题。语用搜索是指用户表达意义的上下文环境，这是第三代搜索引擎的理念，智能化、个性化都要建立在这个基础之上。其中前者比较成熟，后两者需要结合行业的特点和用户的需求，目前还处于实验探索阶段。第一个层次是语形搜索，如雅虎、微软的搜索，不必要地扩大了搜索范围，出现过量无用信息的情况，增加了决策成本。第二个层次是语义搜索，主流的实现方法是利用本体技术，描述空间信息的语义，代表性的项目有 SPIRIT 等。第三个层次是语用搜索，雅虎、Google 都在积极努力地进化到这个阶段。语用搜索是个性化定制搜索引擎，一旦实现了语用级搜索，就可以实现一对一信息发布和一对一信息定制。

11.2.8 地理信息服务质量

鉴于地理信息服务结构多样、数据量大、计算密集、模型复杂的特点，研究者开始重视地理信息服务的质量问题，2004 年，吴华意与 ITC Richard Onchaga 都在不同的场合下提出了地理信息服务质量的意义和重要性。吴华意提出了地理信息服务质量（QoGIS）的概念与研究体系，但是由于没有区分基于 Web Service 的地理信息服务与基于 Web 的地理信息服务在服务质量研究的区别，所以，其提出的研究体系与方法有一定的局限性。2005 年，吴华意提出了动态自适应的地理信息服务体系结构，在该结构中，服务器端采取预处理的方法组织数据，利用增量传输的方式传输空间数据，而客户端则通过实时监测网络的性能、多线程、缓存等方法来动态适应环境的变化，但是由于缺少足够的提炼和抽象，该体系结构不具有很强的适应性。

Richard Onchaga 在顾及服务质量的 Web Service 服务组合研究的基础之上

提出了顾及服务质量的地理信息服务链的概念，但是缺少足够丰富的分析与挖掘，例如顾及服务质量的发现与匹配机制，服务链的重规划等问题。注意到质量指标模型在所有服务质量研究中的基础性作用，Richard Onchaga 在通用质量指标的基础上，增加了两个地理信息服务专用的指标：交互性、位置。其中，交互性指标相对于绘制服务有效，表示用户执行查询、平移、缩小、放大等操作的交互程度；位置指标相对于数据服务而言，表示数据服务提供内容（空间数据）的范围，但作者缺少对地理信息服务质量指标进一步的分析，没有提出完整的质量指标模型。

QoGIS 的主要研究内容包含（吴华意和章汉武，2007)：空间认知和地理信息的认知特点；地理信息的度量；地理数据量和信息量之间的定量关系研究；地理信息服务质量的评价体系；自适应的地理信息服务体系架构和 QoGIS 中间件；服务端和客户端的数据组织及缓存机制；服务端的计算资源和数据调度及分布式负载平衡策略；顾及地理信息服务质量协议、标准；适合网络传输的地理数据压缩和结构优化；多源地理数据集成服务和无缝可视化方法。

参考文献

1. 陈能成．基于 J2EE 的分布式地理信息服务研究［D］．武汉：武汉大学，2003.

2. 龚健雅，李斌等．当代 GIS 的若干理论与技术［M］．武汉：武汉测绘科技大学出版社，1999.

3. 承继成，李琦，易善桢．国家空间信息基础设施与数字地球［M］．北京：清华大学出版社，1999.

4. 高传善，张世永．计算机网络教程［M］．上海：复旦大学出版社，1994.

5. 龚健雅．地理信息系统基础［M］．北京：科学出版社，2001.

6. Brandon Plewe. So You Want to Build Online GIS? GIS WORLD，1997，10（11）：58-60.

7. Allan Doyle，Carl Reed. Introduction to OGC Web 服务（OGC Interoperability Program White Paper）［EB/OL］，2001，（http：// www. Opengis . net/ows/）.

8. 陈能成，龚健雅，韩海洋．分布式地理信息共享［J］．测绘信息与工程，2000（3）.

9. Ostensen O M ，Smits P C. ISO/ TC211 ：Standardization of Geographic Information and Geo2informatics［C］. Geoscience and Remote Sensing Symposium，IGARSS'02 ，Toronto ，Canada ，2002.

10. Liping Di. The development of remote-sensing related standards at FGDC，OGC，and ISO TC 211［C］. Geoscience and Remote Sensing Symposium，IGARSS'03，Toulouse，France，2003.

11. 高小力．欧洲标准化概述［J］．测绘标准化，1999，15（2）.

12. ESRI. ArcIMS Architecture and Functionality（White Paper）［EB/OL］，（http：//www. esri. com/），2005.

13. MapInfo. MapInfo® MapXtreme® Java™ Edition 4. 6. 5. 0Developer's Guide Version 3. 0［EB/OL］，（http：//www. mapinfo. com/），2004.

14. David Sonnen, ISSI, and Henry Morris, 2001. Location in CRM: Linking Virtual Information to the Real World (An IDC White Paper) [EB/OL], (http://www.idc.com).

15. 李德仁，李清泉. 论地球空间信息技术与通信技术的集成 [J]. 武汉大学学报·信息科学版，2001，26 (1)：1-7.

16. 李德仁，李清泉. 论空间信息与移动通信的集成应用. 武汉大学学报·信息科学版，2002，27 (1)：1-8.

17. 王密. 大型无缝影像数据库系统（GeoImageDB）的研制与可量测虚拟现实（MVR）的可行性研究 [D]. 武汉：武汉大学，2001.

18. 袁相儒，龚健雅. 矢量图形与主数据库无缝连接万维网地理信息系统的设计和实现 [J]. 武汉测绘科技大学学报，1997，22 (3)：259-262.

19. 袁相儒，陈莉丽，龚健雅. Internet GIS 的部件化结构 [J]. 测绘学报，1998，27 (4)：363-369.

20. 陈能成，龚健雅，朱欣焰，刘琳. 基于 J2EE 的移动定位服务研究 [J]. 武汉大学学报（信息科学版），2004，29 (01)：48-52.

21. Brandon Plewe. A Primer on Creating Geographic Services. GIS WORLD, 1996, 9 (1): 56-58.

22. Plewe B. GIS Online: Information Retrieval, Mapping, and the Internet. Santa Fe, NM: Onward Press, 1997.

23. 彭琥. 移动 GIS：挑战和局限 [J]. 遥感信息，2002，(1)：44-46.

24. 张登荣，俞乐，邓超，狄黎平. 基于 OGC WPS 的 Web 环境遥感图像处理技术研究 [J]. 浙江大学学报（工学版），2008，42 (7)：1184-1188.

25. Mary Shaw, David Garlan. Software Architecture: Perspectives on an Emerging Discipline. Prentice Hall, 1996.

26. Len Bass, Paul Clements, Rick Kazman: Software Architecture in Practice, Second Edition. Addison Wesley, Reading, 2003, ISBN 0-321-15495-9.

27. Sadoski, Darleen. http://www.sei.cmu.edu/str/descriptions/clientserver.html Client/Server Software Architectures—An Overview, Software Technology Roadmap, 1997-08-02. Retrieved on 2008-09-16.

28. Chaudhury, A. C., and Rao, H. R., (1997), Introducing Client/Server Technologies in Information Systems Curricula, The Data Base for Advances in Information Systems, Vol. 28, No. 4

29. Plasil, F. and M. Stal (1998). An Architectural View of Distributed

Objects and Components in CORBA, Java RMI and COM/DCOM. Software-Concepts and Tools 19 (1): 14-28.

30. Donald Ferguson, ITony Storey, Brad Lovering, John Shewchuk. Secure, Reliable, Transacted Web Services Architecture and Composition. 2003, http: // www. ibm. com/ developerworks /webservices/library/ws-securtrans/.

31. K, G. , G. S, et al. Introduction to Web Services Architecture. IBM Systems Journal 2002.

32. David Booth, Hugo Haas, Francis McCabe, Eric Newcomer, Michael Champion, Chris Ferris, David Orchard. Web Services Architecture. http: // www. w3. org/TR/ws-arch/# whatis, 2004.

33. Bray, Tim. ; Jean, Paoli. , C, M, Sperberg-McQueen. , Eve, Maler. , Francis, Yergeau (September 2006) . Extensible Markup Language (XML) 1. 0 (Fourth Edition) -Origin and Goals. World Wide Web Consortium. http: // www. w3. org/TR/2006/REC-xml-20060816/. Retrieved on March 27 2009.

34. Gudgin, Martin. , Hadley, Marc. , Mendelsohn, Noah. , Moreau , Jean-Jacques. , Nielsen, Henrik, Frystyk. , Karmarkar, Anish. , Lafon, Yves (April 2007). SOAP Version 1. 2 Part 1: Messaging Framework (Second Edition) . World Wide Web Consortium. http: // www. w3. org/TR/soap12-part1/. Retrieved on March 27 2009.

35. Erik, Christensen. , Francisco, Curbera. , Greg, Meredith. , Sanjiva, Weerawarana. Web Services Description Language (WSDL) 1. 1. Web Services Description Language (WSDL) 1. 1 (March 2001) . World Wide Web Consortium. http: // www. w3. org/TR/wsdl. Retrieved on March 27 2009.

36. Luc, Clement. , Andrew, Hately. , Claus, von, Riegen. , Tony, Rogers. UDDI Version 3. 0. 2 (October 2004) . Advancing open standards for the information society (OASIS) . http: // uddi. org/pubs/uddi_v3. htm. Retrieved on March 27 2009.

37. NCSA. The Common Gateway Interface. http: // hoohoo. ncsa. illinois. edu/cgi/. Retrieved on March 27 2009.

38. 黄伟敏. MapInfo ProServer 推出 [N]. 计算机世界报, 1996 (31).

39. Microsoft. Active Server Pages. http: // msdn. microsoft. com/en-us/library/ aa286483. aspx. Retrieved on April 27 2009.

40. 王津, 邵兆刚, 雷伟志. MOIMS 在 WebGIS 中的应用 [J]. 地质力学学报，2001年，7（4）.

41. 赵世华，张秋文，熊卫军．基于ArcView IMS的地理信息发布技术［J］. 计算机与现代化．2003（1）．

42. 陈能成，龚健雅，朱欣焰，刘琳．基于J2EE的分布式GIS研究［J］. 测绘学报，2003，32（2）：158-163.

43. Sun，2000. JavaTM 2 Platform Micro Edition（J2METM）Techonology for Creating Mobile Devices（White Paper），（http：//java. sun. com/）．

44. Jesse Feiler. 应用服务器设计·开发与维护［M］. 北京：机械工业出版社，2000.

45. 陈能成，龚健雅，朱欣焰，刘琳．基于资源适配器的空间数据连接器的设计与实现［J］. 武汉大学学报（信息科学版），2002，27（增刊）：10 ~ 11. 2002a.

46. 陈能成，龚健雅，朱欣焰，刘琳．基于Internet的矢量数据远程查询设计［J］. 测绘通报，2002（10）：31-34. 2002b.

47. 陈斌，方裕．大型分布式地理信息系统的技术与发展．中国图像图形学报［J］. 2001，6（9）：861-864.

48. 陈能成，龚健雅，朱欣焰，刘琳．多级缓冲提升海量影像数据在线服务质量［J］. 测绘通报，2007（06）：19-22.

49. J. D. Wilson. Interoperability-Opens the GIS Cocoon. GIS WORLD，1998，11（3）：58-60.

50. Hall W，Davis H，Hutchings G. Rethinking Hypermedia：The Microcosm Approach. Boston：Kluwer Academic Publishers，1996.

51. Lemon J A. Hypermedia Systems and Applications：World Wide Web and Beyond. Berlin，New York：Springer，1997.

52. 龚健雅，袁相儒．跨平台分布式地理信息组织与处理［J］. 武汉测绘科技大学学报，1998，23（4）：364-369.

53. Clark，K. C.，（1997），Getting Started with Geographic Information Systems，Upper Saddle River，NJ：Prentic Hall，USA.

54. Caporal，J.（1995）HyperGeo：A Geographical Hypermedia System，In Proceeding of Joint European Conference.

55. Laurini，R. and Thompson，D.（1992）Fundamental of Spatial Information Systems，London：Academic Press.

56. and Exhibition on Geographical Information，Den Haag，Vol. 1，pp. 90-95

57. Dhouk, M., and Boursier, P. (1996) Hypermedia Techniques and Spatial Relationships in HyperGeo Dynamic Map Application, In Proceeding of Joint European Conference and Exhibition on Geographical Information, Barcelona, Vol. 1, pp. 167-176

58. Laurini, R. and Thompson, D. (1992) Fundamental of Spatial Information Systems, London: Academic Press.

59. Newcomb, S. R., Kipp, H. A., and Newcomb, V. T. (1991) Hyper Time: the Hypermedia/Time-based Document Structuring Language, Communications of the ACM, Vol. 34, No. 11, pp. 67-83.

60. Parson, E. (1995) Visualization Techniques for Qualitative Spatial Information, In Proceeding of Joint European Conference and Exhibition on Geographical Information, Den Haag, Vol. 1, pp. 407-415.

61. Tomek, I., Khan, S., Muldner, T., Nassar, M., Navak, G., and Proszynski, P. (1991) Hypermedia - Introduction and Survey, Jourbal of Microcomputer Applications, Vol. 14, No. 2, pp. 63-100.

62. Vinoski, S, (1997), CORBA: Integrating Diverse Applications within Distributed Heterogeneous Environments, IEEE Communications Magazine, Vol. 35, No. 2, pp. 47-55.

63. 袁相儒，陈能成，等．互联网地理信息系统的分布式超地图模型［J］．武汉测绘科技大学学报，2000，25（4）：299-303.

64. 韩海洋，黄建明，et al．Internet下多数据源、超媒体空间信息的分布式调度与管理［J］．武汉测绘科技大学学报，1999，24（3）：204-208.

65. OpenGIS Web Map Server Implementation Specification. USA: Open GIS Consortium Inc, 2000.

66. 刘荣高，庄大方，刘纪远．Web环境下实现空间数据表达的框架研究［J］．测绘学报，2001，30（3）：276-280.

67. 李青元，刘晓东，等．WebGIS矢量空间数据压缩方法探讨［J］．中国图像图形学报，2001，6（12）．

68. 陈静，龚健雅，朱欣焰，李清泉．海量地形数据的Web发布与交互浏览的实现［J］．武汉大学学报（信息科学版），2004，（29）3：11-14.

69. 李德仁，朱庆，李霞飞．数码城市：概念、技术支撑和典型应用［J］．武汉测绘科技大学学报，2000，25（4）．

70. 龚健华，林珲．分布式地学虚拟环境研究［J］．中国图像图形学报，

2001, 6 (9): 879-885.

71. Sun. Java2D: An Introduction and Tutorial. http: //www.apl.jhu.edu/~hall/java/Java2D-Tutorial.htm.

72. 朱欣焰，王晋桃，陈能成．基于 WebGIS 的一种配电管理系统的设计与实现 [J]. 测绘信息与工程，2004，39 (6)：12-15.

73. 邓凯．基于 XML 的实时网络 GIS 优化模型的研究与应用 [D]. 中国科学院遥感应用研究所，2002.

74. 周文生．基于 SVG 的网络 GIS 研究 [J]. 中国图像图形学报，2002，7 (7)：693-698.

75. 王冲等．基于 J2ME 开发平台的 SVG 应用组件设计 [J]. 武汉大学学报（信息科学版）．2003，28 (1)：86-90.

76. 候宇等．基于 XML 的 SVG 技术及其应用 [J]. 计算机应用研究，2002：136-138.

77. 周强中等．SVG 在网络 GIS 中的应用 [J]. 计算机应用研究，2003：108-121.

78. C. Vincent Tao. Online GIService. Journal of Geospatial Engineering, 2001, 3 (2): 135-143.

79. 张杰．Java3D 交互式三维图形编程 [M]. 北京：邮电出版社，1999.

80. Don, Brutzman and Len, Daly. , X3D for Web Authors . Morgan Kaufmann Publishers, Elsevier, 2007.

81. ESRI, Inc. ArcIMS® 9 Architecture and Functionality, An ESRI® White Paper. 2004.

82. MapInfo, Inc. MapXtreme 2008® Version 6.8 DEVELOPER GUIDE. 2008.

83. Alex Fordyce. Technical Comparison: Autodesk MapGuide 6 and ESRI ArcIMS 4. 2005.

84. AutoDesk. Why Develop with the New MapGuide Technology? 2007.

85. 陈能成，龚健雅，韩海洋．利用 Internet GIS-GeoSurf 开发的应用工程简介 [J]. 测绘信息与工程，2000 (1)．

86. 朱欣焰，龚健雅，陈能成．基于 J2EE 的 Web GIS-GeoSurf 的体系结构与实现技术 [J]. 地理信息世界，2003，1 (6)：18-25.

87. 朱江，宋关福，钟耳顺，张继南，李伟顾，胡中南．基于 Web Services 和．NET 技术的新一代 Web GIS 研究与开发 [J]. 地理信息世界，

2004，2（2）：17.

88. Marwa Mabrouk . OpenGIS Location Services（OpenLS）：Core Services. OGC：07-074. 2008，171.

89. 陈能成，龚健雅，等．基于J2EE的移动定位服务研究［J］. 武汉大学学报（信息科学版），2004，29（1）：48-52.

90. 李德仁，李清泉，谢智颖，等．论空间信息与移动通信的集成应用．武汉大学学报信息科学版，2002，27（1）：1-8.

91. Giguere E. Understanding J2ME Application Models. http：//wireless. java. sun. com/midp/articles/models/. 2002.

92. 陈能成，龚健雅，朱欣焰，刘琳．Web GIS组件方法研究［J］. 武汉大学学报（信息科学版），2002，27（4）：387-390.

93. Linda L. Hill，Larry Carver，Mary Larsgaard. Alexandria Digital Library：User Evaluation Studies and System Design［J］. JOURNAL OF THE AMERICAN SOCIETY FOR INFORMATION SCIENCE，2000，51（3）：246-248.

94. 陈能成，龚健雅，鄂栋臣．互联网南极地理信息系统的设计与实现［J］. 武汉测绘科技大学学报，2000，25（2）：132-136.

95. 徐平，朱欣焰，陈能成．基于GeoSurf实现两极地区地理信息的网上发布［J］. 测绘信息与工程，2004，29（6）：9-12.

96. Delin，K. A.，Jackson，S. P. The Sensor Web：a new instrument concept. In：Proceedings of the SPIE International of Optical Engineering，Vol. 4284，pp. 1-9，2001.

97. Liang SHL，Croitoru A，Tao CV. A distributed geospatial infrastructure for Sensor Web. COMPUTERS &GEOSCIENCES，2005，31（2）：221-231.

98. Botts，M. OpenGIS® Sensor Model Language. OGC 05-086. Open Geospatial Consortium Inc. http：//portal. opengeospatial. org/files/？artifact_id = 12606，2005.

99. Cox，S. Observation and Measurement（0. 9. 2 ed.，Vol. OGC 03-022r3）. Open GIS Consortium Inc. http：//portal. opengeospatial. org/files/？artifact_id = 14034，2003.

100. Steve Havens.，Arthur Na.，and Jon Schlueter. OpenGIS® Transducer Markup Language Implementation Specification . Open Geospatial Consortium Inc. Hhttp：//portal. openge-ospatial . org/ files/？artifact_id = 14282，2006.

101. Simonis I. OpenGIS® Sensor Planning Service . OGC 05-089r1. Open

Geospatial Consortium. http: // portal. opengeospatial. org/files/? artifact _ id = 12971, 2005.

102. Simonis, I., Wytzisk, A. Web Notification Service. Open GIS Consortium Inc. http: //portal. opengeospatial. org/files/? artifact_id = 1367, 2003.

103. Na A., Priest M. OpenGIS® Sensor Observation Service. Open Geospatial Consortium. http: //portal. opengeospatial. org/files/? artifact_id = 12846, 2006.

104. 李德仁，邵振峰，朱欣焰．论空间信息多级格网及其典型应用．武汉大学学报·信息科学版，2004，29（11）：945-950.

105. Yang C., Wong D., Li B., Introduction to Computing and Computational Issues of Distributed GIS, Geographic Information Sciences, 2005 (1): 1-3.

106. Di L., Zhao P., Han W., Wei Y. and Li X., 2007. GeoBrain Web Service-based Online Analysis System (GeOnAS). Proceedings of NASA Earth Science Technology Conference 2007. June 19-21, 2007. College Park, MD, USA. (7 pages. CD-ROM).

107. Yu, G., L. Di, J. F. Moses, P. Li, and P. Zhao, 2008. Geospatial Workflow in a Sensor Web Environment: Transactions, Events, and Asynchrony. Proceedings of 28th IEEE International Geoscience & Remote Sensing Symposium, July 6-11, 2008, Boston, MA, USA.

108. Xia Zhang, Deren Li, Xinyan Zhu, Huayi Wu, Design of Distributed Spatial Analysis Service On WEB, Proceedings of MMT'2004, Kunming, March 2004.

109. 沈占锋，骆剑承，马伟锋，郑江，明冬萍，陈秋晓．网格计算在遥感图像地学处理中的应用［J］．计算机工程，2005，31（7）：37-39.

110. 解吉波．海量地形数据分布式并行处理算法及关键技术研究［D］．武汉：武汉大学，2006.

111. 马维峰，王晓蕊，曾忠平，薛重生．基于计算网格的DEM空间分析系统［J］．地球信息科学，2008，10（3）：377-381.

112. Richard O. Modeling for Quality of Services in Distributed Geoprocessing. 10th ISPRS Congress, Istanbul, Turkey, 2004.

113. 吴华意，章汉武．地理信息服务质量（QoGIS）：概念和研究框架［J］．武汉大学学报（信息科学版），2007，32（5）：385-388.

